연산 능력 강화
기초력 완성
개념 기억력 강화

비상은
믿습니다

당연한 것을 낯설게 바라보는 시선이
교육을 움직이게 한다는 것을.

현장에서 출발한 고민이
다음 교육의 해답이 될 수 있다는 것을.

배움의 즐거움이
교육의 가장 강력한 연료라는 것을.

다름을 존중하는 태도가
교육의 가치를 더 깊게 만든다는 것을.

그리고,
우리가 선택한 이 가치들이
곧, 우리 교육의 방향이 된다고 믿습니다.

이 믿음 하나하나가 모여,
새로운 콘텐츠와 플랫폼이 되어
교육의 새로운 전형을 만들어갑니다.

상상 그 이상 –

색깔별로 각 주제의 학습 내용을 알 수 있어요!

(노랑)	규칙
(주황)	도형과 측정의 기초
(청록)	시각과 시간
(연두회색)	표와 그래프
(갈색)	비
(주황)	길이
(연두)	들이
(녹색)	무게
(진녹색)	가능성
(분홍)	원 / 원기둥, 원뿔, 구 / 원주와 원의 넓이
(파랑)	평면도형 / 평면도형의 둘레와 넓이
(보라)	입체도형 / 입체도형의 겉넓이와 부피

4학년

4-1 규칙 찾기
• 수의 배열에서 규칙 찾기
• 모양의 배열에서 규칙 찾기
• 등호를 사용한 식으로 나타내기
• 계산식에서 규칙 찾기

4-1 각도
• 각의 크기 비교, 각의 크기 구하기
• 예각, 둔각
• 각도의 합과 차
• 삼각형의 세 각의 크기의 합
• 사각형의 네 각의 크기의 합

4-1 평면도형의 이동
• 점의 이동
• 평면도형 밀기, 뒤집기, 돌리기

4-2 삼각형
• 이등변삼각형과 그 성질
• 정삼각형과 그 성질
• 예각삼각형, 둔각삼각형

4-2 사각형
• 수직
• 평행, 평행선 사이의 거리
• 사다리꼴, 평행사변형, 마름모

4-2 다각형
• 다각형, 정다각형
• 대각선
• 모양 만들기, 모양 채우기

4-1 막대그래프
• 막대그래프
• 막대그래프에서 알 수 있는 것
• 막대그래프 그리기

4-2 꺾은선그래프
• 꺾은선그래프
• 꺾은선그래프에서 알 수 있는 것
• 꺾은선그래프 그리기

5학년

5-1 대응 관계
• 두 양 사이의 대응 관계
• 대응 관계를 식으로 나타내기
• 생활 속에서 대응 관계를 찾아 식으로 나타내기

5-1 다각형의 둘레와 넓이
• 정다각형, 사각형의 둘레
• $1\,cm^2$, $1\,m^2$, $1\,km^2$
• 직사각형, 평행사변형의 넓이
• 삼각형의 넓이
• 마름모, 사다리꼴의 넓이

5-2 합동과 대칭
• 도형의 합동과 그 성질
• 선대칭도형과 그 성질
• 점대칭도형과 그 성질

5-2 직육면체
• 직육면체, 정육면체
• 직육면체의 성질
• 직육면체의 겨냥도
• 정육면체와 직육면체의 전개도

5-2 평균과 가능성
• 평균
• 일이 일어날 가능성

6학년

6-1 비와 비율
• 두 수의 비교 / 비
• 비율 / 백분율

6-2 비례식과 비례배분
• 비의 성질
• 간단한 자연수의 비로 나타내기
• 비례식
• 비례배분

6-1 각기둥과 각뿔
• 각기둥, 각기둥의 전개도
• 각뿔

6-1 직육면체의 겉넓이와 부피
• 직육면체의 겉넓이
• 부피의 단위 cm^3, m^3
• 직육면체의 부피

6-2 공간과 입체
• 어느 방향에서 본 모양인지 알아보기
• 쌓기나무로 쌓은 모양과 위에서 본 모양을 보고 쌓기나무의 개수 알아보기
• 위, 앞, 옆에서 본 모양을 보고 쌓기나무의 개수 알아보기
• 위에서 본 모양에 수를 써서 쌓기나무의 개수 알아보기
• 층별로 나타낸 모양을 보고 쌓기나무의 개수 알아보기

6-2 원의 넓이
• 원주와 지름의 관계
• 원주율
• 원주와 지름 구하기
• 원의 넓이

6-2 원기둥, 원뿔, 구
• 원기둥, 원기둥의 전개도
• 원뿔
• 구

6-1 여러 가지 그래프
• 띠그래프, 원그래프
• 띠그래프와 원그래프로 나타내기
• 띠그래프와 원그래프 해석하기

+ 교과서에 따라 3~4학년군, 5~6학년군 내에서 학기별로 수록된 단원 또는 학습 내용의 순서가 다를 수 있습니다.

수와 연산

<table>
<tr><td>1학년</td><td>2학년</td><td>3학년</td></tr>
</table>

수와 연산

1학년

1-1 9까지의 수
- 1부터 9까지의 수
- 수로 순서 나타내기
- 수의 순서
- 1만큼 더 큰 수, 1만큼 더 작은 수 / 0
- 수의 크기 비교

1-1 덧셈과 뺄셈
- 9까지의 수 모으기와 가르기
- 덧셈 알아보기, 덧셈하기
- 뺄셈 알아보기, 뺄셈하기
- 0이 있는 덧셈과 뺄셈

1-1 50까지의 수
- 10 / 십몇
- 19까지의 수 모으기와 가르기
- 10개씩 묶어 세기 / 50까지의 수 세기
- 수의 순서
- 수의 크기 비교

1-2 100까지의 수
- 60, 70, 80, 90
- 99까지의 수
- 수의 순서
- 수의 크기 비교
- 짝수와 홀수

1-2 덧셈과 뺄셈
- 계산 결과가 한 자리 수인 세 수의 덧셈과 뺄셈
- 10이 되는 더하기
- 10에서 빼기
- 두 수의 합이 10인 세 수의 덧셈

- 받아올림이 있는 (몇)+(몇)
- 받아내림이 있는 (십몇)−(몇)

- 받아올림이 없는 (몇십몇)+(몇), (몇십)+(몇십), (몇십몇)+(몇십몇)
- 받아내림이 없는 (몇십몇)−(몇), (몇십)−(몇십), (몇십몇)−(몇십몇)

2학년

2-1 세 자리 수
- 100 / 몇백
- 세 자리 수
- 각 자리의 숫자가 나타내는 값
- 뛰어 세기
- 수의 크기 비교

2-1 덧셈과 뺄셈
- 받아올림이 있는 (두 자리 수)+(한 자리 수), (두 자리 수)+(두 자리 수)
- 받아내림이 있는 (두 자리 수)−(한 자리 수), (몇십)−(몇십몇), (두 자리 수)−(두 자리 수)
- 세 수의 계산
- 덧셈과 뺄셈의 관계를 식으로 나타내기
- □가 사용된 덧셈식을 만들고 □의 값 구하기
- □가 사용된 뺄셈식을 만들고 □의 값 구하기

2-1 곱셈
- 여러 가지 방법으로 세어 보기
- 묶어 세기
- 몇의 몇 배
- 곱셈 알아보기
- 곱셈식

2-2 네 자리 수
- 1000 / 몇천
- 네 자리 수
- 각 자리의 숫자가 나타내는 값
- 뛰어 세기
- 수의 크기 비교

2-2 곱셈구구
- 2단 곱셈구구
- 5단 곱셈구구
- 3단, 6단 곱셈구구
- 4단, 8단 곱셈구구
- 7단 곱셈구구
- 9단 곱셈구구
- 1단 곱셈구구 / 0의 곱
- 곱셈표

3학년

3-1 덧셈과 뺄셈
- (세 자리 수)+(세 자리 수)
- (세 자리 수)−(세 자리 수)

3-1 나눗셈
- 똑같이 나누어 보기
- 곱셈과 나눗셈의 관계
- 나눗셈의 몫을 곱셈식으로 구하기
- 나눗셈의 몫을 곱셈구구로 구하기

3-1 곱셈
- (몇십)×(몇)
- (몇십몇)×(몇)

3-1 분수와 소수
- 똑같이 나누어 보기
- 분수
- 분모가 같은 분수의 크기 비교
- 단위분수의 크기 비교
- 소수
- 소수의 크기 비교

3-2 곱셈
- (세 자리 수)×(한 자리 수)
- (몇십)×(몇십), (몇십몇)×(몇십)
- (몇)×(몇십몇)
- (몇십몇)×(몇십몇)

3-2 나눗셈
- (몇십)÷(몇)
- (몇십몇)÷(몇)
- (세 자리 수)÷(한 자리 수)

3-2 분수
- 분수로 나타내기
- 분수만큼은 얼마인지 알아보기
- 진분수, 가분수, 자연수, 대분수
- 분모가 같은 분수의 크기 비교

변화와 관계, 도형과 측정, 자료와 가능성

1학년	2학년	3학년

변화와 관계

1학년

1-2 규칙 찾기
- 규칙 찾기
- 규칙 만들기
- 규칙을 만들어 무늬 꾸미기
- 수 배열, 수 배열표에서 규칙 찾기
- 규칙을 여러 가지 방법으로 나타내기

2학년

2-2 규칙 찾기
- 무늬에서 색깔과 모양의 규칙 찾기
- 무늬에서 방향과 수의 규칙 찾기
- 쌓은 모양에서 규칙 찾기
- 덧셈표, 곱셈표에서 규칙 찾기
- 생활에서 규칙 찾기

도형과 측정

1학년

1-1 여러 가지 모양
- ▨, ▤, ◯ 모양 찾기
- ▨, ▤, ◯ 모양 알아보기
- ▨, ▤, ◯ 모양으로 만들기

1-1 비교하기
- 길이의 비교
- 무게의 비교
- 넓이의 비교
- 들이의 비교

1-2 모양과 시각
- □, △, ◯ 모양 찾기
- □, △, ◯ 모양 알아보기
- □, △, ◯ 모양으로 꾸미기
- 몇 시
- 몇 시 30분

2학년

2-1 여러 가지 도형
- △, □, ◯을 알아보기
- 칠교판으로 모양 만들기
- 쌓은 모양 알아보기
- 여러 가지 모양으로 쌓기

2-1 길이 재기
- 길이를 비교하는 방법
- 여러 가지 단위로 길이 재기
- 1cm
- 자로 길이 재기
- 길이 어림하기

2-2 길이 재기
- 1m
- 자로 길이 재기
- 길이의 합과 차

2-2 시각과 시간
- 몇 시 몇 분
- 여러 가지 방법으로 시각 읽기
- 1시간
- 걸린 시간
- 하루의 시간
- 달력

3학년

3-1 평면도형
- 선분, 반직선, 직선
- 각, 직각
- 직각삼각형
- 직사각형 / 정사각형

3-1 길이와 시간
- 1mm, 1km
- 1초
- 시간의 덧셈과 뺄셈

3-2 원
- 원의 중심, 반지름, 지름
- 원의 성질
- 컴퍼스를 이용하여 원 그리기

3-2 들이와 무게
- 들이의 비교
- 들이의 단위 L, mL
- 들이의 덧셈과 뺄셈
- 무게의 비교
- 무게의 단위 g, kg, t
- 무게의 덧셈과 뺄셈

자료와 가능성

2학년

2-1 분류하기
- 분류하기 / 기준에 따라 분류하기
- 분류하여 세어 보기
- 분류한 결과 말하기

2-2 표와 그래프
- 자료를 분류하여 표로 나타내기
- 자료를 분류하여 그래프로 나타내기
- 표와 그래프를 보고 알 수 있는 내용

3학년

3-2 그림그래프
- 그림그래프
- 그림그래프로 나타내기

색깔별로 각 주제의 학습 내용을 알 수 있어요!

- 자연수
- 자연수의 덧셈과 뺄셈
- 자연수의 곱셈과 나눗셈
- 자연수의 혼합 계산
- 분수의 덧셈과 뺄셈
- 소수의 덧셈과 뺄셈
- 분수의 곱셈과 나눗셈
- 소수의 곱셈과 나눗셈

4학년

4-1 큰 수
- 10000 / 다섯 자리 수
- 십만, 백만, 천만
- 억, 조
- 뛰어 세기
- 수의 크기 비교

4-1 곱셈과 나눗셈
- (세 자리 수)×(몇십)
- (세 자리 수)×(두 자리 수)
- (세 자리 수)÷(몇십)
- (두 자리 수)÷(두 자리 수), (세 자리 수)÷(두 자리 수)

4-2 분수의 덧셈과 뺄셈
- 두 진분수의 덧셈
- 두 진분수의 뺄셈, 1−(진분수)
- 대분수의 덧셈
- (자연수)−(분수)
- (대분수)−(대분수), (대분수)−(가분수)

4-2 소수의 덧셈과 뺄셈
- 소수 두 자리 수 / 소수 세 자리 수
- 소수의 크기 비교
- 소수 사이의 관계
- 소수 한 자리 수의 덧셈과 뺄셈
- 소수 두 자리 수의 덧셈과 뺄셈

5학년

5-1 자연수의 혼합 계산
- 덧셈과 뺄셈이 섞여 있는 식
- 곱셈과 나눗셈이 섞여 있는 식
- 덧셈, 뺄셈, 곱셈이 섞여 있는 식
- 덧셈, 뺄셈, 나눗셈이 섞여 있는 식
- 덧셈, 뺄셈, 곱셈, 나눗셈이 섞여 있는 식

5-1 약수와 배수
- 약수와 배수
- 약수와 배수의 관계
- 공약수와 최대공약수
- 공배수와 최소공배수

5-1 약분과 통분
- 크기가 같은 분수
- 약분
- 통분
- 분수의 크기 비교
- 분수와 소수의 크기 비교

5-1 분수의 덧셈과 뺄셈
- 진분수의 덧셈
- 대분수의 덧셈
- 진분수의 뺄셈
- 대분수의 뺄셈

5-2 수와 범위와 어림하기
- 이상, 이하, 초과, 미만
- 올림, 버림, 반올림

5-2 분수의 곱셈
- (분수)×(자연수)
- (자연수)×(분수)
- (진분수)×(진분수)
- (대분수)×(대분수)

5-2 소수의 곱셈
- (소수)×(자연수)
- (자연수)×(소수)
- (소수)×(소수)
- 곱의 소수점의 위치

6학년

6-1 분수의 나눗셈
- (자연수)÷(자연수)의 몫을 분수로 나타내기
- (분수)÷(자연수)
- (대분수)÷(자연수)

6-1 소수의 나눗셈
- (소수)÷(자연수)
- (자연수)÷(자연수)의 몫을 소수로 나타내기
- 몫의 소수점 위치 확인하기

6-2 분수의 나눗셈
- (분수)÷(분수)
- (분수)÷(분수)를 (분수)×(분수)로 나타내기
- (자연수)÷(분수), (가분수)÷(분수), (대분수)÷(분수)

6-2 소수의 나눗셈
- (소수)÷(소수)
- (자연수)÷(소수)
- 소수의 나눗셈의 몫을 반올림하여 나타내기

+ 교과서에 따라 3~4학년군, 5~6학년군 내에서 학기별로 수록된 단원 또는 학습 내용의 순서가 다를 수 있습니다.

개념+연산

메인 북

초등수학

3·1

구성과 특징

개념 + **드릴**

기억에 오래 남는 **한 컷 개념**과 **계산력 강화**를 위한
드릴 문제 4쪽으로 수와 연산을 익혀요.

연산

계산력
강화 단원

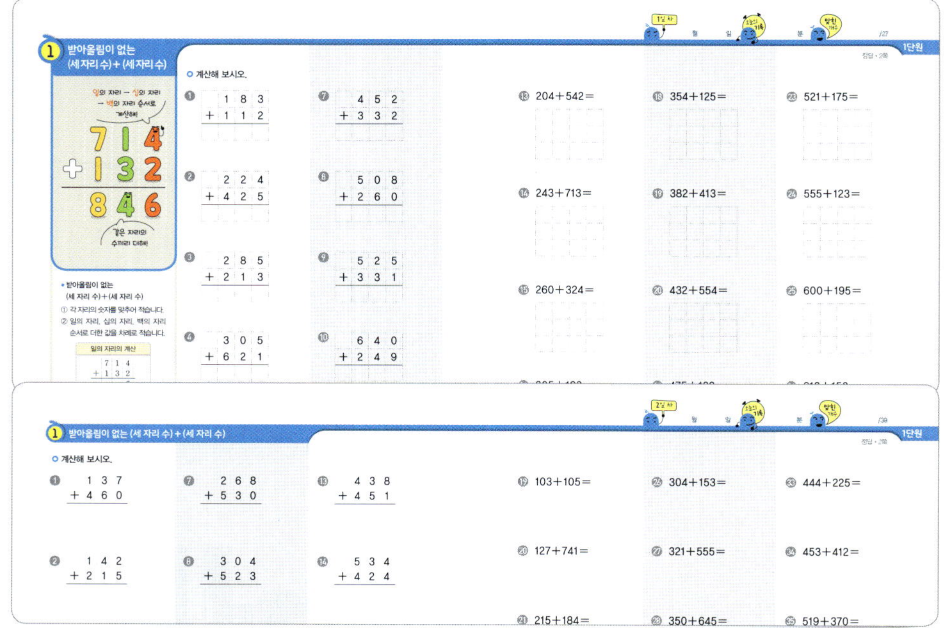

개념 + **익힘**

기억에 오래 남는 **한 컷 개념**과 **기초 개념 강화**를 위한
익힘 문제 2쪽으로 도형, 측정 등을 익혀요.

도형, 측정 등

기초 개념
강화 단원

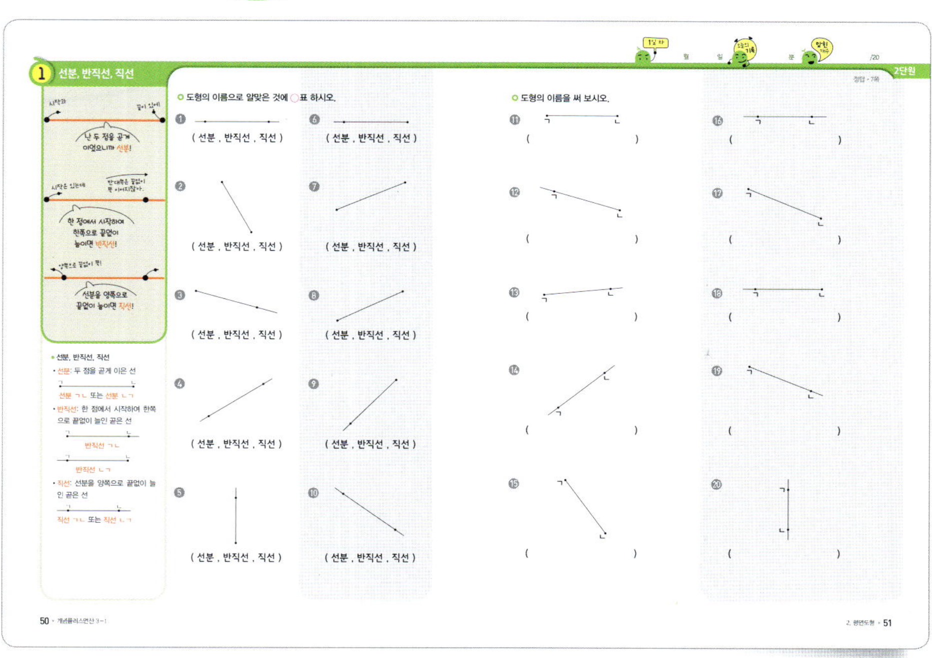

연산력을 강화해요!

적용
다양한 유형의 연산 문제에 **적용 능력**을 키워요.

특강
비법 강의로 빠르고 정확한 **연산력을 강화**해요.

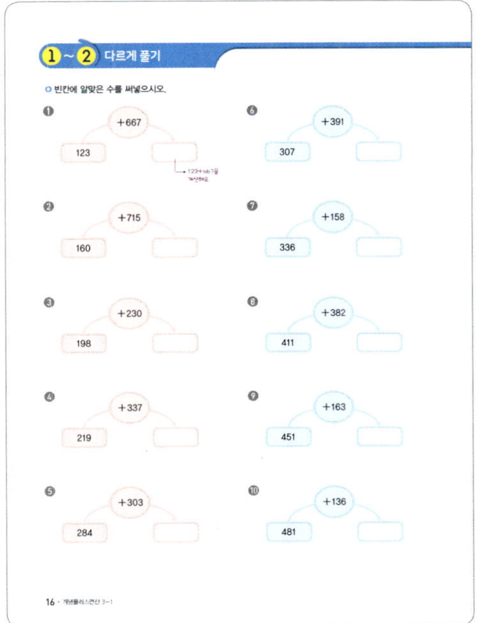

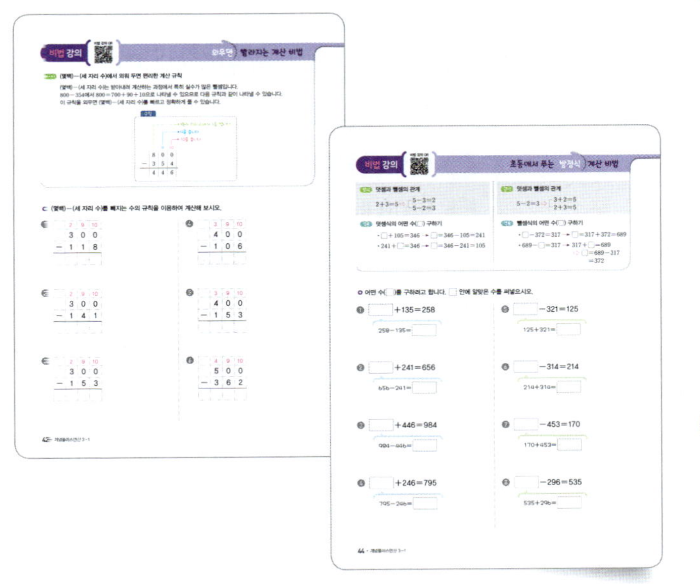

외우면 빨라지는 자주 나오는 계산의 결과를 외워 계산 시간을 줄여요.

초등에서 푸는 방정식 □를 사용한 식에서 □의 값을 구하는 방법을 익혀요.

평가로 마무리~!

평가
단원별로 **연산력을 평가**해요.

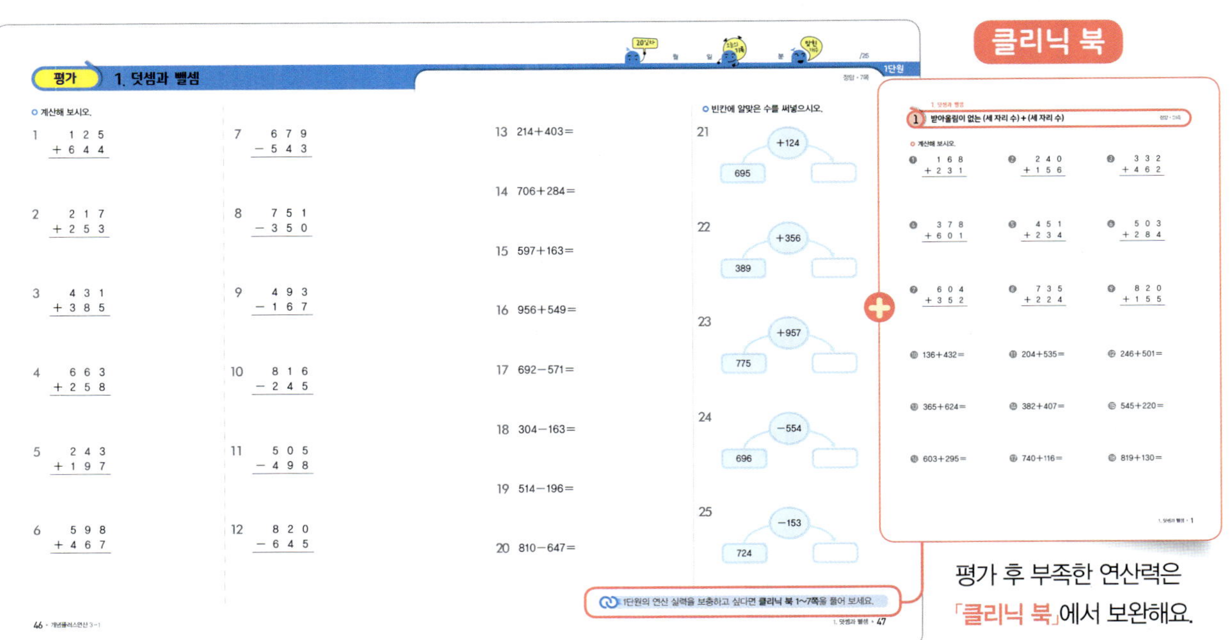

평가 후 부족한 연산력은 「**클리닉 북**」에서 보완해요.

차례

덧셈과 뺄셈

학습 내용	학습 회차	걸린 시간
① 받아올림이 없는 (세 자리 수) + (세 자리 수)	1일 차	/7분
	2일 차	/10분
② 받아올림이 한 번 있는 (세 자리 수) + (세 자리 수)	3일 차	/8분
	4일 차	/11분
① ~ ② 다르게 풀기	5일 차	/10분
③ 받아올림이 두 번 있는 (세 자리 수) + (세 자리 수)	6일 차	/8분
	7일 차	/12분
④ 받아올림이 세 번 있는 (세 자리 수) + (세 자리 수)	8일 차	/9분
	9일 차	/13분
③ ~ ④ 다르게 풀기	10일 차	/13분
⑤ 받아내림이 없는 (세 자리 수) - (세 자리 수)	11일 차	/7분
	12일 차	/10분
⑥ 받아내림이 한 번 있는 (세 자리 수) - (세 자리 수)	13일 차	/8분
	14일 차	/12분
⑦ 받아내림이 두 번 있는 (세 자리 수) - (세 자리 수)	15일 차	/9분
	16일 차	/13분
⑤ ~ ⑦ 다르게 풀기	17일 차	/11분
비법 강의 외우면 빨라지는 계산 비법	18일 차	/7분
비법 강의 초등에서 푸는 방정식 계산 비법	19일 차	/9분
평가 1. 덧셈과 뺄셈	20일 차	/13분

1 받아올림이 없는 (세 자리 수)+(세 자리 수)

● 받아올림이 없는
(세 자리 수)+(세 자리 수)

① 각 자리의 숫자를 맞추어 적습니다.
② 일의 자리, 십의 자리, 백의 자리
순서로 더한 값을 차례로 적습니다.

일의 자리의 계산

```
  7 1 4
+ 1 3 2
      6
```
4+2=6

십의 자리의 계산

```
  7 1 4
+ 1 3 2
    4 6
```
1+3=4

백의 자리의 계산

```
  7 1 4
+ 1 3 2
  8 4 6
```
7+1=8

○ 계산해 보시오.

❶
```
  1 8 3
+ 1 1 2
```

❷
```
  2 2 4
+ 4 2 5
```

❸
```
  2 8 5
+ 2 1 3
```

❹
```
  3 0 5
+ 6 2 1
```

❺
```
  3 5 7
+ 2 1 2
```

❻
```
  4 1 6
+ 1 5 2
```

❼
```
  4 5 2
+ 3 3 2
```

❽
```
  5 0 8
+ 2 6 0
```

❾
```
  5 2 5
+ 3 3 1
```

❿
```
  6 4 0
+ 2 4 9
```

⓫
```
  7 5 1
+ 1 3 6
```

⓬
```
  8 2 1
+ 1 3 7
```

⑬ 204＋542＝

⑱ 354＋125＝

㉓ 521＋175＝

⑭ 243＋713＝

⑲ 382＋413＝

㉔ 555＋123＝

⑮ 260＋324＝

⑳ 432＋554＝

㉕ 600＋195＝

⑯ 305＋192＝

㉑ 475＋123＝

㉖ 613＋150＝

⑰ 330＋156＝

㉒ 483＋114＝

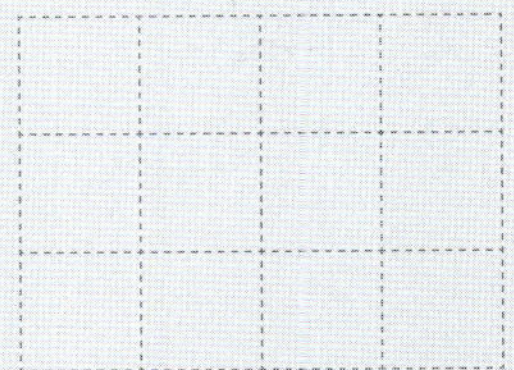

㉗ 761＋132＝

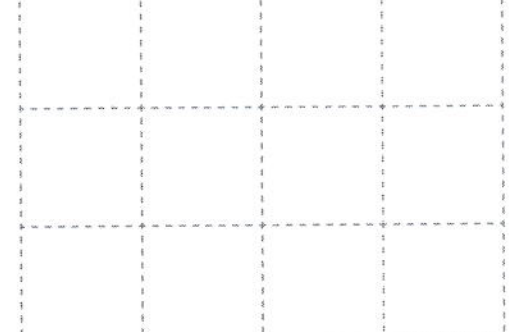

○ 계산해 보시오.

①

$$\begin{array}{r} 1\ 3\ 7 \\ +\ 4\ 6\ 0 \\ \hline \end{array}$$

②

$$\begin{array}{r} 1\ 4\ 2 \\ +\ 2\ 1\ 5 \\ \hline \end{array}$$

③

$$\begin{array}{r} 1\ 5\ 0 \\ +\ 2\ 2\ 4 \\ \hline \end{array}$$

④

$$\begin{array}{r} 2\ 1\ 4 \\ +\ 3\ 6\ 2 \\ \hline \end{array}$$

⑤

$$\begin{array}{r} 2\ 3\ 0 \\ +\ 3\ 5\ 5 \\ \hline \end{array}$$

⑥

$$\begin{array}{r} 2\ 4\ 2 \\ +\ 2\ 4\ 7 \\ \hline \end{array}$$

⑦

$$\begin{array}{r} 2\ 6\ 8 \\ +\ 5\ 3\ 0 \\ \hline \end{array}$$

⑧

$$\begin{array}{r} 3\ 0\ 4 \\ +\ 5\ 2\ 3 \\ \hline \end{array}$$

⑨

$$\begin{array}{r} 3\ 2\ 7 \\ +\ 4\ 3\ 2 \\ \hline \end{array}$$

⑩

$$\begin{array}{r} 3\ 5\ 4 \\ +\ 6\ 2\ 0 \\ \hline \end{array}$$

⑪

$$\begin{array}{r} 3\ 9\ 1 \\ +\ 3\ 0\ 7 \\ \hline \end{array}$$

⑫

$$\begin{array}{r} 4\ 1\ 3 \\ +\ 2\ 8\ 3 \\ \hline \end{array}$$

⑬

$$\begin{array}{r} 4\ 3\ 8 \\ +\ 4\ 5\ 1 \\ \hline \end{array}$$

⑭

$$\begin{array}{r} 5\ 3\ 4 \\ +\ 4\ 2\ 4 \\ \hline \end{array}$$

⑮

$$\begin{array}{r} 5\ 4\ 6 \\ +\ 4\ 1\ 2 \\ \hline \end{array}$$

⑯

$$\begin{array}{r} 6\ 0\ 3 \\ +\ 3\ 9\ 5 \\ \hline \end{array}$$

⑰

$$\begin{array}{r} 6\ 4\ 2 \\ +\ 2\ 3\ 0 \\ \hline \end{array}$$

⑱

$$\begin{array}{r} 7\ 5\ 2 \\ +\ 1\ 4\ 6 \\ \hline \end{array}$$

⑲ 103＋105＝

⑳ 127＋741＝

㉑ 215＋184＝

㉒ 264＋401＝

㉓ 272＋124＝

㉔ 286＋102＝

㉕ 295＋303＝

㉖ 304＋153＝

㉗ 321＋555＝

㉘ 350＋645＝

㉙ 354＋145＝

㉚ 421＋147＝

㉛ 425＋133＝

㉜ 436＋322＝

㉝ 444＋225＝

㉞ 453＋412＝

㉟ 519＋370＝

㊱ 543＋422＝

㊲ 633＋201＝

㊳ 672＋224＝

㊴ 843＋150＝

같은 자리 수끼리의
합이 10이거나 10보다 크면
바로 윗자리에
받아올려 계산해!

- 받아올림이 한 번 있는
 (세 자리 수)+(세 자리 수)

같은 자리 수끼리의 합이 10이거나
10보다 크면 바로 윗자리에 받아올려
계산합니다.

일의 자리의 계산

$$\begin{array}{r} 1 \\ 2\ 6\ 4 \\ +\ 3\ 0\ 8 \\ \hline 2 \end{array}$$

$4+8=12$

십의 자리의 계산

$$\begin{array}{r} 1 \\ 2\ 6\ 4 \\ +\ 3\ 0\ 8 \\ \hline 7\ 2 \end{array}$$

$1+6+0=7$

백의 자리의 계산

$$\begin{array}{r} 1 \\ 2\ 6\ 4 \\ +\ 3\ 0\ 8 \\ \hline 5\ 7\ 2 \end{array}$$

$2+3=5$

○ 계산해 보시오.

1

$$\begin{array}{r} 1\ 6\ 3 \\ +\ 3\ 1\ 9 \\ \hline \end{array}$$

2

$$\begin{array}{r} 1\ 7\ 9 \\ +\ 1\ 0\ 7 \\ \hline \end{array}$$

3

$$\begin{array}{r} 2\ 0\ 6 \\ +\ 5\ 4\ 7 \\ \hline \end{array}$$

4

$$\begin{array}{r} 2\ 2\ 1 \\ +\ 3\ 3\ 9 \\ \hline \end{array}$$

5

$$\begin{array}{r} 2\ 6\ 4 \\ +\ 3\ 0\ 8 \\ \hline \end{array}$$

6

$$\begin{array}{r} 3\ 4\ 7 \\ +\ 3\ 2\ 9 \\ \hline \end{array}$$

7

$$\begin{array}{r} 4\ 8\ 1 \\ +\ 4\ 7\ 6 \\ \hline \end{array}$$

8

$$\begin{array}{r} 5\ 3\ 2 \\ +\ 3\ 7\ 1 \\ \hline \end{array}$$

9

$$\begin{array}{r} 5\ 4\ 2 \\ +\ 2\ 7\ 3 \\ \hline \end{array}$$

10

$$\begin{array}{r} 6\ 5\ 4 \\ +\ 1\ 5\ 3 \\ \hline \end{array}$$

11

$$\begin{array}{r} 6\ 3\ 0 \\ +\ 2\ 9\ 2 \\ \hline \end{array}$$

12

$$\begin{array}{r} 7\ 6\ 0 \\ +\ 1\ 5\ 8 \\ \hline \end{array}$$

⑬ 127＋316＝

⑱ 327＋405＝

㉓ 482＋155＝

⑭ 149＋332＝

⑲ 319＋546＝

㉔ 530＋296＝

⑮ 251＋339＝

⑳ 403＋557＝

㉕ 583＋275＝

⑯ 225＋435＝

㉑ 453＋182＝

㉖ 595＋324＝

⑰ 343＋119＝

㉒ 474＋394＝

㉗ 647＋162＝

○ 계산해 보시오.

①
$$\begin{array}{r} 1\ 5\ 7 \\ +\ 1\ 0\ 3 \\ \hline \end{array}$$

②
$$\begin{array}{r} 1\ 6\ 6 \\ +\ 4\ 1\ 9 \\ \hline \end{array}$$

③
$$\begin{array}{r} 2\ 0\ 5 \\ +\ 3\ 7\ 6 \\ \hline \end{array}$$

④
$$\begin{array}{r} 2\ 3\ 6 \\ +\ 4\ 7\ 3 \\ \hline \end{array}$$

⑤
$$\begin{array}{r} 2\ 5\ 5 \\ +\ 6\ 2\ 8 \\ \hline \end{array}$$

⑥
$$\begin{array}{r} 2\ 7\ 8 \\ +\ 1\ 5\ 0 \\ \hline \end{array}$$

⑦
$$\begin{array}{r} 2\ 9\ 8 \\ +\ 2\ 1\ 0 \\ \hline \end{array}$$

⑧
$$\begin{array}{r} 3\ 3\ 2 \\ +\ 4\ 8\ 4 \\ \hline \end{array}$$

⑨
$$\begin{array}{r} 3\ 4\ 7 \\ +\ 1\ 2\ 3 \\ \hline \end{array}$$

⑩
$$\begin{array}{r} 3\ 7\ 0 \\ +\ 3\ 6\ 3 \\ \hline \end{array}$$

⑪
$$\begin{array}{r} 3\ 8\ 1 \\ +\ 2\ 9\ 2 \\ \hline \end{array}$$

⑫
$$\begin{array}{r} 4\ 0\ 8 \\ +\ 2\ 5\ 4 \\ \hline \end{array}$$

⑬
$$\begin{array}{r} 4\ 2\ 1 \\ +\ 3\ 5\ 9 \\ \hline \end{array}$$

⑭
$$\begin{array}{r} 5\ 1\ 9 \\ +\ 3\ 3\ 7 \\ \hline \end{array}$$

⑮
$$\begin{array}{r} 5\ 4\ 6 \\ +\ 1\ 9\ 3 \\ \hline \end{array}$$

⑯
$$\begin{array}{r} 5\ 5\ 7 \\ +\ 3\ 7\ 0 \\ \hline \end{array}$$

⑰
$$\begin{array}{r} 6\ 2\ 1 \\ +\ 2\ 8\ 8 \\ \hline \end{array}$$

⑱
$$\begin{array}{r} 8\ 4\ 5 \\ +\ 1\ 1\ 5 \\ \hline \end{array}$$

정답 · 3쪽

⑲ 135＋425＝

⑳ 187＋291＝

㉑ 206＋215＝

㉒ 249＋319＝

㉓ 268＋422＝

㉔ 317＋456＝

㉕ 329＋142＝

㉖ 354＋373＝

㉗ 428＋136＝

㉘ 441＋384＝

㉙ 486＋433＝

㉚ 492＋164＝

㉛ 507＋428＝

㉜ 523＋181＝

㉝ 526＋183＝

㉞ 539＋114＝

㉟ 636＋145＝

㊱ 651＋298＝

㊲ 674＋217＝

㊳ 680＋240＝

㊴ 753＋162＝

○ 빈칸에 알맞은 수를 써넣으시오.

1 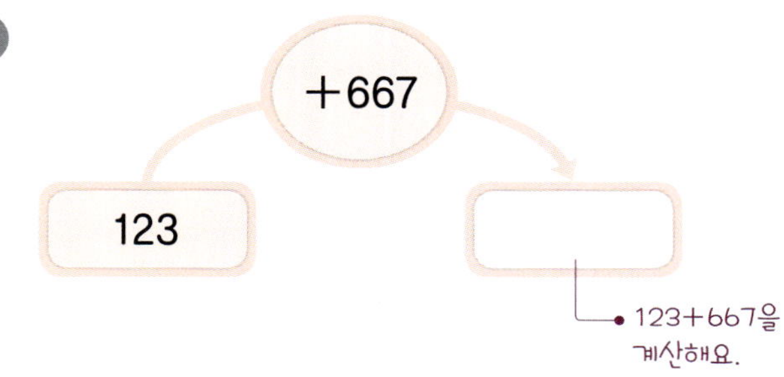

123+667을 계산해요.

2 

3 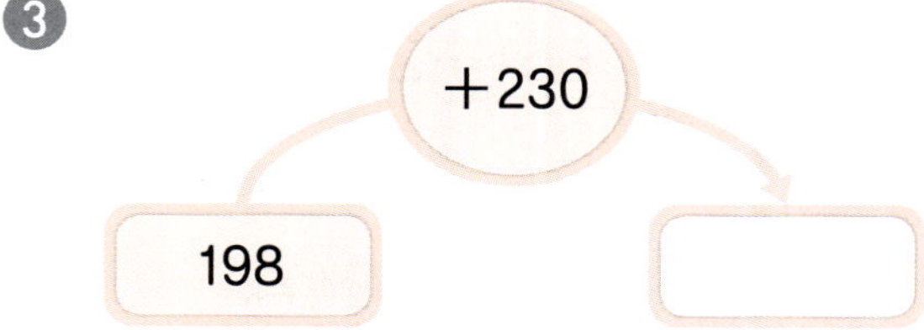

4 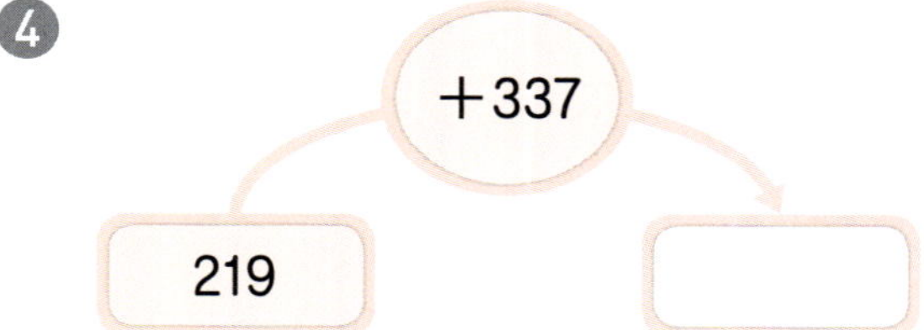

5 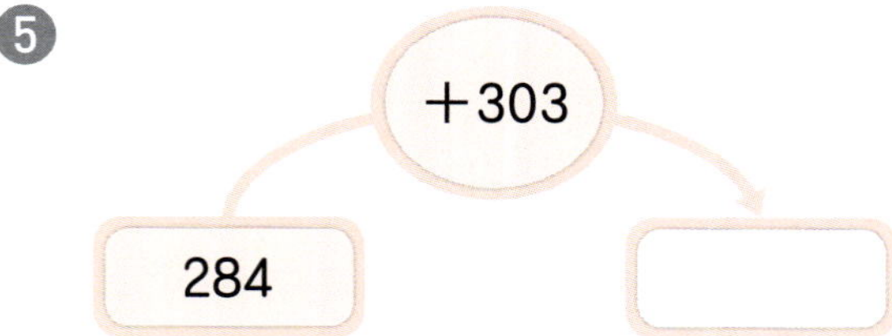

6 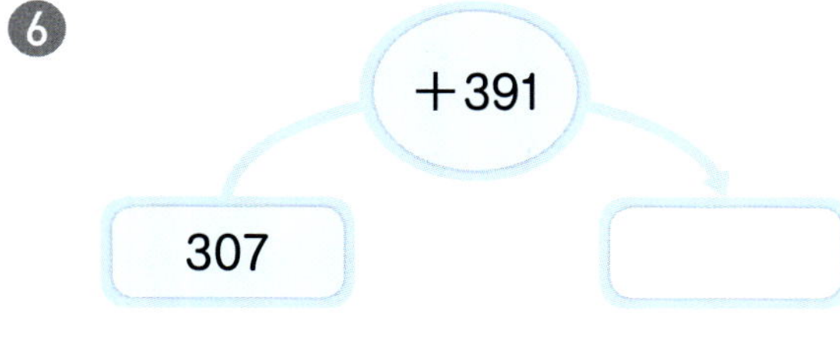

7 

8 

9 

10 

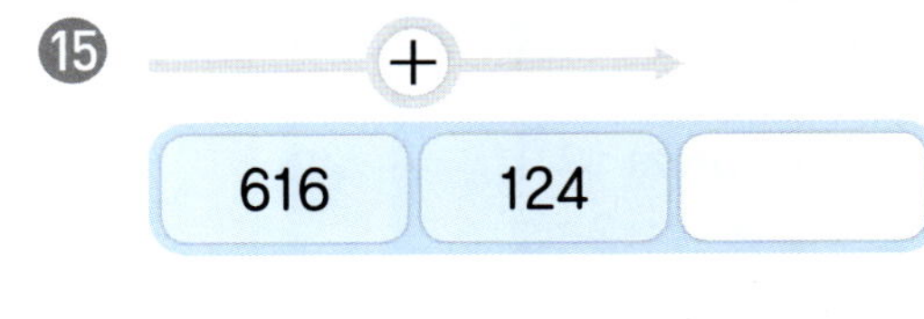

⑪

| 532 | 426 | |

⑮

| 616 | 124 | |

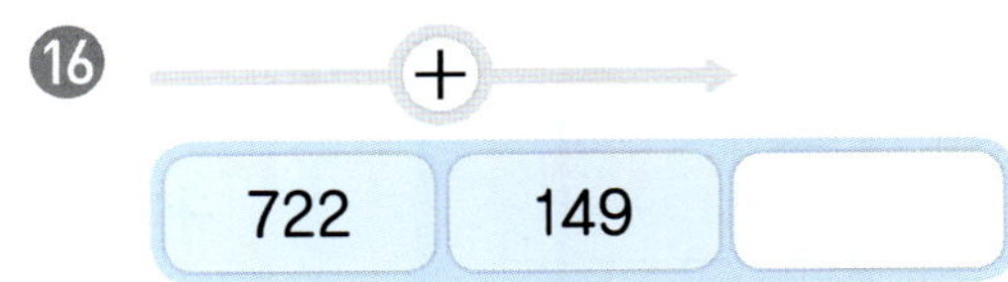

⑫

| 542 | 329 | |

⑯

| 722 | 149 | |

⑬

| 614 | 333 | |

⑰

| 749 | 128 | |

⑭

| 618 | 102 | |

⑱

| 835 | 155 | |

문장제 속 연산

⑲ 주머니에 검은색 바둑돌이 181개, 흰색 바둑돌이 103개 있습니다. 주머니에 있는 바둑돌은 모두 몇 개인지 구해 보시오.

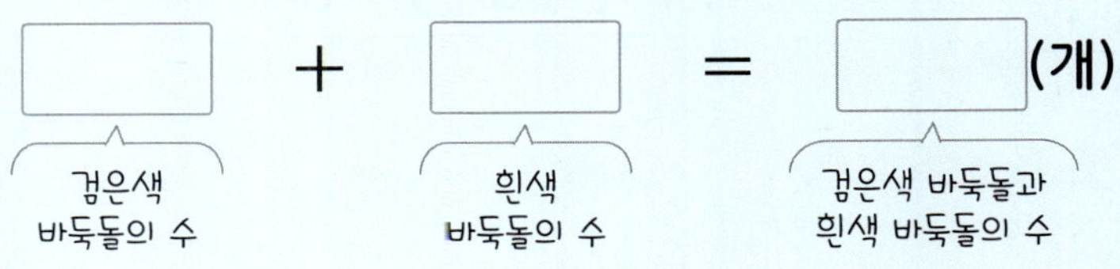

● 받아올림이 두 번 있는
(세 자리 수)＋(세 자리 수)

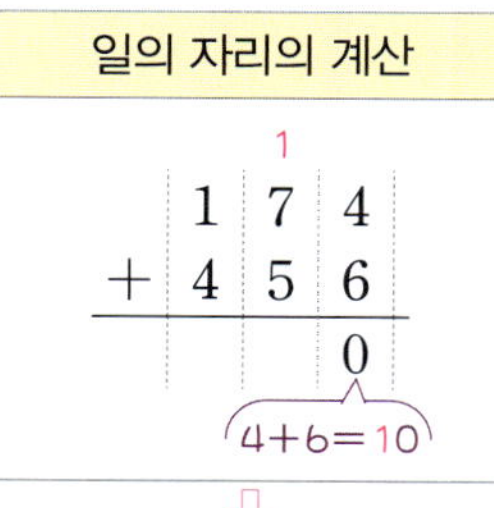

○ 계산해 보시오.

①
```
  1 5 6
+ 4 7 8
```

②
```
  1 8 9
+ 2 3 2
```

③
```
  2 5 8
+ 3 4 4
```

④
```
  2 9 3
+ 2 5 8
```

⑤
```
  3 7 5
+ 3 3 5
```

⑥
```
  4 5 9
+ 3 7 3
```

⑦
```
  4 7 8
+ 2 4 9
```

⑧
```
  4 8 2
+ 3 5 9
```

⑨
```
  5 4 4
+ 3 7 7
```

⑩
```
  5 4 8
+ 1 6 8
```

⑪
```
  6 4 5
+ 2 8 7
```

⑫
```
  7 6 5
+ 1 3 9
```

정답 • 3쪽

⑬ 158＋642＝

⑭ 199＋582＝

⑮ 269＋345＝

⑯ 282＋359＝

⑰ 297＋236＝

⑱ 364＋449＝

⑲ 369＋245＝

⑳ 397＋484＝

㉑ 409＋198＝

㉒ 465＋368＝

㉓ 476＋237＝

㉔ 495＋265＝

㉕ 538＋396＝

㉖ 549＋371＝

㉗ 619＋183＝

○ 계산해 보시오.

①
```
    1 7 8
  + 1 9 3
```

②
```
    2 5 4
  + 2 4 9
```

③
```
    2 6 4
  + 4 3 7
```

④
```
    2 8 3
  + 1 6 9
```

⑤
```
    2 9 5
  + 4 6 8
```

⑥
```
    3 2 2
  + 1 7 8
```

⑦
```
    3 4 9
  + 2 9 7
```

⑧
```
    3 6 5
  + 4 5 8
```

⑨
```
    3 7 1
  + 2 4 9
```

⑩
```
    4 3 9
  + 3 8 3
```

⑪
```
    4 7 7
  + 2 4 8
```

⑫
```
    4 9 4
  + 4 5 6
```

⑬
```
    5 3 2
  + 3 7 9
```

⑭
```
    5 4 6
  + 2 7 8
```

⑮
```
    5 7 8
  + 3 6 4
```

⑯
```
    6 0 8
  + 1 9 5
```

⑰
```
    6 2 4
  + 2 8 6
```

⑱
```
    7 8 5
  + 1 5 5
```

정답 · 3쪽

⑲ 149＋576＝

⑳ 172＋698＝

㉑ 219＋399＝

㉒ 224＋378＝

㉓ 259＋647＝

㉔ 263＋189＝

㉕ 265＋169＝

㉖ 288＋415＝

㉗ 295＋459＝

㉘ 376＋287＝

㉙ 393＋359＝

㉚ 436＋474＝

㉛ 449＋384＝

㉜ 485＋279＝

㉝ 492＋458＝

㉞ 545＋276＝

㉟ 546＋195＝

㊱ 597＋143＝

㊲ 625＋197＝

㊳ 672＋229＝

㊴ 786＋126＝

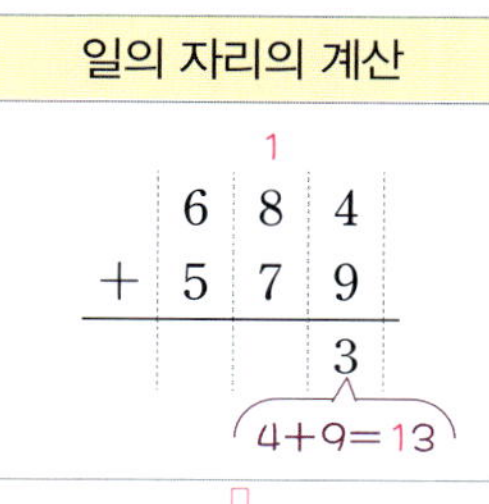

$1+6+5=12$에서 1은
천의 자리에, 2는 백의 자리에
차례대로 써!

● 받아올림이 세 번 있는
(세 자리 수)＋(세 자리 수)

일의 자리의 계산
6 8 4   ＋ 5 7 9   3 $4+9=13$

십의 자리의 계산
6 8 4   ＋ 5 7 9   6 3 $1+8+7=16$

백의 자리의 계산
6 8 4   ＋ 5 7 9   1 2 6 3 $1+6+5=12$

○ 계산해 보시오.

1

```
   1 9 8
＋  8 4 7
```

2

```
   2 5 9
＋  8 6 1
```

3

```
   3 9 7
＋  7 9 4
```

4

```
   4 7 2
＋  5 3 8
```

5

```
   4 8 5
＋  5 6 9
```

6

```
   5 3 4
＋  4 8 7
```

7

```
   5 7 5
＋  6 9 9
```

8

```
   6 4 9
＋  3 8 4
```

9

```
   7 8 6
＋  5 8 5
```

10

```
   7 9 4
＋  7 3 6
```

11

```
   8 7 9
＋  4 5 9
```

12

```
   8 9 4
＋  3 7 6
```

⑬ 192＋959＝

⑭ 248＋876＝

⑮ 385＋728＝

⑯ 399＋875＝

⑰ 472＋948＝

⑱ 476＋537＝

⑲ 569＋689＝

⑳ 594＋729＝

㉑ 629＋783＝

㉒ 654＋786＝

㉓ 747＋683＝

㉔ 758＋876＝

㉕ 833＋498＝

㉖ 938＋267＝

㉗ 976＋845＝

○ 계산해 보시오.

①
$$\begin{array}{r} 1\ 5\ 7 \\ +\ 9\ 7\ 4 \\ \hline \end{array}$$

②
$$\begin{array}{r} 2\ 7\ 6 \\ +\ 8\ 7\ 5 \\ \hline \end{array}$$

③
$$\begin{array}{r} 3\ 8\ 6 \\ +\ 9\ 2\ 6 \\ \hline \end{array}$$

④
$$\begin{array}{r} 3\ 9\ 5 \\ +\ 7\ 8\ 5 \\ \hline \end{array}$$

⑤
$$\begin{array}{r} 4\ 8\ 4 \\ +\ 8\ 5\ 7 \\ \hline \end{array}$$

⑥
$$\begin{array}{r} 5\ 4\ 7 \\ +\ 6\ 8\ 7 \\ \hline \end{array}$$

⑦
$$\begin{array}{r} 5\ 7\ 2 \\ +\ 4\ 3\ 9 \\ \hline \end{array}$$

⑧
$$\begin{array}{r} 5\ 7\ 8 \\ +\ 7\ 6\ 5 \\ \hline \end{array}$$

⑨
$$\begin{array}{r} 6\ 2\ 9 \\ +\ 5\ 9\ 6 \\ \hline \end{array}$$

⑩
$$\begin{array}{r} 6\ 8\ 8 \\ +\ 9\ 3\ 4 \\ \hline \end{array}$$

⑪
$$\begin{array}{r} 7\ 3\ 4 \\ +\ 5\ 7\ 8 \\ \hline \end{array}$$

⑫
$$\begin{array}{r} 7\ 9\ 8 \\ +\ 2\ 4\ 5 \\ \hline \end{array}$$

⑬
$$\begin{array}{r} 8\ 1\ 3 \\ +\ 5\ 9\ 7 \\ \hline \end{array}$$

⑭
$$\begin{array}{r} 8\ 6\ 4 \\ +\ 2\ 5\ 9 \\ \hline \end{array}$$

⑮
$$\begin{array}{r} 8\ 9\ 2 \\ +\ 4\ 3\ 9 \\ \hline \end{array}$$

⑯
$$\begin{array}{r} 9\ 4\ 5 \\ +\ 8\ 5\ 7 \\ \hline \end{array}$$

⑰
$$\begin{array}{r} 9\ 5\ 3 \\ +\ 7\ 4\ 8 \\ \hline \end{array}$$

⑱
$$\begin{array}{r} 9\ 6\ 9 \\ +\ 2\ 8\ 9 \\ \hline \end{array}$$

⑲ $159+972=$

⑳ $162+869=$

㉑ $246+774=$

㉒ $298+916=$

㉓ $339+894=$

㉔ $374+976=$

㉕ $439+589=$

㉖ $476+847=$

㉗ $479+549=$

㉘ $546+679=$

㉙ $548+498=$

㉚ $592+809=$

㉛ $636+895=$

㉜ $692+588=$

㉝ $742+579=$

㉞ $768+549=$

㉟ $785+986=$

㊱ $809+991=$

㊲ $827+395=$

㊳ $944+756=$

㊴ $965+387=$

○ 빈칸에 알맞은 수를 써넣으시오.

1 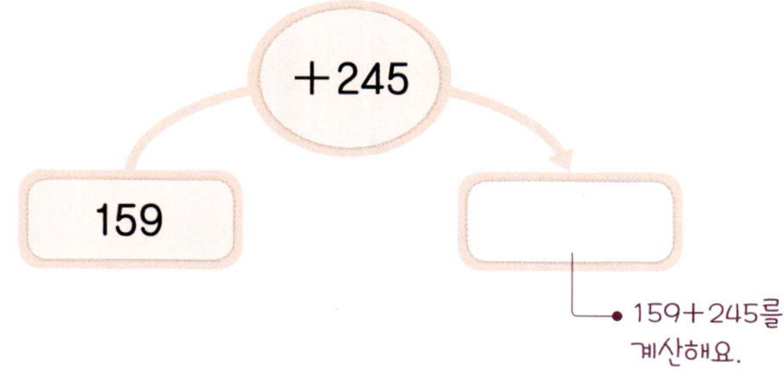

6

2 

7 

3

8

4 

9 

5 

10 

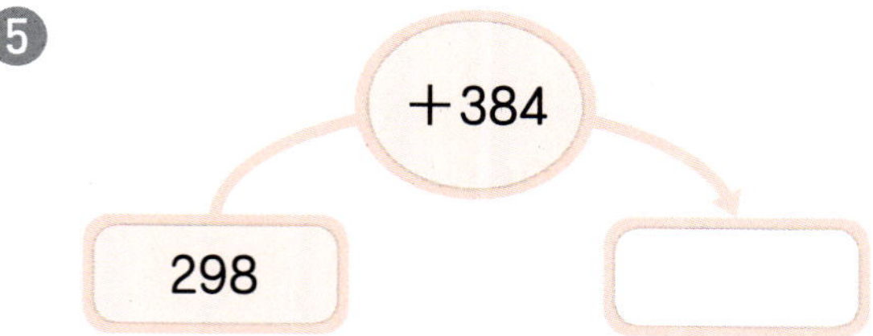

월   일   분

⑪ 647 → +283 → ⬜
• 647+283을 계산해요.

⑫ 684 → +539 → ⬜

⑬ 751 → +169 → ⬜

⑭ 794 → +836 → ⬜

⑮ 814 → +698 → ⬜

⑯ 867 → +145 → ⬜

⑰ 932 → +878 → ⬜

⑱ 977 → +323 → ⬜

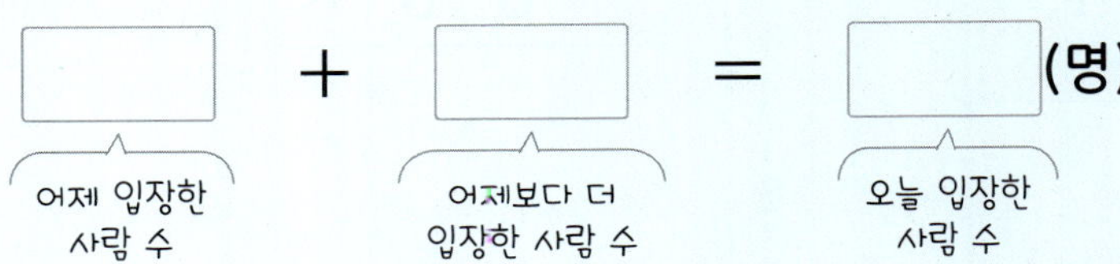

⑲ 미술관에 어제 입장한 사람은 249명입니다. 오늘 입장한 사람 수는 어제 입장한 사람 수보다 183명 더 많습니다. 미술관에 오늘 입장한 사람은 몇 명인지 구해 보시오.

⬜ + ⬜ = ⬜ (명)

어제 입장한   어제보다 더   오늘 입장한
사람 수   입장한 사람 수   사람 수

● 받아내림이 없는
(세 자리 수)─(세 자리 수)

① 각 자리의 숫자를 맞추어 적습니다.
② 일의 자리, 십의 자리, 백의 자리
순서로 뺀 값을 차례로 적습니다.

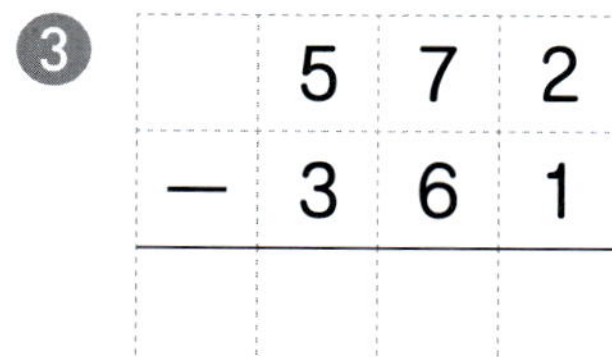

○ 계산해 보시오.

1
```
    2 9 6
  ─ 1 3 5
```

2
```
    4 6 0
  ─ 2 0 0
```

3
```
    5 7 2
  ─ 3 6 1
```

4
```
    6 4 5
  ─ 2 0 5
```

5
```
    6 7 8
  ─ 3 7 4
```

6
```
    7 0 9
  ─ 6 0 8
```

7
```
    7 6 6
  ─ 2 1 4
```

8
```
    8 0 7
  ─ 3 0 4
```

9
```
    8 1 4
  ─ 7 0 2
```

10
```
    8 9 4
  ─ 5 4 0
```

11
```
    9 3 2
  ─ 8 2 1
```

12
```
    9 7 3
  ─ 2 3 0
```

⑬ 265−144＝

⑭ 349−245＝

⑮ 418−112＝

⑯ 549−302＝

⑰ 594−423＝

⑱ 631−420＝

⑲ 657−216＝

⑳ 745−632＝

㉑ 803−302＝

㉒ 827−501＝

㉓ 834−502＝

㉔ 863−630＝

㉕ 962−150＝

㉖ 980−450＝

㉗ 995−634＝

○ 계산해 보시오.

①
$$\begin{array}{r} 2\ 3\ 4 \\ -\ 1\ 2\ 3 \\ \hline \end{array}$$

②
$$\begin{array}{r} 3\ 3\ 9 \\ -\ 1\ 2\ 7 \\ \hline \end{array}$$

③
$$\begin{array}{r} 3\ 9\ 5 \\ -\ 1\ 8\ 5 \\ \hline \end{array}$$

④
$$\begin{array}{r} 4\ 6\ 5 \\ -\ 3\ 2\ 0 \\ \hline \end{array}$$

⑤
$$\begin{array}{r} 4\ 9\ 7 \\ -\ 4\ 4\ 3 \\ \hline \end{array}$$

⑥
$$\begin{array}{r} 5\ 0\ 8 \\ -\ 4\ 0\ 2 \\ \hline \end{array}$$

⑦
$$\begin{array}{r} 5\ 1\ 6 \\ -\ 1\ 0\ 1 \\ \hline \end{array}$$

⑧
$$\begin{array}{r} 5\ 3\ 5 \\ -\ 2\ 0\ 4 \\ \hline \end{array}$$

⑨
$$\begin{array}{r} 5\ 4\ 8 \\ -\ 2\ 3\ 5 \\ \hline \end{array}$$

⑩
$$\begin{array}{r} 6\ 4\ 8 \\ -\ 2\ 1\ 1 \\ \hline \end{array}$$

⑪
$$\begin{array}{r} 7\ 0\ 2 \\ -\ 1\ 0\ 2 \\ \hline \end{array}$$

⑫
$$\begin{array}{r} 7\ 4\ 1 \\ -\ 4\ 2\ 0 \\ \hline \end{array}$$

⑬
$$\begin{array}{r} 8\ 2\ 5 \\ -\ 1\ 1\ 5 \\ \hline \end{array}$$

⑭
$$\begin{array}{r} 8\ 3\ 6 \\ -\ 2\ 0\ 4 \\ \hline \end{array}$$

⑮
$$\begin{array}{r} 8\ 5\ 4 \\ -\ 2\ 0\ 3 \\ \hline \end{array}$$

⑯
$$\begin{array}{r} 8\ 5\ 9 \\ -\ 6\ 1\ 6 \\ \hline \end{array}$$

⑰
$$\begin{array}{r} 9\ 6\ 7 \\ -\ 5\ 4\ 3 \\ \hline \end{array}$$

⑱
$$\begin{array}{r} 9\ 9\ 8 \\ -\ 7\ 5\ 2 \\ \hline \end{array}$$

⑲ $148-136=$

⑳ $269-151=$

㉑ $339-206=$

㉒ $379-324=$

㉓ $461-120=$

㉔ $495-280=$

㉕ $507-302=$

㉖ $520-410=$

㉗ $549-432=$

㉘ $575-254=$

㉙ $647-427=$

㉚ $648-341=$

㉛ $659-552=$

㉜ $718-312=$

㉝ $793-102=$

㉞ $798-573=$

㉟ $845-325=$

㊱ $886-344=$

㊲ $954-310=$

㊳ $963-152=$

㊴ $967-861=$

● 받아내림이 한 번 있는
(세 자리 수)−(세 자리 수)

같은 자리의 수끼리 뺄 수 없으면 바로 윗자리에서 받아내려 계산합니다.

일의 자리의 계산
3 10
3 4̸ 2
− 1 1 8
4
10+2−8=4

십의 자리의 계산
3 10
3 4̸ 2
− 1 1 8
2 4
3−1=2

백의 자리의 계산
3 10
3 4̸ 2
− 1 1 8
2 2 4
3−1=2

○ 계산해 보시오.

①
```
    3 5 2
  − 1 3 4
```

②
```
    3 9 4
  − 2 2 8
```

③
```
    4 3 0
  − 3 0 2
```

④
```
    4 5 4
  − 2 4 5
```

⑤
```
    4 7 5
  − 2 1 9
```

⑥
```
    4 9 6
  − 2 2 9
```

⑦
```
    5 3 7
  − 4 4 6
```

⑧
```
    5 5 7
  − 1 7 4
```

⑨
```
    6 2 9
  − 1 8 1
```

⑩
```
    6 5 4
  − 3 9 2
```

⑪
```
    8 2 5
  − 1 4 3
```

⑫
```
    9 3 8
  − 7 6 7
```

⑬ 242−125=

⑭ 364−155=

⑮ 467−238=

⑯ 483−134=

⑰ 581−362=

⑱ 567−248=

⑲ 619−185=

⑳ 625−594=

㉑ 690−455=

㉒ 718−564=

㉓ 759−483=

㉔ 824−134=

㉕ 865−273=

㉖ 936−752=

㉗ 937−855=

○ 계산해 보시오.

①
$$\begin{array}{r} 2\ 3\ 6 \\ -\ 1\ 0\ 8 \\ \hline \end{array}$$

②
$$\begin{array}{r} 3\ 2\ 5 \\ -\ 1\ 4\ 4 \\ \hline \end{array}$$

③
$$\begin{array}{r} 3\ 4\ 5 \\ -\ 2\ 6\ 0 \\ \hline \end{array}$$

④
$$\begin{array}{r} 4\ 0\ 7 \\ -\ 1\ 6\ 5 \\ \hline \end{array}$$

⑤
$$\begin{array}{r} 4\ 9\ 4 \\ -\ 2\ 2\ 7 \\ \hline \end{array}$$

⑥
$$\begin{array}{r} 5\ 3\ 6 \\ -\ 4\ 2\ 8 \\ \hline \end{array}$$

⑦
$$\begin{array}{r} 5\ 6\ 4 \\ -\ 4\ 7\ 2 \\ \hline \end{array}$$

⑧
$$\begin{array}{r} 6\ 3\ 9 \\ -\ 5\ 8\ 3 \\ \hline \end{array}$$

⑨
$$\begin{array}{r} 6\ 4\ 5 \\ -\ 3\ 7\ 5 \\ \hline \end{array}$$

⑩
$$\begin{array}{r} 6\ 5\ 1 \\ -\ 2\ 1\ 4 \\ \hline \end{array}$$

⑪
$$\begin{array}{r} 7\ 1\ 1 \\ -\ 5\ 4\ 0 \\ \hline \end{array}$$

⑫
$$\begin{array}{r} 7\ 3\ 3 \\ -\ 1\ 2\ 4 \\ \hline \end{array}$$

⑬
$$\begin{array}{r} 7\ 8\ 2 \\ -\ 6\ 4\ 9 \\ \hline \end{array}$$

⑭
$$\begin{array}{r} 8\ 6\ 3 \\ -\ 5\ 4\ 8 \\ \hline \end{array}$$

⑮
$$\begin{array}{r} 8\ 7\ 7 \\ -\ 1\ 2\ 9 \\ \hline \end{array}$$

⑯
$$\begin{array}{r} 9\ 1\ 7 \\ -\ 4\ 5\ 6 \\ \hline \end{array}$$

⑰
$$\begin{array}{r} 9\ 3\ 4 \\ -\ 6\ 0\ 5 \\ \hline \end{array}$$

⑱
$$\begin{array}{r} 9\ 4\ 5 \\ -\ 7\ 8\ 3 \\ \hline \end{array}$$

⑲ 232−142＝

⑳ 450−129＝

㉑ 465−317＝

㉒ 537−219＝

㉓ 552−181＝

㉔ 564−435＝

㉕ 578−294＝

㉖ 594−378＝

㉗ 629−493＝

㉘ 637−185＝

㉙ 641−560＝

㉚ 685−139＝

㉛ 717−483＝

㉜ 758−639＝

㉝ 794−625＝

㉞ 809−126＝

㉟ 813−270＝

㊱ 842−128＝

㊲ 875−156＝

㊳ 914−751＝

㊴ 953−147＝

• 받아내림이 두 번 있는
(세 자리 수)−(세 자리 수)

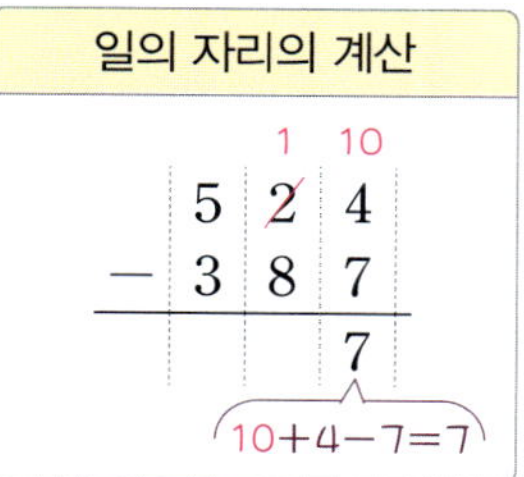

○ 계산해 보시오.

1

$$\begin{array}{r} 2\ 5\ 8 \\ -\ 1\ 6\ 9 \\ \hline \end{array}$$

2

$$\begin{array}{r} 3\ 3\ 1 \\ -\ 1\ 6\ 5 \\ \hline \end{array}$$

3

$$\begin{array}{r} 4\ 2\ 6 \\ -\ 3\ 5\ 8 \\ \hline \end{array}$$

4

$$\begin{array}{r} 4\ 3\ 2 \\ -\ 1\ 8\ 9 \\ \hline \end{array}$$

5

$$\begin{array}{r} 5\ 4\ 0 \\ -\ 2\ 6\ 7 \\ \hline \end{array}$$

6

$$\begin{array}{r} 5\ 7\ 1 \\ -\ 3\ 9\ 4 \\ \hline \end{array}$$

7

$$\begin{array}{r} 6\ 1\ 3 \\ -\ 2\ 2\ 6 \\ \hline \end{array}$$

8

$$\begin{array}{r} 6\ 3\ 8 \\ -\ 5\ 4\ 9 \\ \hline \end{array}$$

9

$$\begin{array}{r} 7\ 4\ 3 \\ -\ 2\ 5\ 8 \\ \hline \end{array}$$

10

$$\begin{array}{r} 8\ 2\ 7 \\ -\ 3\ 3\ 8 \\ \hline \end{array}$$

11

$$\begin{array}{r} 8\ 4\ 6 \\ -\ 5\ 6\ 7 \\ \hline \end{array}$$

12

$$\begin{array}{r} 9\ 1\ 1 \\ -\ 7\ 2\ 5 \\ \hline \end{array}$$

⑬ $235-149=$

⑱ $536-258=$

㉓ $773-584=$

⑭ $254-167=$

⑲ $600-123=$

㉔ $811-225=$

⑮ $412-295=$

⑳ $605-328=$

㉕ $833-476=$

⑯ $446-148=$

㉑ $647-159=$

㉖ $914-737=$

⑰ $502-349=$

㉒ $731-556=$

㉗ $964-378=$

○ 계산해 보시오.

1
```
    2 2 1
  − 1 7 2
```

2
```
    3 1 3
  − 1 4 9
```

3
```
    3 4 6
  − 2 5 7
```

4
```
    4 0 8
  − 1 7 9
```

5
```
    4 3 4
  − 2 5 5
```

6
```
    5 0 3
  − 2 1 9
```

7
```
    5 7 3
  − 2 9 8
```

8
```
    5 8 4
  − 3 9 6
```

9
```
    6 0 5
  − 4 5 9
```

10
```
    6 1 6
  − 4 7 7
```

11
```
    7 1 5
  − 5 3 7
```

12
```
    7 2 0
  − 2 5 7
```

13
```
    7 4 4
  − 3 5 6
```

14
```
    7 6 2
  − 1 9 5
```

15
```
    8 2 2
  − 3 4 8
```

16
```
    8 3 6
  − 4 5 7
```

17
```
    9 2 3
  − 7 3 4
```

18
```
    9 6 5
  − 2 8 8
```

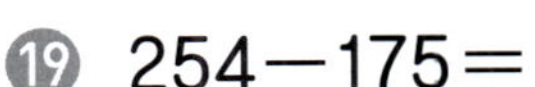

⑲ 254−175＝

⑳ 311−134＝

㉑ 327−168＝

㉒ 416−339＝

㉓ 442−156＝

㉔ 453−377＝

㉕ 471−279＝

㉖ 510−489＝

㉗ 525−189＝

㉘ 530−436＝

㉙ 548−369＝

㉚ 562−183＝

㉛ 607−128＝

㉜ 643−254＝

㉝ 716−289＝

㉞ 735−266＝

㉟ 756−197＝

㊱ 808−249＝

㊲ 832−348＝

㊳ 907−168＝

㊴ 947−559＝

○ 빈칸에 알맞은 수를 써넣으시오.

1 246 ➡ −104 ➡ ▢

　　　• 246−104를
　　　계산해요.

2 327 ➡ −186 ➡ ▢

3 362 ➡ −121 ➡ ▢

4 433 ➡ −153 ➡ ▢

5 453 ➡ −275 ➡ ▢

6 523 ➡ −451 ➡ ▢

7 535 ➡ −264 ➡ ▢

8 555 ➡ −301 ➡ ▢

9 635 ➡ −319 ➡ ▢

10 652 ➡ −173 ➡ ▢

⑪ 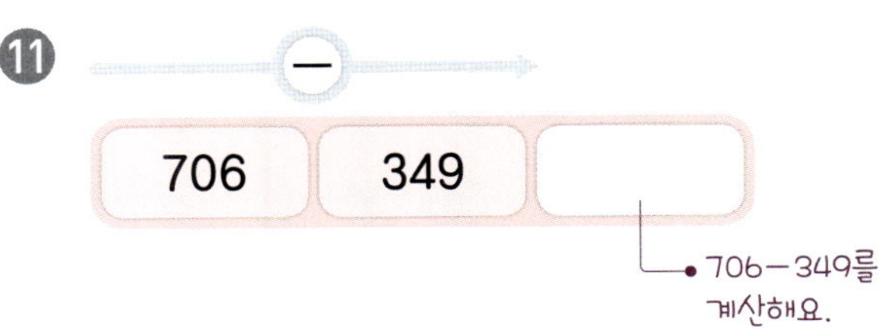

| 706 | 349 | |

• 706−349를
계산해요.

⑫ 

| 721 | 259 | |

⑬ 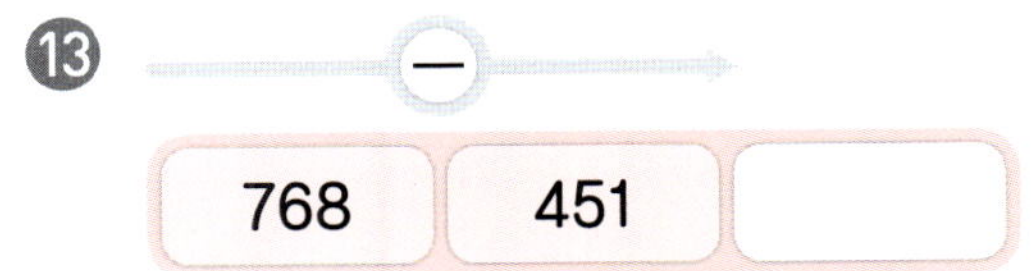

| 768 | 451 | |

⑭ 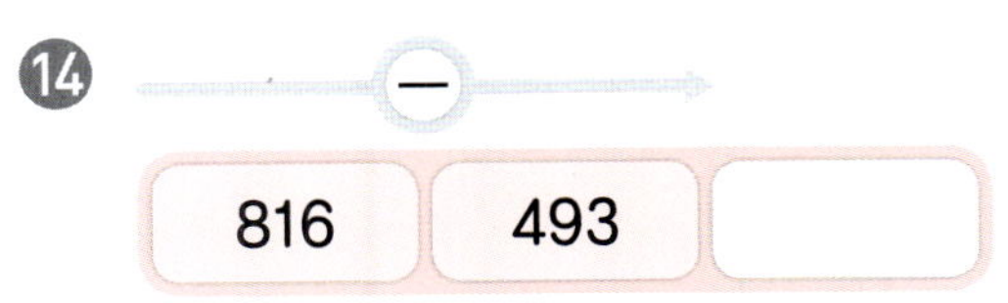

| 816 | 493 | |

⑮ 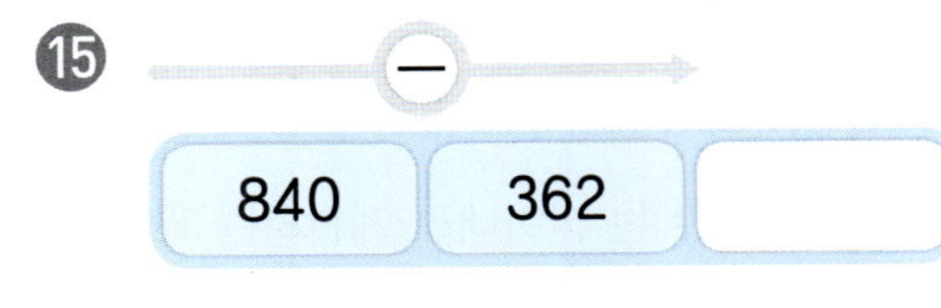

| 840 | 362 | |

⑯ 

| 902 | 564 | |

⑰ 

| 913 | 544 | |

⑱ 

| 982 | 540 | |

문장제 속 연산

⑲ 길이가 492 cm인 종이테이프 중에서 254 cm를 사용했습니다. 사용하고
남은 종이테이프는 몇 cm인지 구해 보시오.

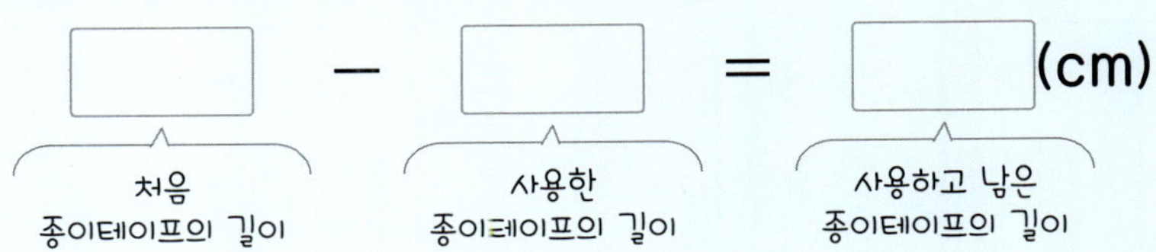

| | − | | = | | (cm) |

처음
종이테이프의 길이

사용한
종이테이프의 길이

사용하고 남은
종이테이프의 길이

➕➖✖️➗ **(몇백)−(세 자리 수)에서 외워 두면 편리한 계산 규칙**

(몇백)−(세 자리 수)는 받아내려 계산하는 과정에서 특히 실수가 많은 뺄셈입니다.
$800-354$에서 $800=700+90+10$으로 나타낼 수 있으므로 다음 규칙과 같이 나타낼 수 있습니다.
이 규칙을 외우면 (몇백)−(세 자리 수)를 빠르고 정확하게 풀 수 있습니다.

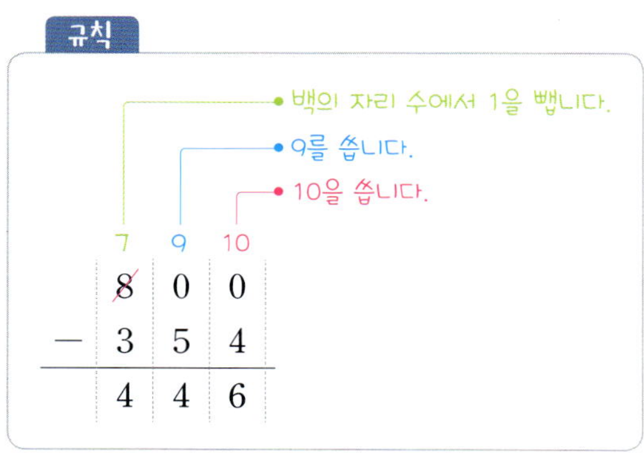

○ **(몇백)−(세 자리 수)를 빼지는 수의 규칙을 이용하여 계산해 보시오.**

❶
2	9	10
3̷	0	0
− 1	1	8

❷
2	9	10
3̷	0	0
− 1	4	1

❸
2	9	10
3̷	0	0
− 1	5	3

❹
3	9	10
4̷	0	0
− 1	0	6

❺
3	9	10
4̷	0	0
− 1	5	3

❻
4	9	10
5̷	0	0
− 3	6	2

정답 · 6쪽

⑦

	4	9	10
	5̸	0	0
−	3	9	2

⑪

	6	9	10
	7̸	0	0
−	5	4	4

⑧

	5	9	10
	6̸	0	0
−	2	1	2

⑫

	7	9	10
	8̸	0	0
−	2	7	1

⑨

	5	9	10
	6̸	0	0
−	4	1	5

⑬

	8	9	10
	9̸	0	0
−	6	4	8

⑩

	6	9	10
	7̸	0	0
−	4	6	1

⑭

	8	9	10
	9̸	0	0
−	7	2	1

원리 덧셈과 뺄셈의 관계

$$2+3=5 \Rightarrow \begin{cases} 5-3=2 \\ 5-2=3 \end{cases}$$

적용 덧셈식의 어떤 수(□) 구하기

· $\square+105=346 \rightarrow \square=346-105=241$

· $241+\square=346 \rightarrow \square=346-241=105$

원리 덧셈과 뺄셈의 관계

$$5-2=3 \Rightarrow \begin{cases} 3+2=5 \\ 2+3=5 \end{cases}$$

적용 뺄셈식의 어떤 수(□) 구하기

· $\square-372=317 \rightarrow \square=317+372=689$

· $689-\square=317 \rightarrow 317+\square=689$

$\Rightarrow \square=689-317$

$=372$

○ 어떤 수(□)를 구하려고 합니다. □ 안에 알맞은 수를 써넣으시오.

1 $\boxed{}+135=258$

$258-135=\boxed{}$

2 $\boxed{}+241=656$

$656-241=\boxed{}$

3 $\boxed{}+446=984$

$984-446=\boxed{}$

4 $\boxed{}+246=795$

$795-246=\boxed{}$

5 $\boxed{}-321=125$

$125+321=\boxed{}$

6 $\boxed{}-314=214$

$214+314=\boxed{}$

7 $\boxed{}-453=170$

$170+453=\boxed{}$

8 $\boxed{}-296=535$

$535+296=\boxed{}$

정답 · 6쪽

⑨ $212 + \boxed{} = 394$

$394 - 212 = \boxed{}$

⑩ $341 + \boxed{} = 608$

$608 - 341 = \boxed{}$

⑪ $468 + \boxed{} = 725$

$725 - 468 = \boxed{}$

⑫ $586 + \boxed{} = 953$

$953 - 586 = \boxed{}$

⑬ $658 + \boxed{} = 844$

$844 - 658 = \boxed{}$

⑭ $587 - \boxed{} = 362$

$587 - 362 = \boxed{}$

⑮ $653 - \boxed{} = 163$

$653 - 163 = \boxed{}$

⑯ $614 - \boxed{} = 487$

$614 - 487 = \boxed{}$

⑰ $713 - \boxed{} = 485$

$713 - 485 = \boxed{}$

⑱ $804 - \boxed{} = 439$

$804 - 439 = \boxed{}$

○ 계산해 보시오.

1
```
    1 2 5
+   6 4 4
─────────
```

2
```
    2 1 7
+   2 5 3
─────────
```

3
```
    4 3 1
+   3 8 5
─────────
```

4
```
    6 6 3
+   2 5 8
─────────
```

5
```
    2 4 3
+   1 9 7
─────────
```

6
```
    5 9 8
+   4 6 7
─────────
```

7
```
    6 7 9
−   5 4 3
─────────
```

8
```
    7 5 1
−   3 5 0
─────────
```

9
```
    4 9 3
−   1 6 7
─────────
```

10
```
    8 1 6
−   2 4 5
─────────
```

11
```
    5 0 5
−   4 9 8
─────────
```

12
```
    8 2 0
−   6 4 5
─────────
```

13 $214+403=$

14 $706+284=$

15 $597+163=$

16 $956+549=$

17 $692-571=$

18 $304-163=$

19 $514-196=$

20 $810-647=$

○ 빈칸에 알맞은 수를 써넣으시오.

21 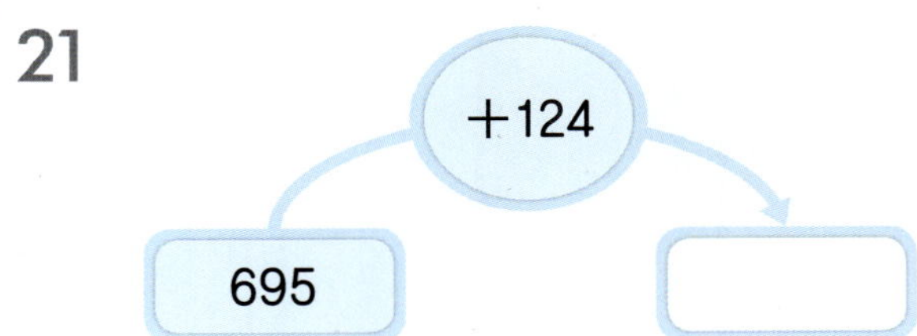

22 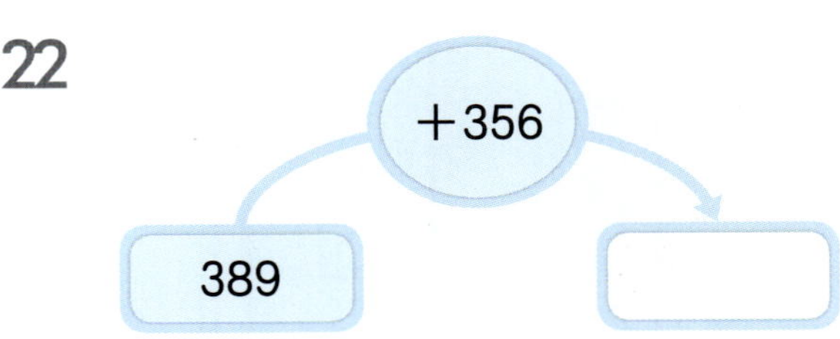

23 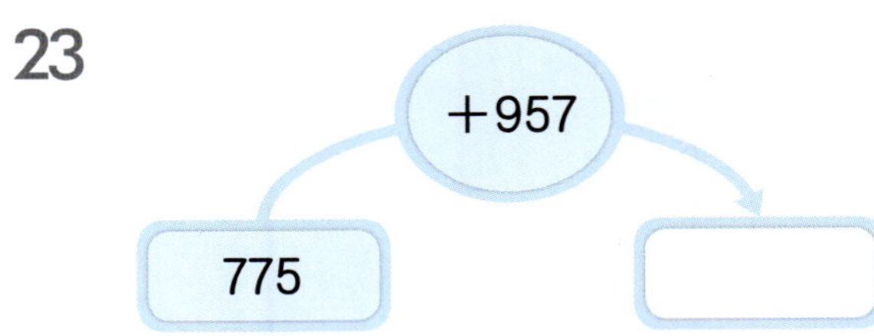

24 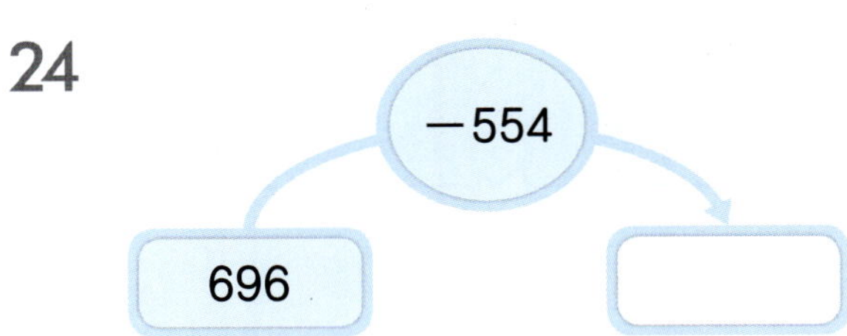

25 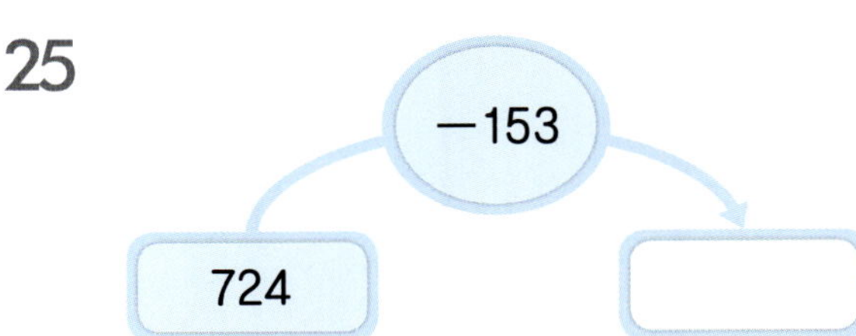

1단원의 연산 실력을 보충하고 싶다면 **클리닉 북 1~7쪽**을 풀어 보세요.

2
평면도형

학습 내용	학습 회차	걸린 시간
① 선분, 반직선, 직선	1일 차	/6분
② 각, 직각	2일 차	/5분
③ 직각삼각형	3일 차	/5분
④ 직사각형	4일 차	/5분
⑤ 정사각형	5일 차	/5분
평가 2. 평면도형	6일 차	/11분

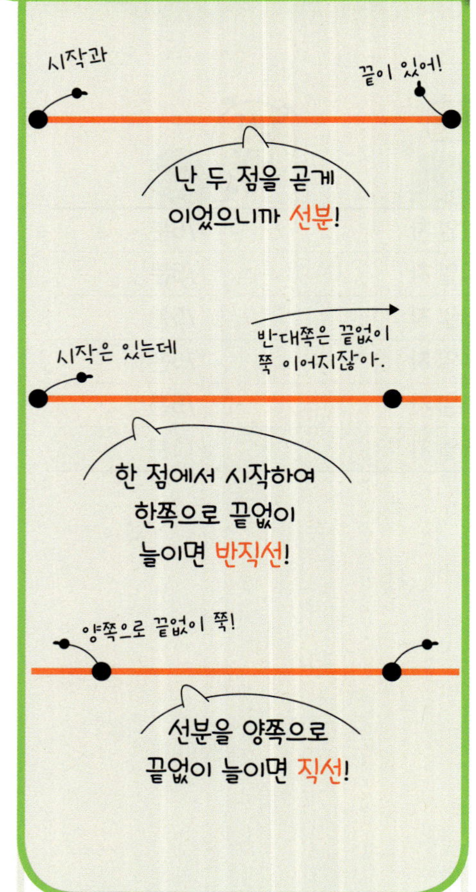

- 선분, 반직선, 직선
- **선분**: 두 점을 곧게 이은 선

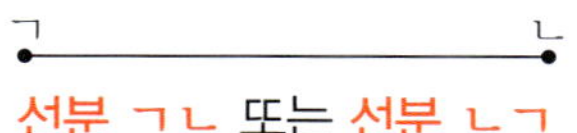

  선분 ㄱㄴ 또는 선분 ㄴㄱ

- **반직선**: 한 점에서 시작하여 한쪽으로 끝없이 늘인 곧은 선

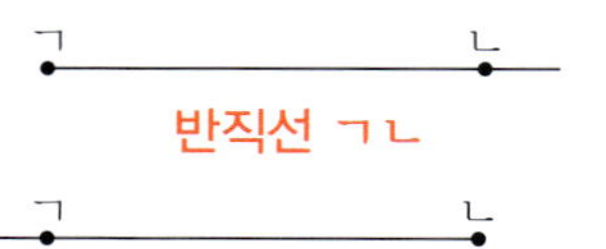

  반직선 ㄱㄴ

  반직선 ㄴㄱ

- **직선**: 선분을 양쪽으로 끝없이 늘인 곧은 선

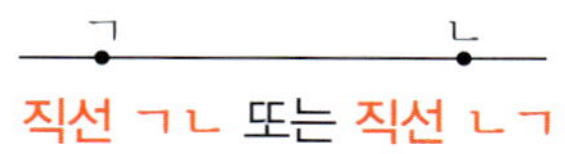

  직선 ㄱㄴ 또는 직선 ㄴㄱ

○ 도형의 이름으로 알맞은 것에 ◯표 하시오.

1 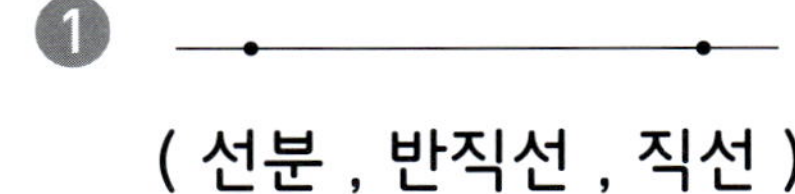

(선분 , 반직선 , 직선)

2 

(선분 , 반직선 , 직선)

3 

(선분 , 반직선 , 직선)

4

(선분 , 반직선 , 직선)

5

(선분 , 반직선 , 직선)

6 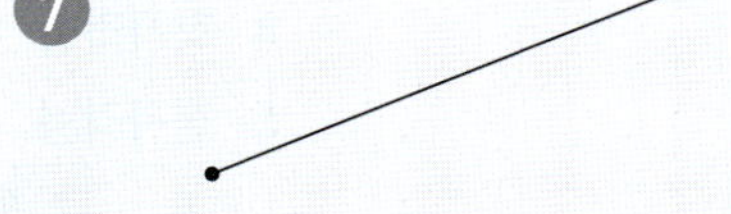

(선분 , 반직선 , 직선)

7 

(선분 , 반직선 , 직선)

8 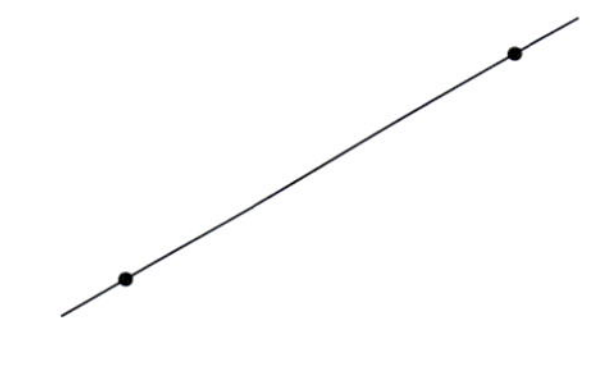

(선분 , 반직선 , 직선)

9 

(선분 , 반직선 , 직선)

10 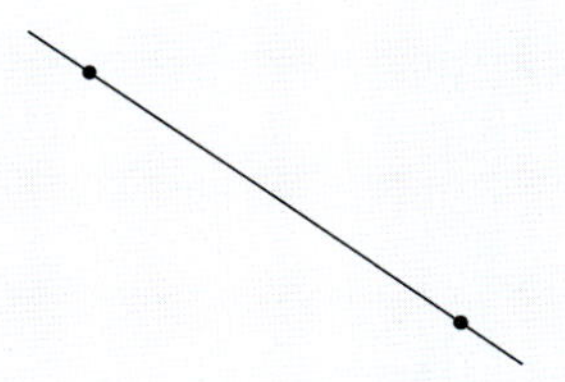

(선분 , 반직선 , 직선)

정답 • 7쪽

○ 도형의 이름을 써 보시오.

⑪ 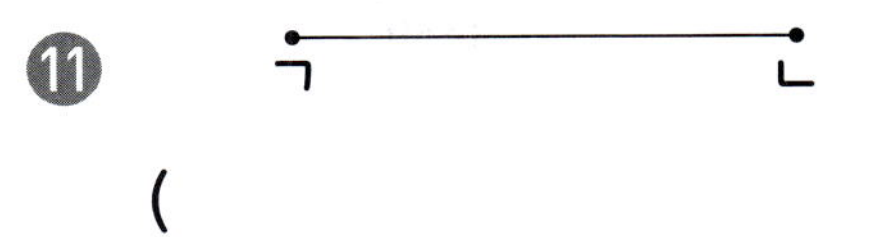

(   )

⑫ 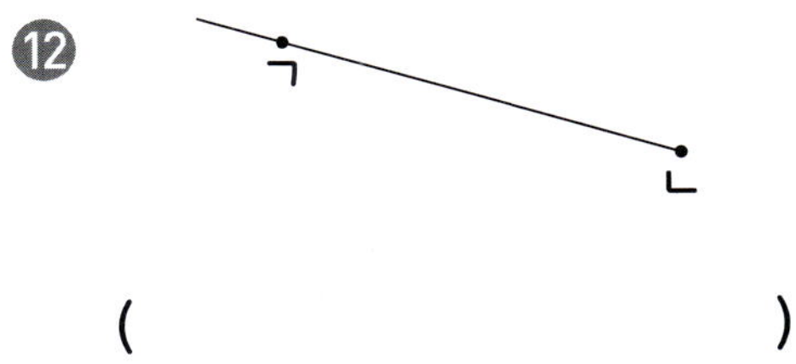

(   )

⑬ 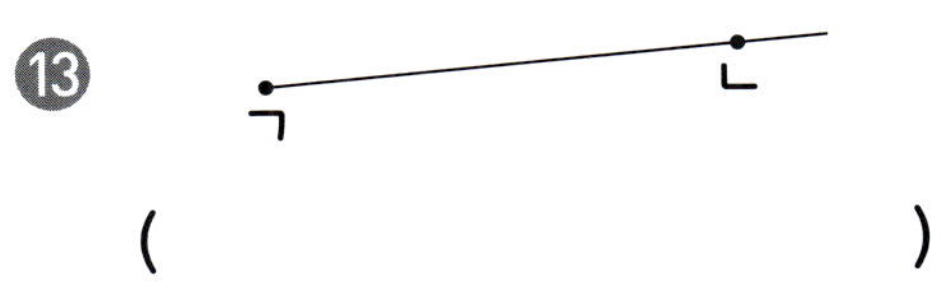

(   )

⑭ 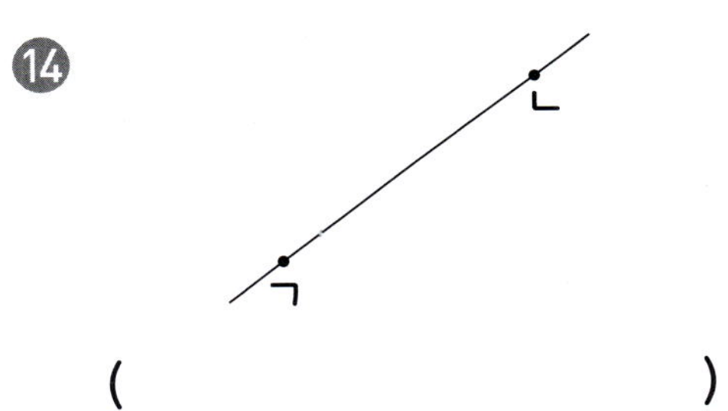

(   )

⑮ 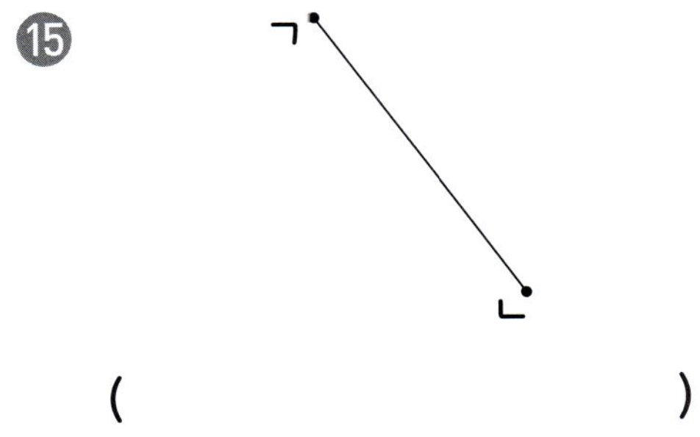

(   )

⑯ 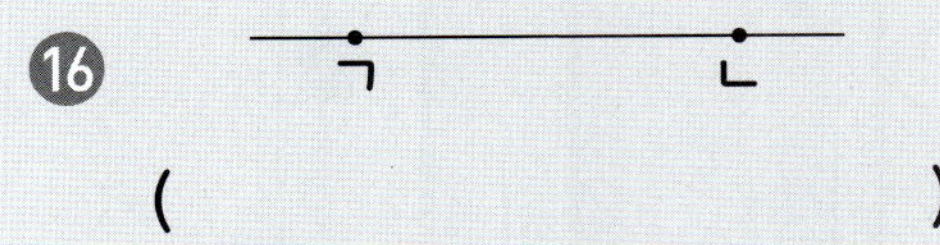

(   )

⑰ 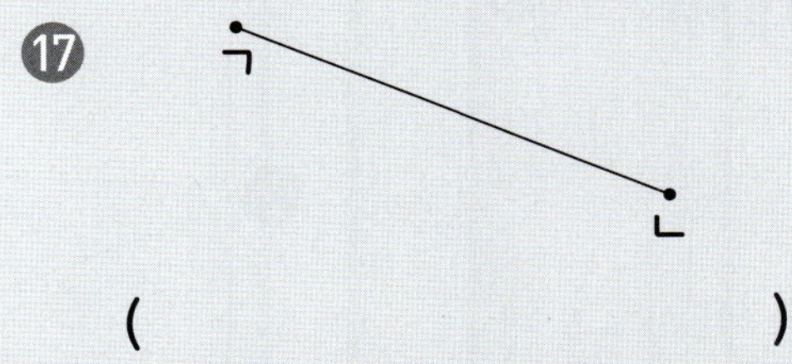

(   )

⑱ 

(   )

⑲ 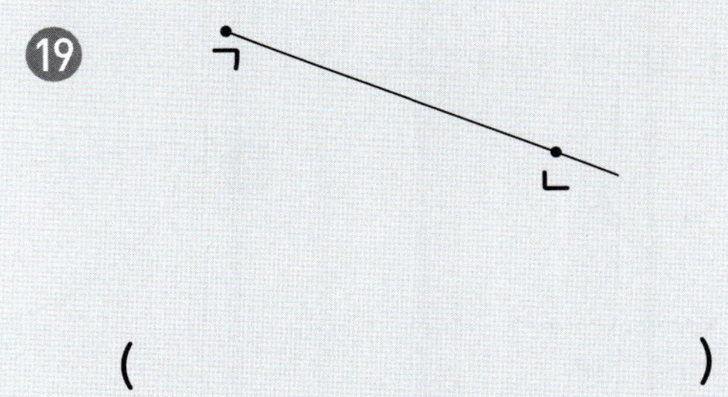

(   )

⑳ 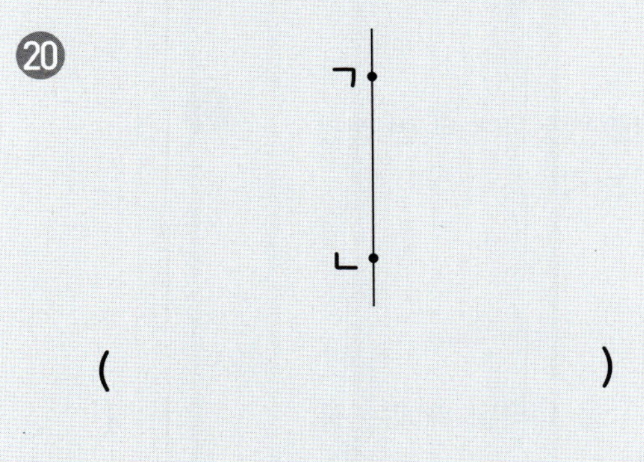

(   )

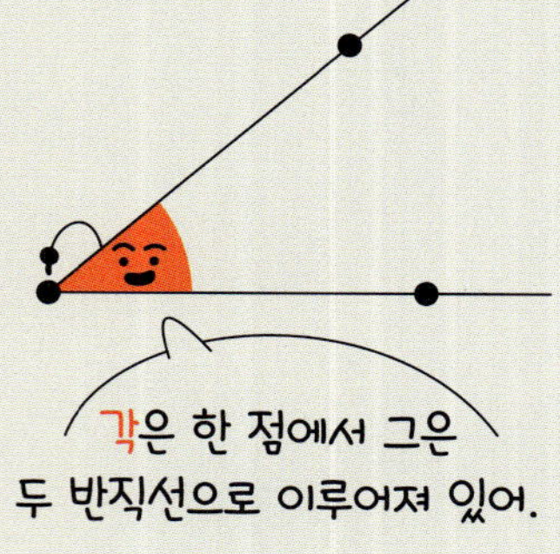

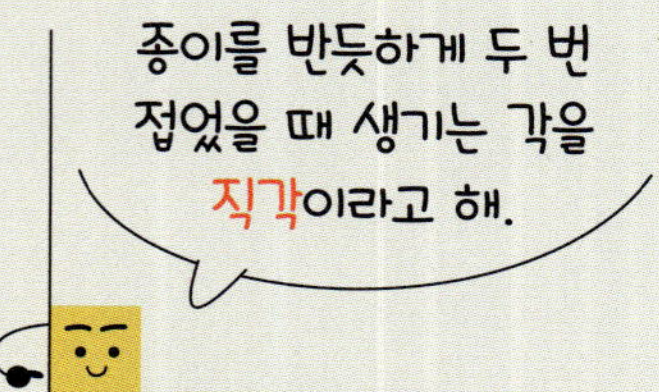

● **각**

각: 한 점에서 그은 두 반직선으로
이루어진 도형

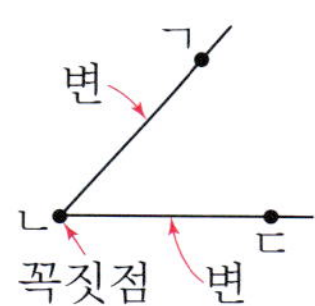

- 각의 꼭짓점: 점 ㄴ
- 각의 변: 변 ㄴㄱ, 변 ㄴㄷ
- 각 읽기: 각 ㄱㄴㄷ 또는 각 ㄷㄴㄱ

● **직각**

- **직각**: 종이를 반듯하게 두 번 접었
  을 때 생기는 각

- 직각 ㄱㄴㄷ을 나타낼 때에는 꼭
  짓점 ㄴ에 └ 표시를 합니다.

○ **각이면 ○표, 각이 아니면 ✕표 하시오.**

①

(   )

②
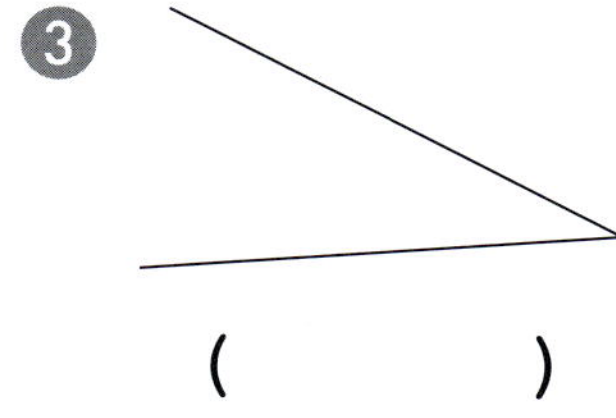
(   )

③
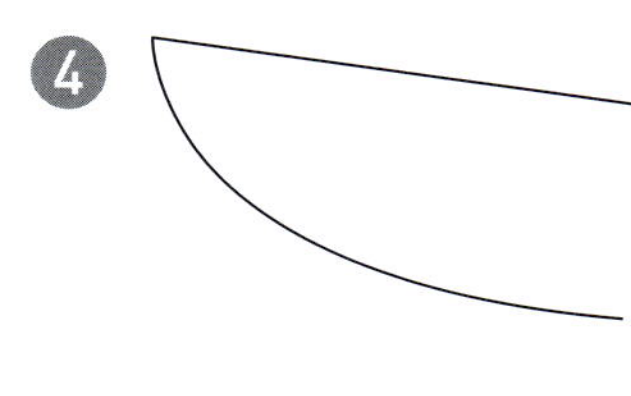
(   )

④

(   )

⑤
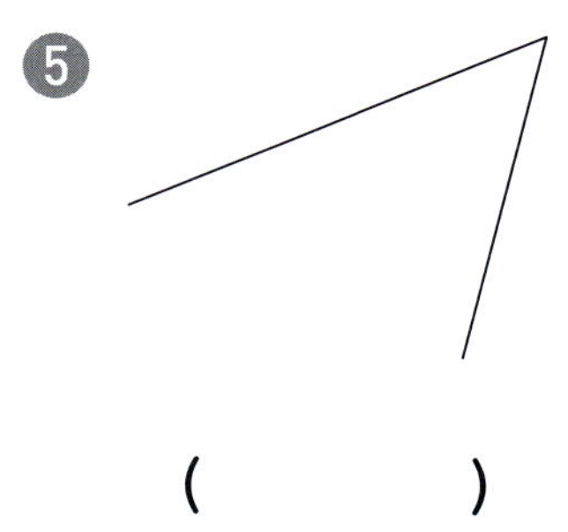
(   )

⑥
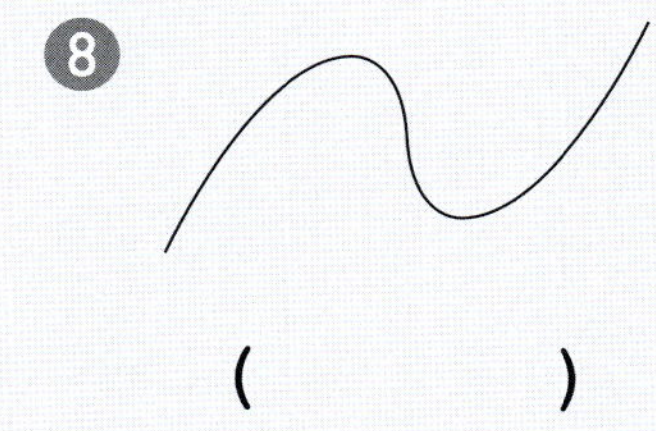
(   )

⑦

(   )

⑧

(   )

⑨

(   )

⑩

(   )

○ 도형에서 직각을 모두 찾아 └ 로 표시해 보시오.

⑪ 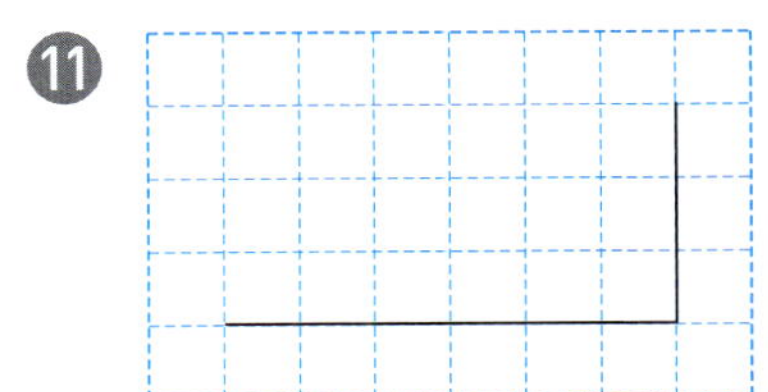

⑯ 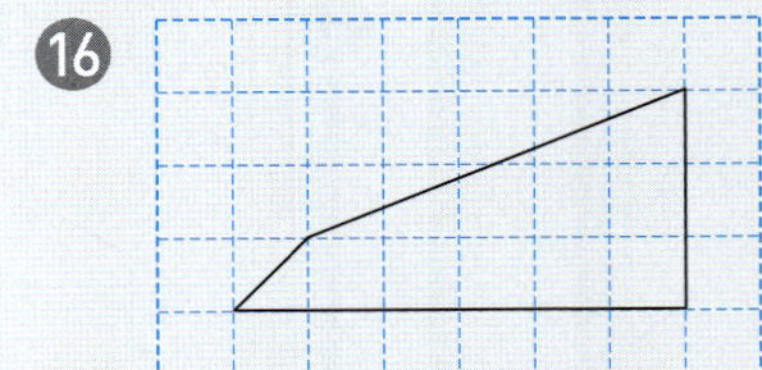

⑫ 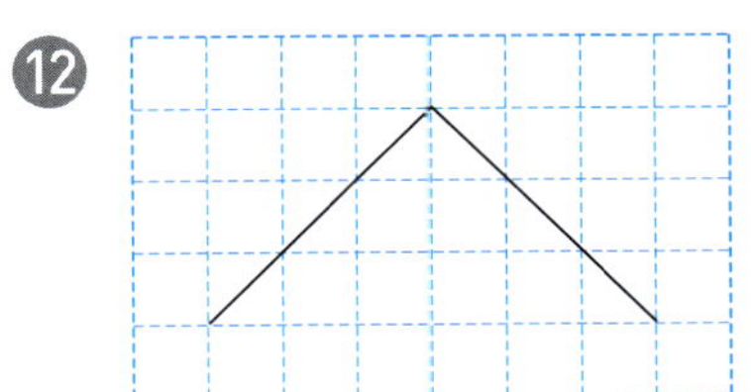

⑰ 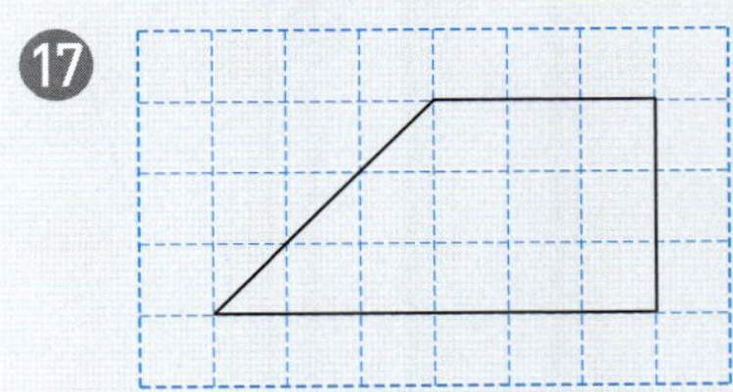

⑬ 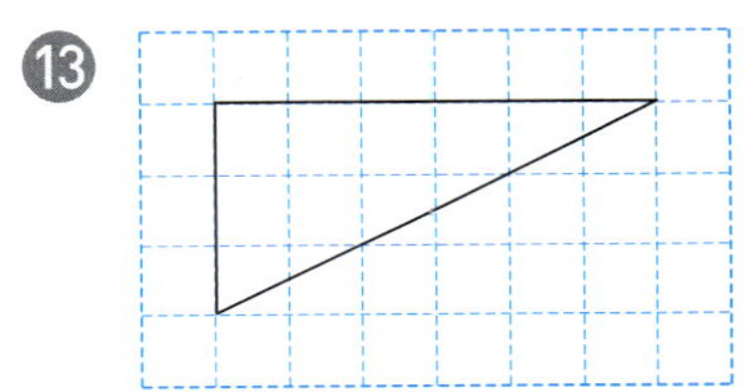

⑱ 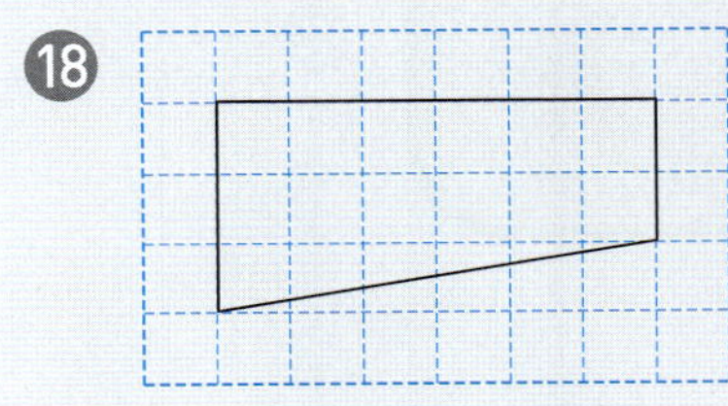

⑭ 

⑲ 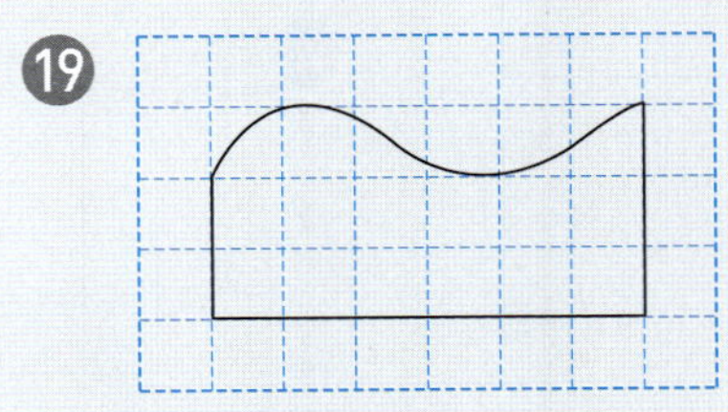

⑮ 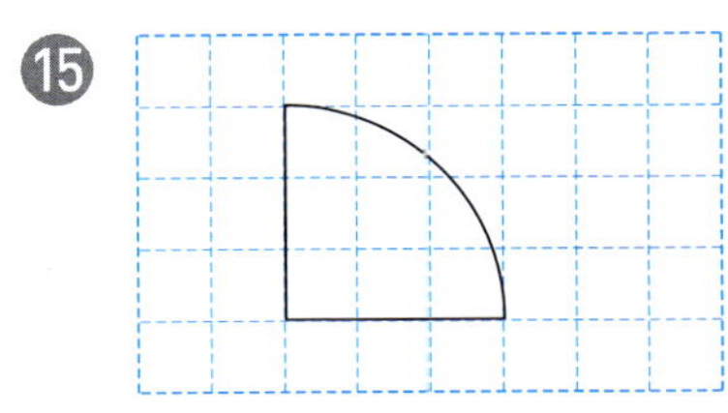

⑳ 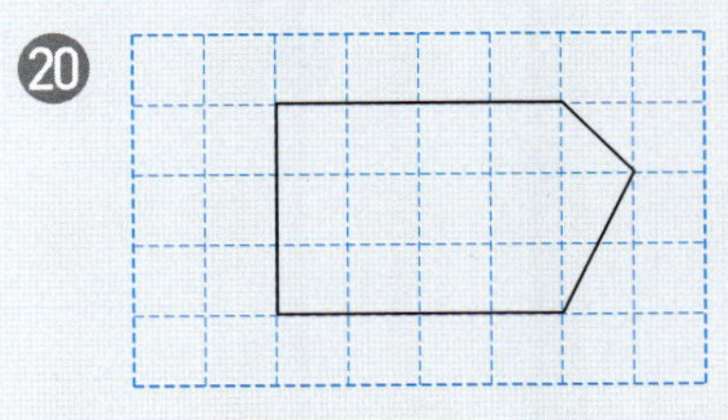

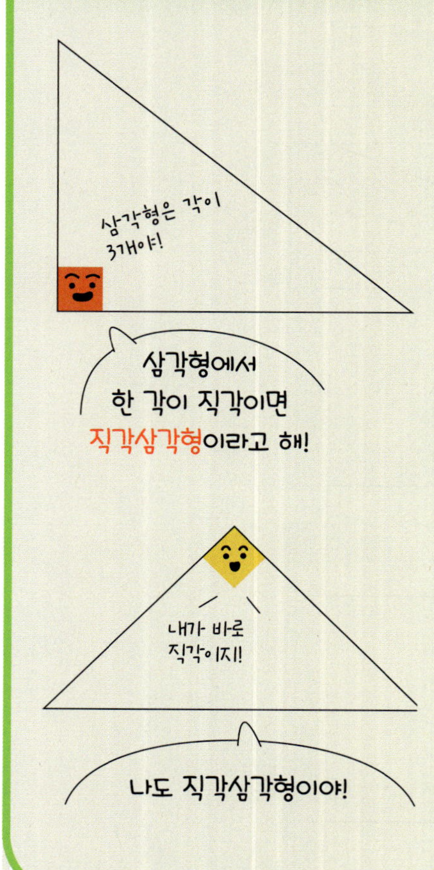

● 직각삼각형

직각삼각형: 한 각이 직각인 삼각형

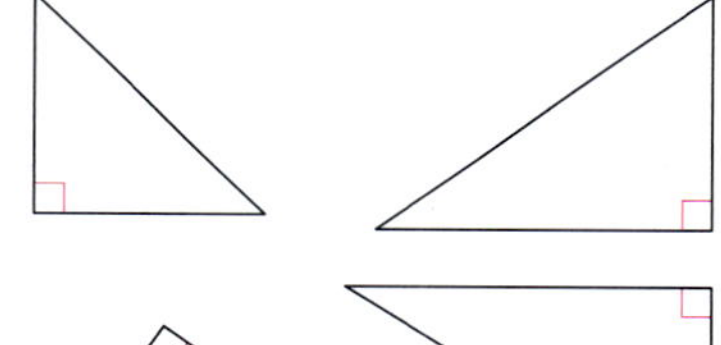
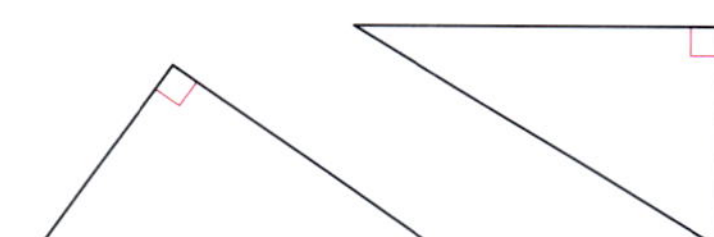

○ 직각삼각형이면 ◯표, 직각삼각형이 <u>아니면</u> ✕표 하시오.

1 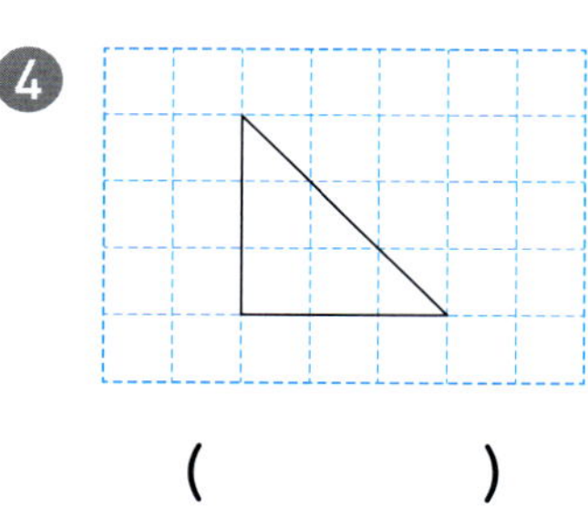

(   )

2

(   )

3

(   )

4 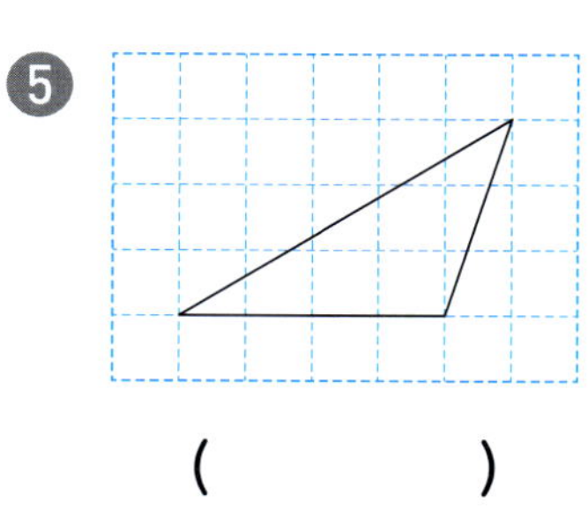

(   )

5

(   )

6

(   )

7

(   )

8

(   )

9

(   )

10 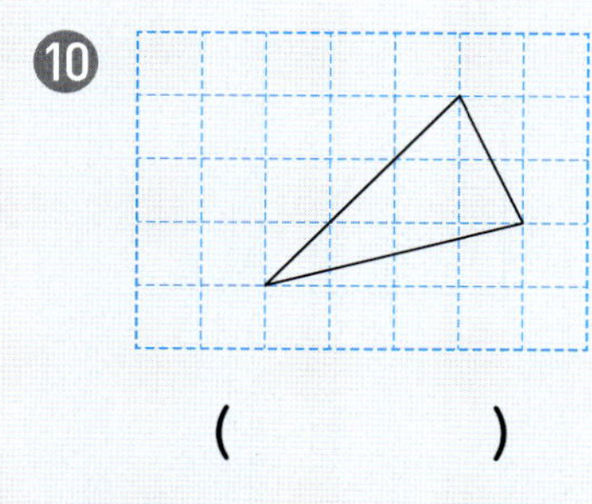

(   )

정답 · 8쪽

○ 직각삼각형을 모두 찾아보시오.

⑪
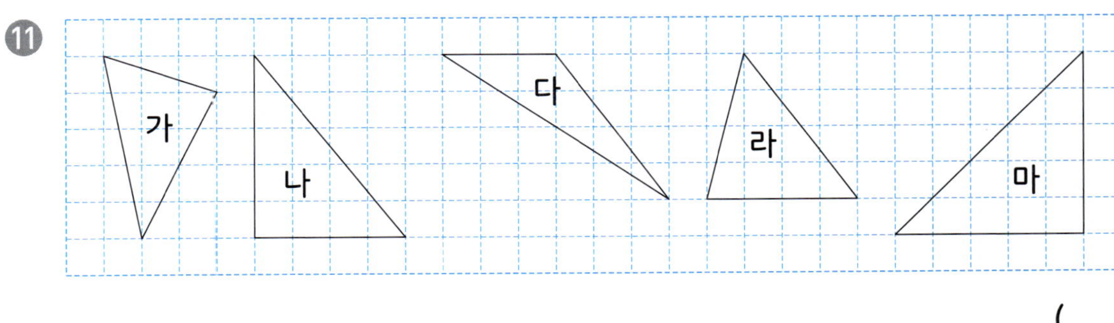

(　　　　　　　　)

⑫
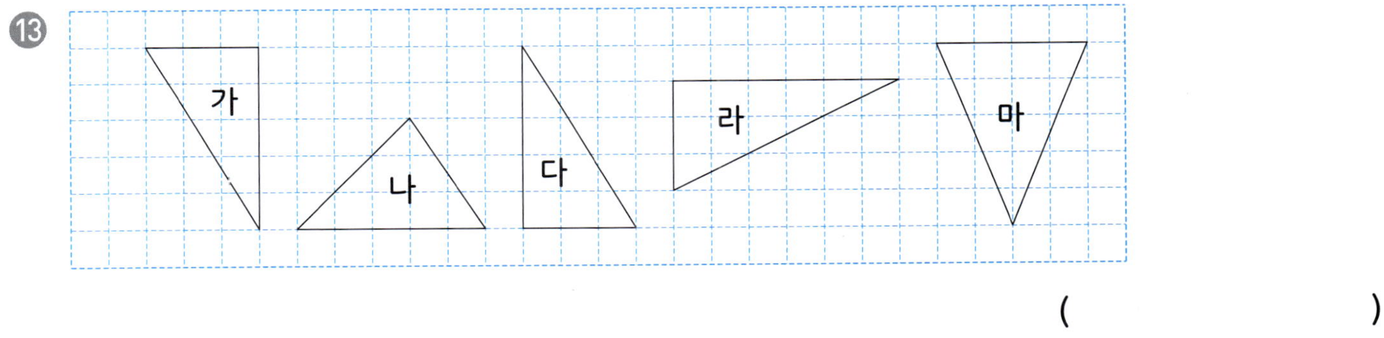

(　　　　　　　　)

⑬
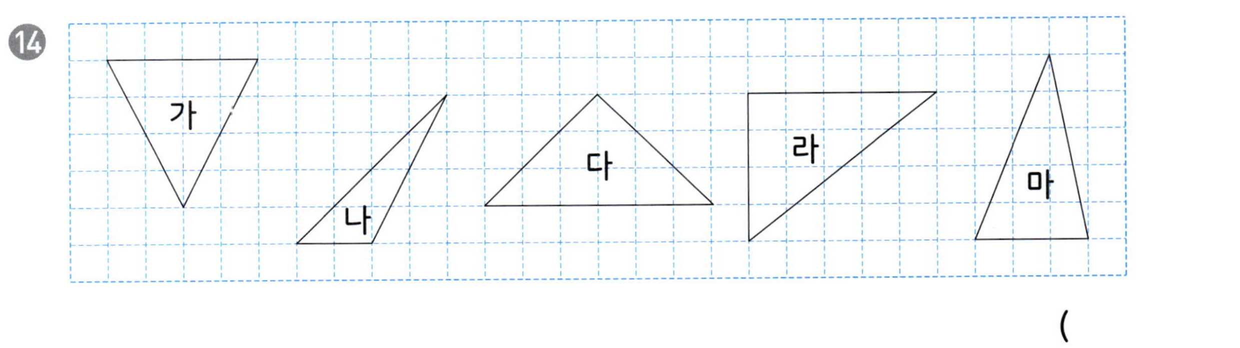

(　　　　　　　　)

⑭

(　　　　　　　　)

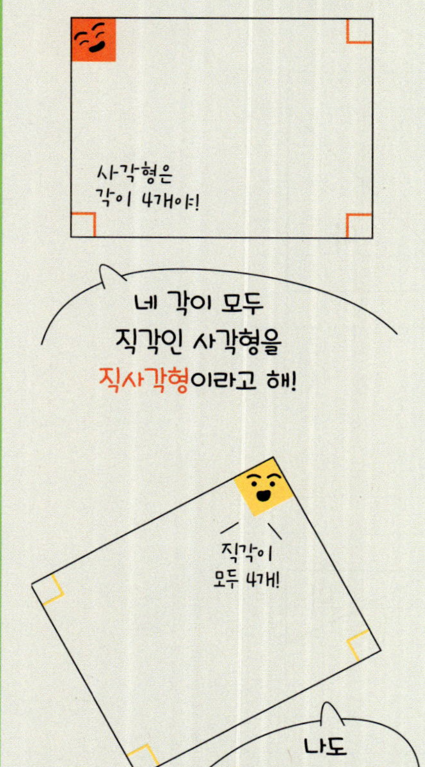

● 직사각형

직사각형: 네 각이 모두 직각인 사각형

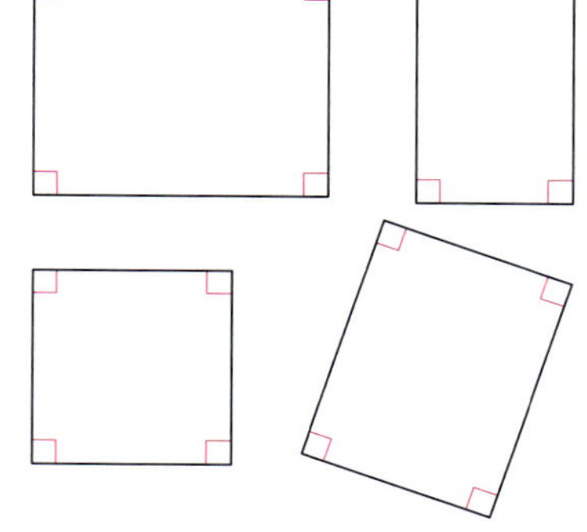

○ 직사각형이면 ○표, 직사각형이 <u>아니면</u> ✕표 하시오.

①
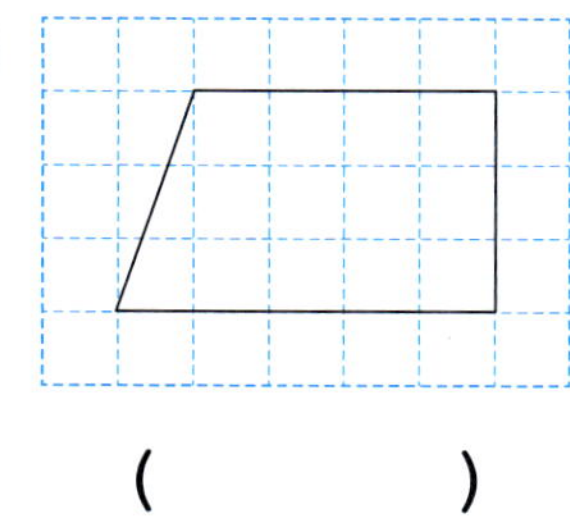

(   )

②
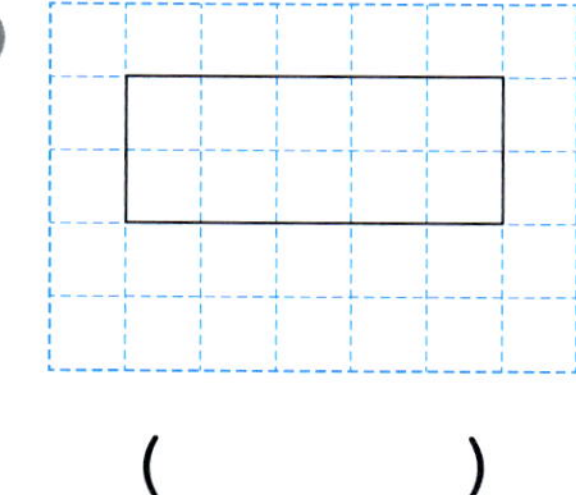

(   )

③
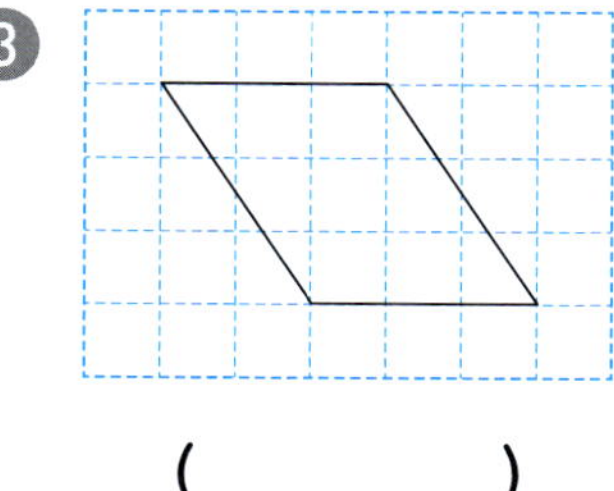

(   )

④
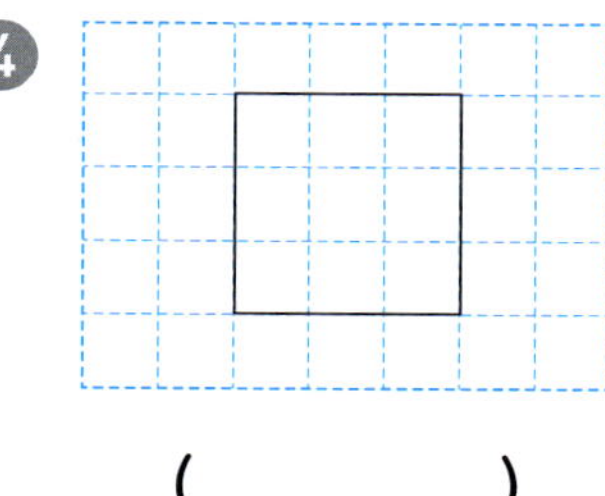

(   )

⑤
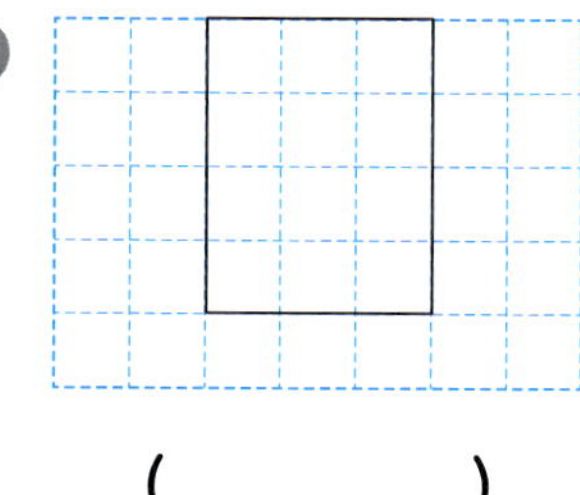

(   )

⑥
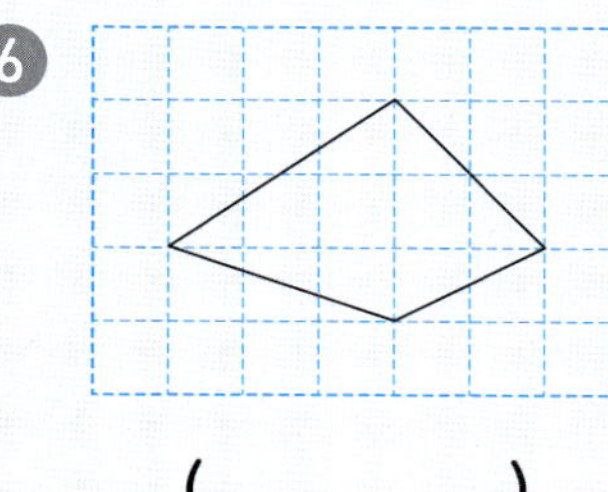

(   )

⑦
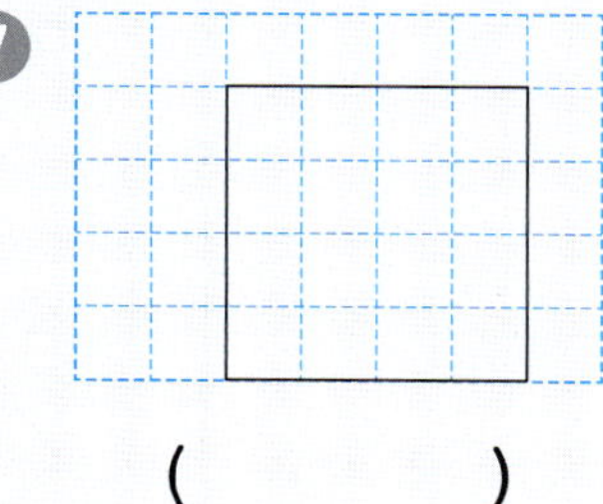

(   )

⑧
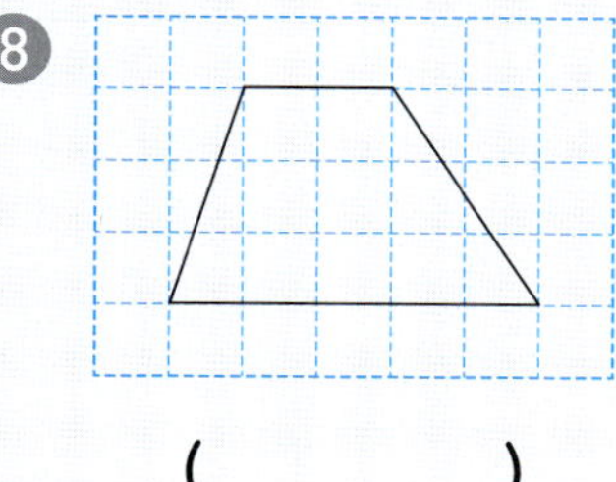

(   )

⑨
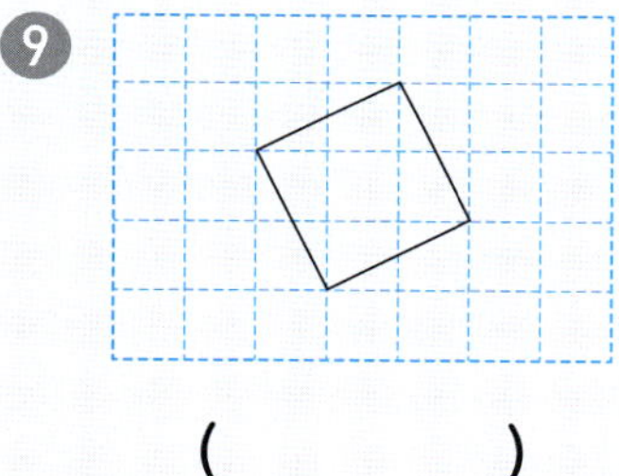

(   )

⑩
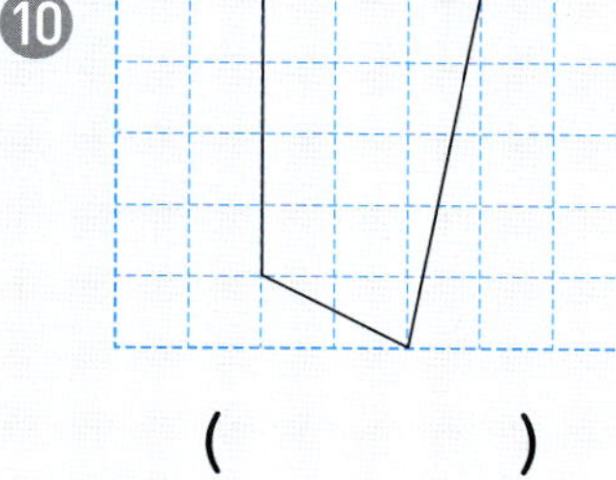

(   )

정답 • 8쪽

○ 직사각형을 모두 찾아보시오.

⑪ 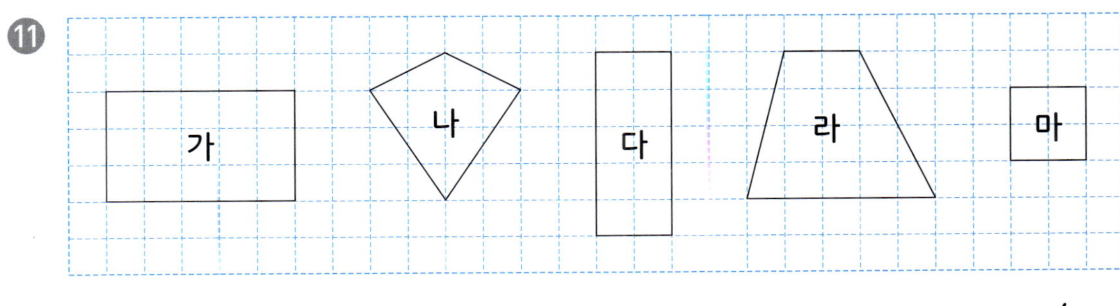

(   )

⑫ 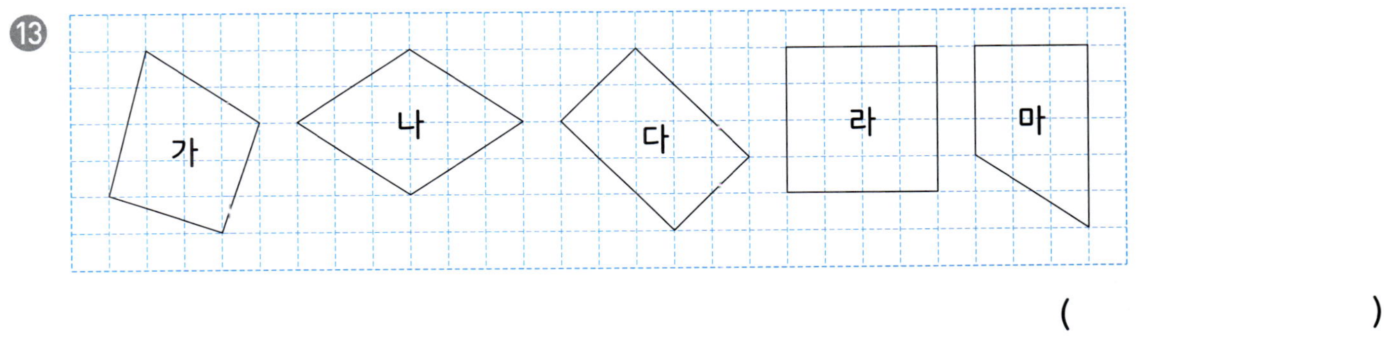

(   )

⑬

(   )

⑭ 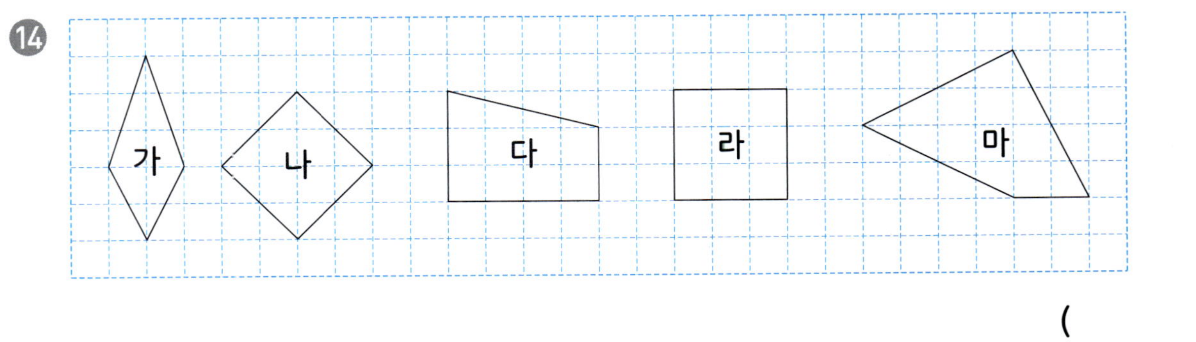

(   )

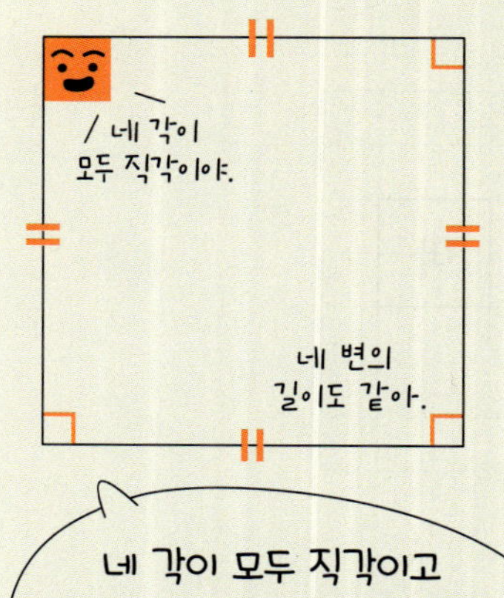

네 각이 모두 직각이고
네 변의 길이가 모두 같으면
정사각형이라고 해!

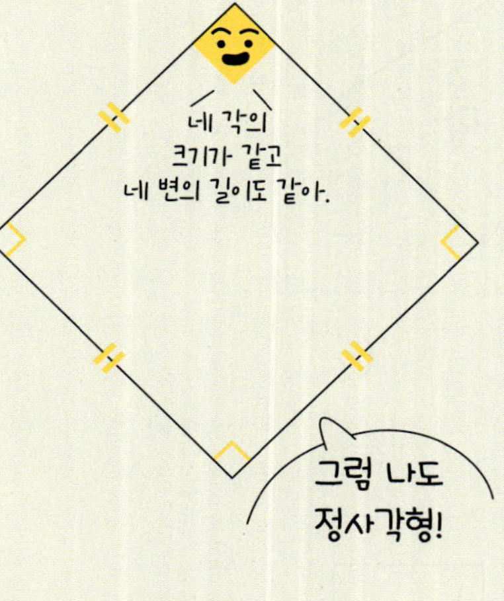

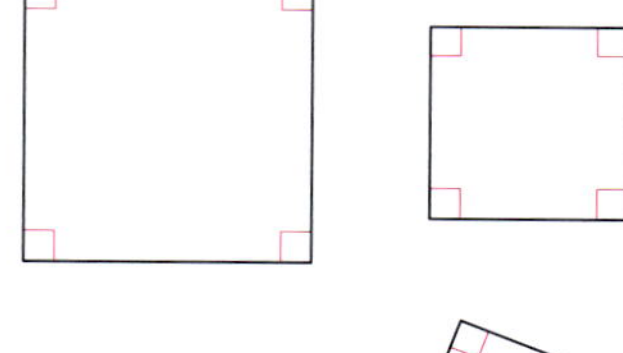

● **정사각형**

정사각형: 네 각이 모두 직각이고 네 변의 길이가 모두 같은 사각형

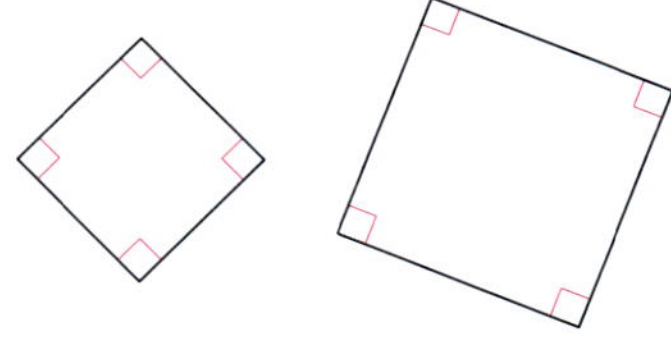

○ 정사각형이면 ○표, 정사각형이 아니면 ×표 하시오.

1 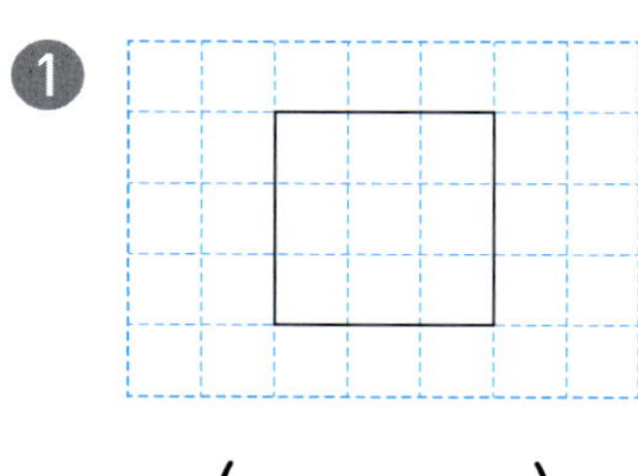

(   )

2 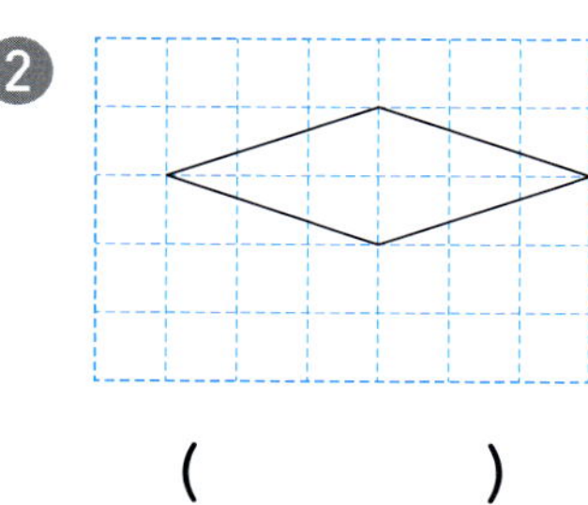

(   )

3 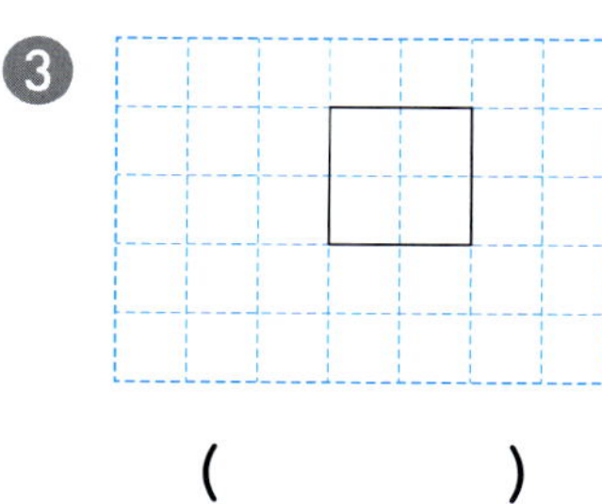

(   )

4 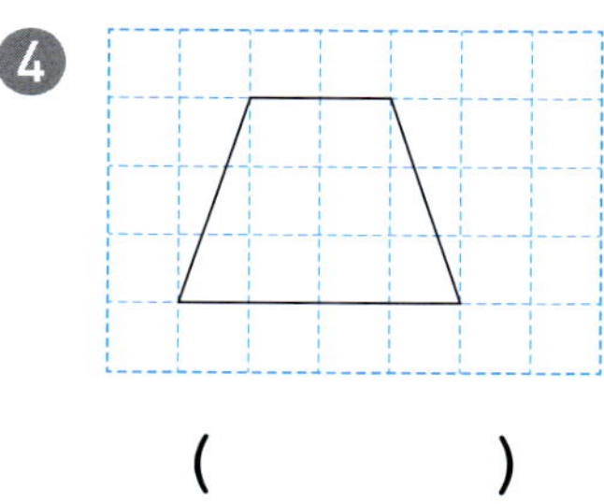

(   )

5 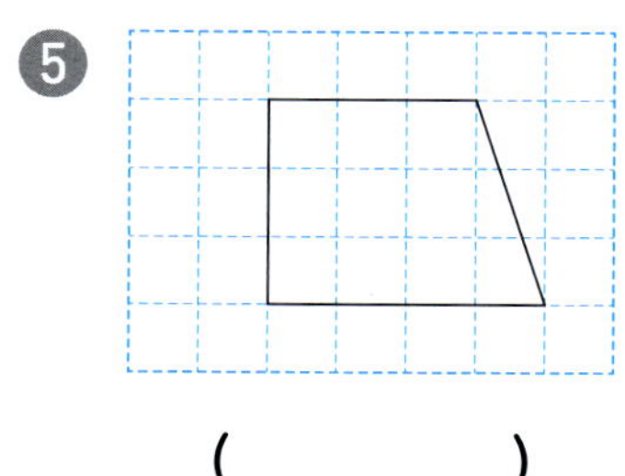

(   )

6 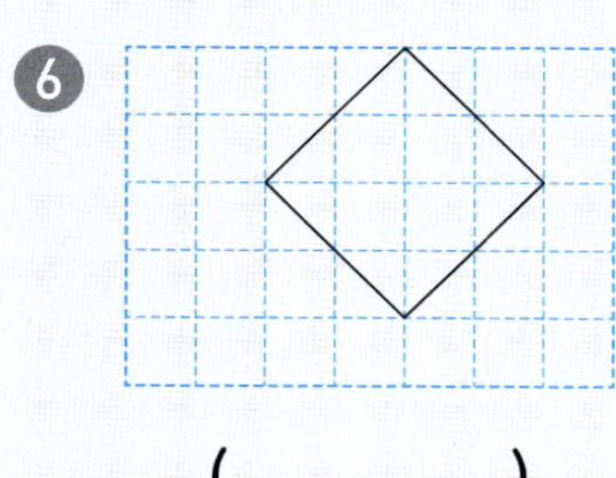

(   )

7 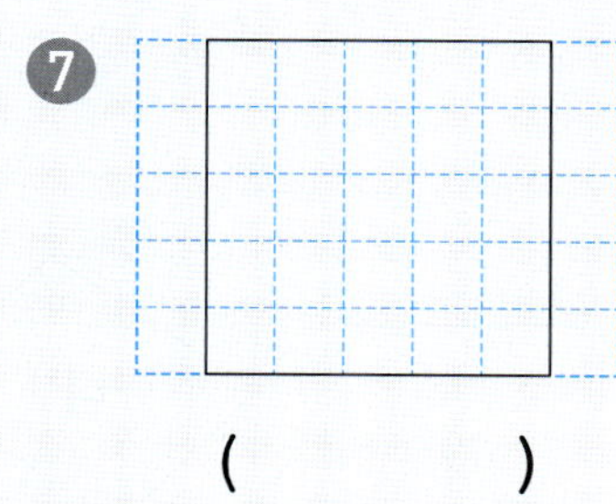

(   )

8 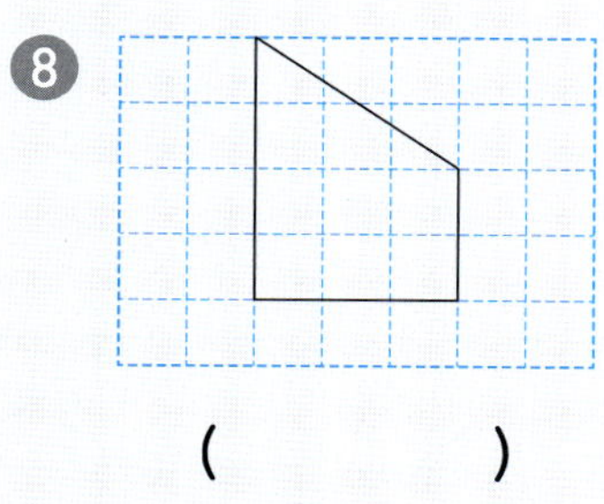

(   )

9 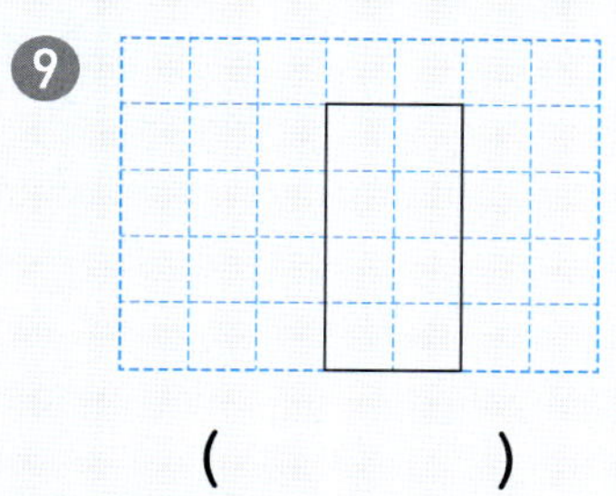

(   )

10 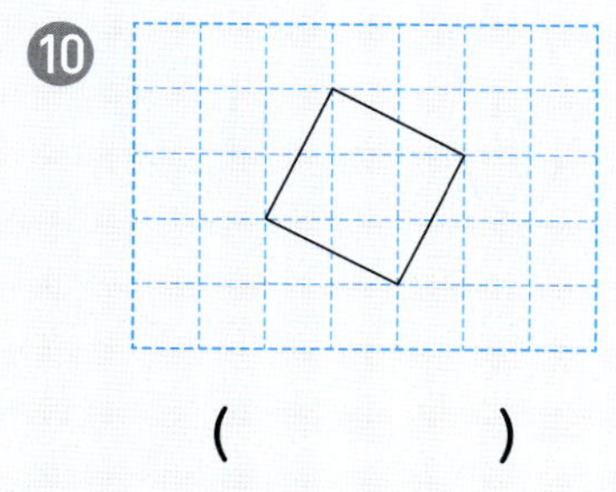

(   )

○ 정사각형을 모두 찾아보시오.

⑪

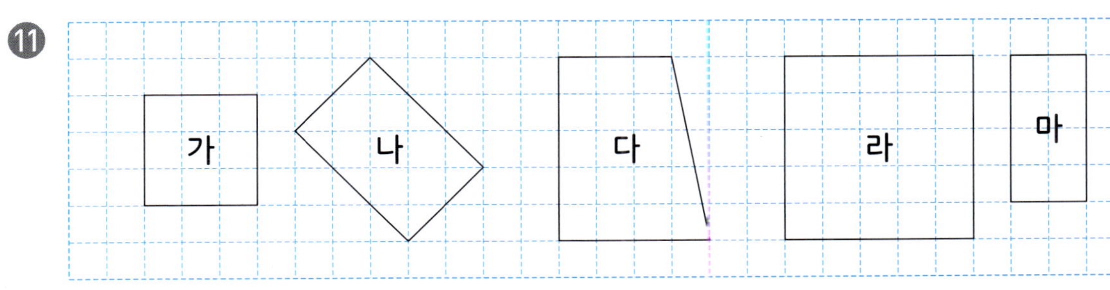

( )

⑫

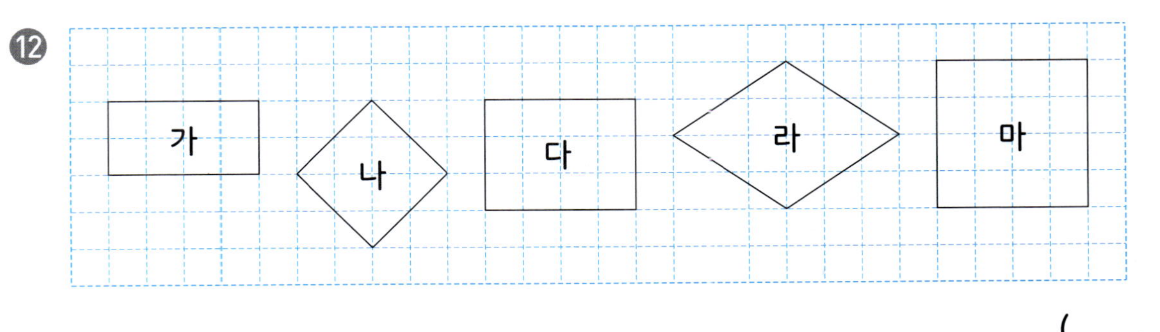

( )

⑬

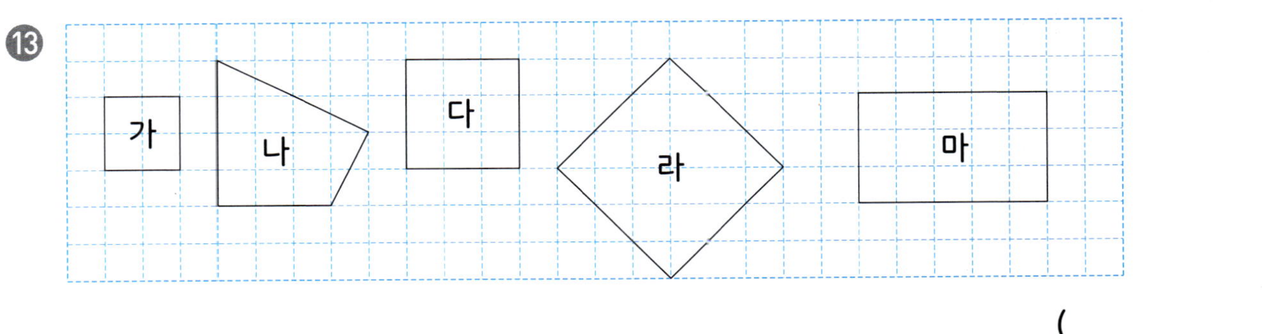

( )

⑭

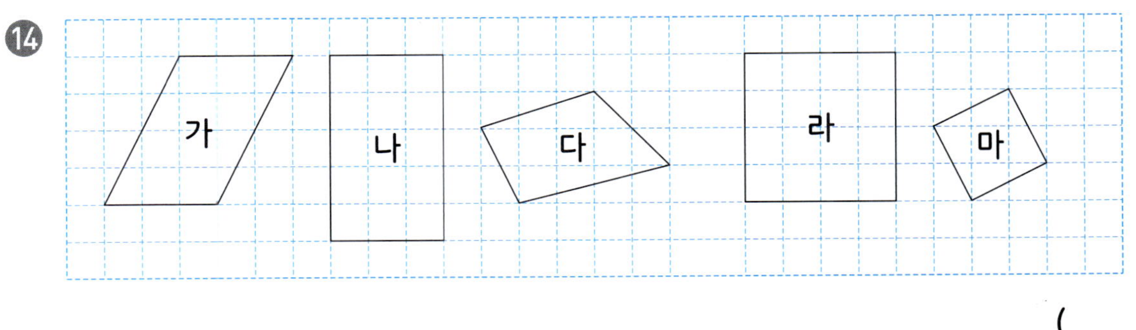

( )

○ 도형의 이름으로 알맞은 것에 ◯표 하시오.

1

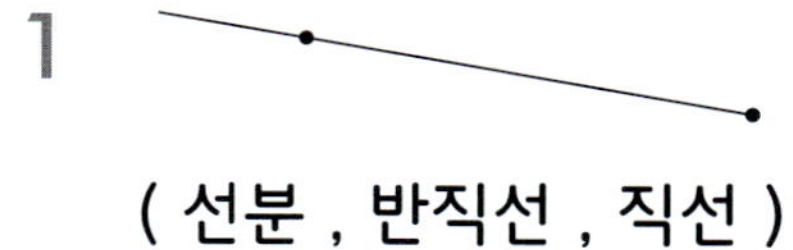

(선분 , 반직선 , 직선)

2

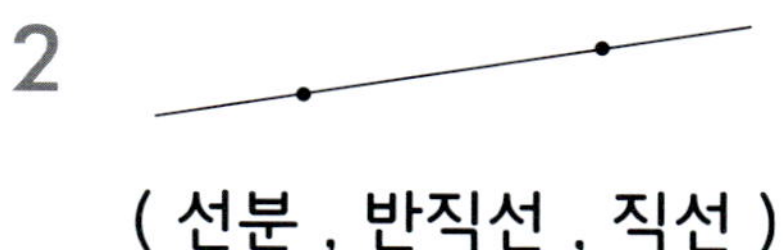

(선분 , 반직선 , 직선)

3

(선분 , 반직선 , 직선)

○ 도형의 이름을 써 보시오.

4

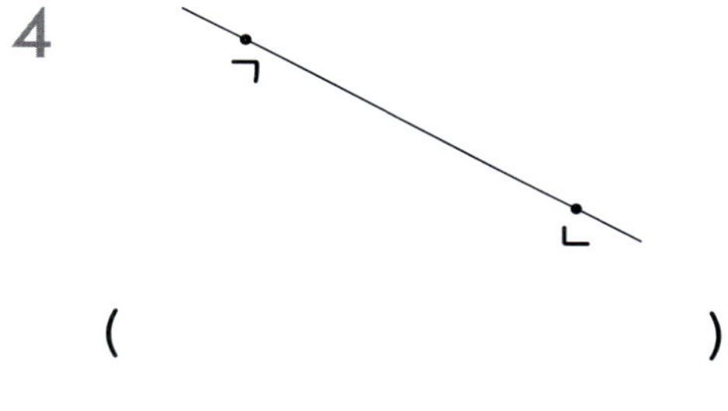

(   )

5

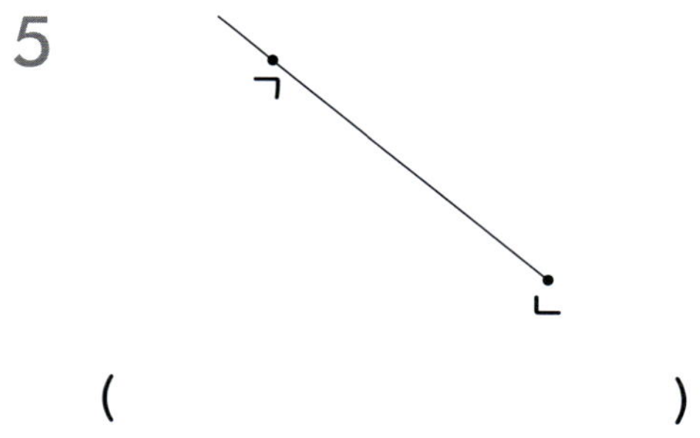

(   )

○ 각이면 ◯표, 각이 아니면 ✕표 하시오.

6

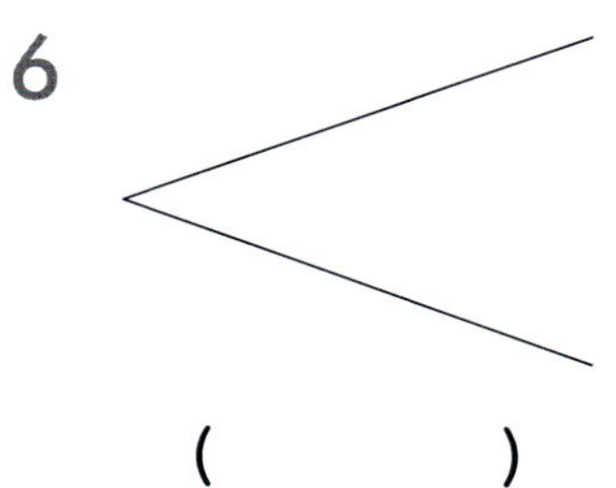

(   )

7

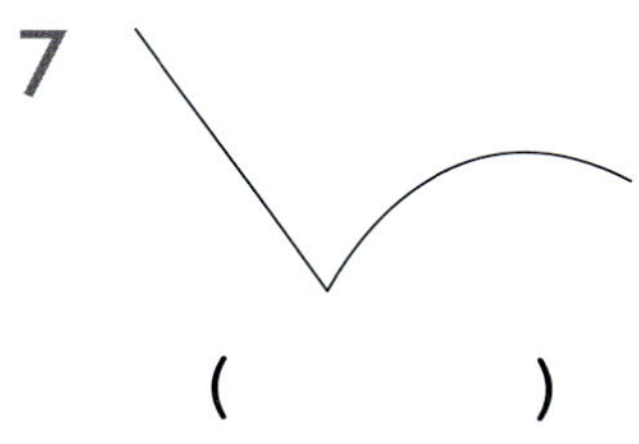

(   )

8

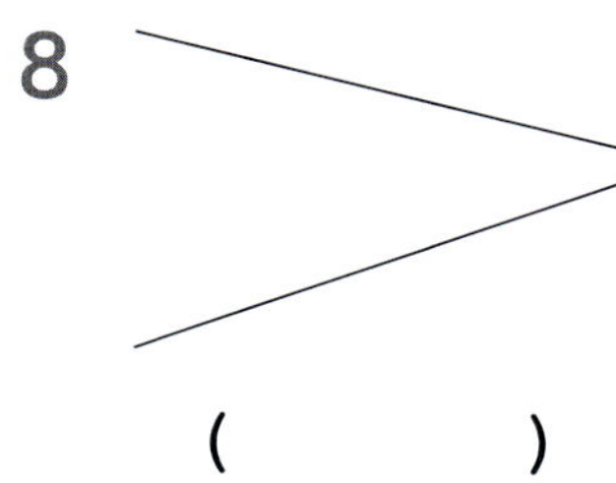

(   )

9

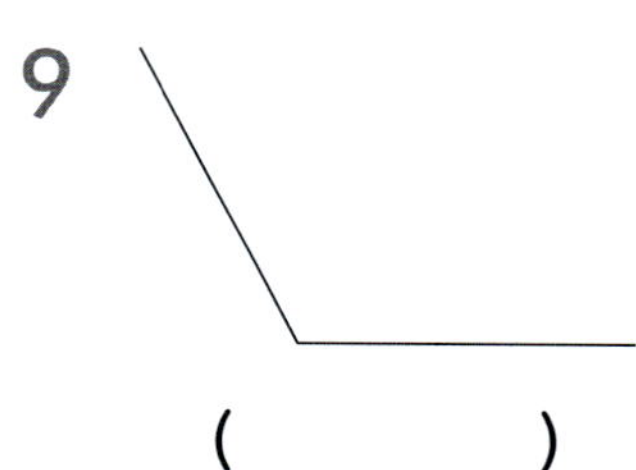

(   )

10

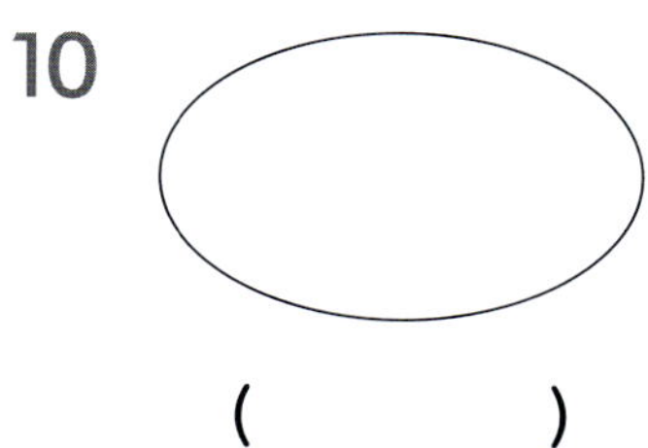

(   )

○ 도형에서 직각을 모두 찾아 └ 로 표시해 보시오.

11
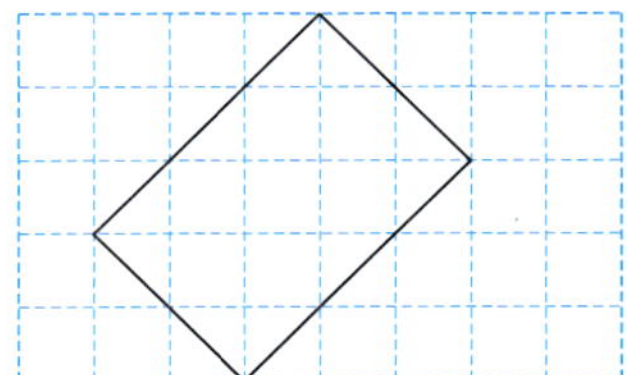

12
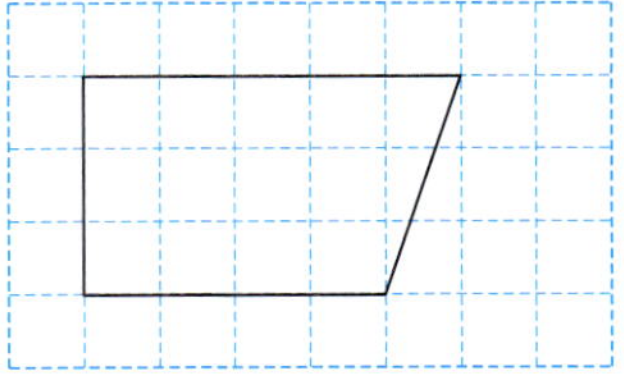

13
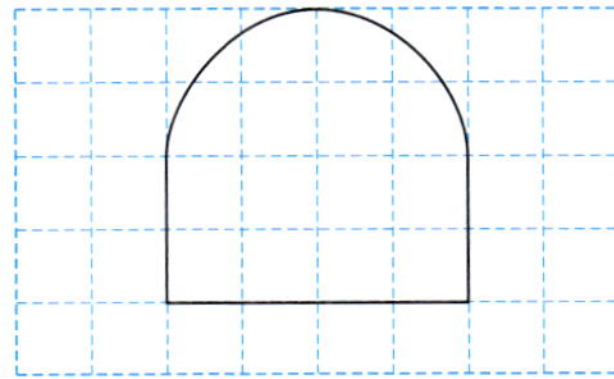

○ 직각삼각형이면 ◯표, 직각삼각형이 아니면 ✕표 하시오.

14
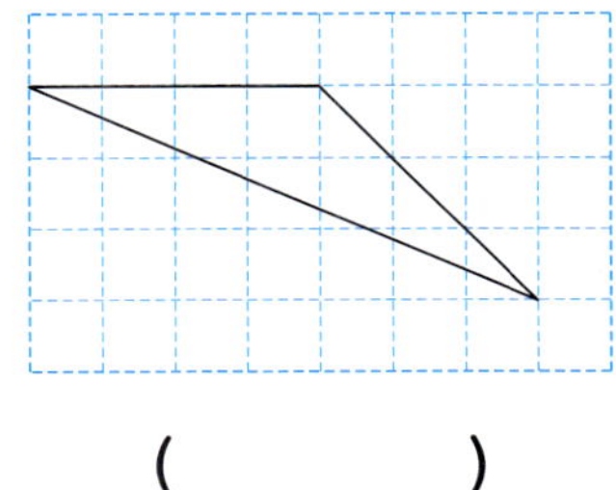

(   )

15
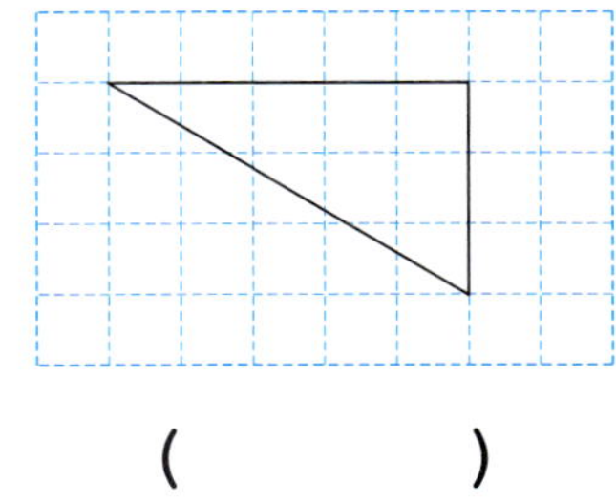

(   )

○ 직사각형이면 ◯표, 직사각형이 아니면 ✕표 하시오.

16
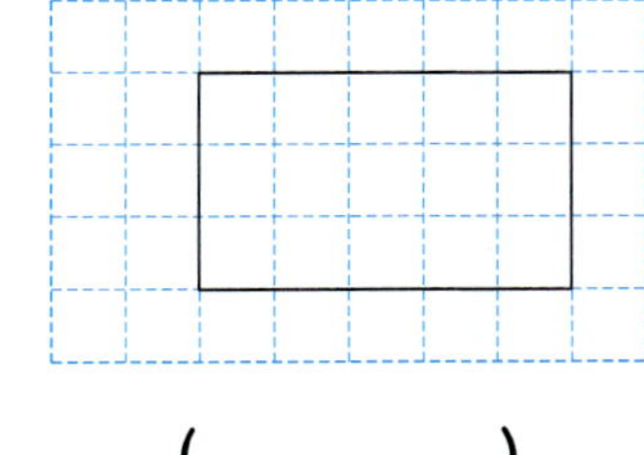

(   )

17
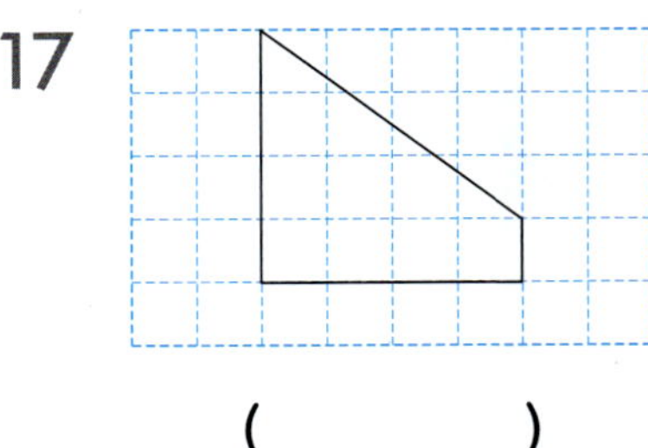

(   )

○ 정사각형이면 ◯표, 정사각형이 아니면 ✕표 하시오.

18
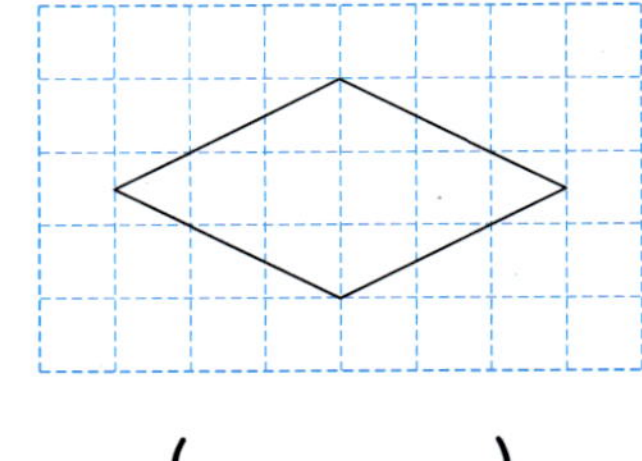

(   )

19
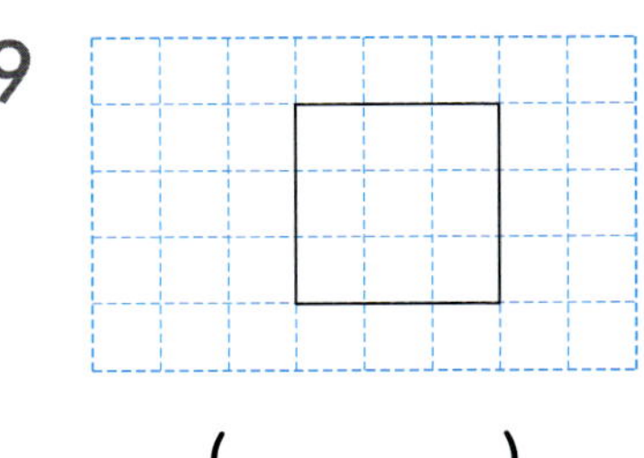

(   )

20
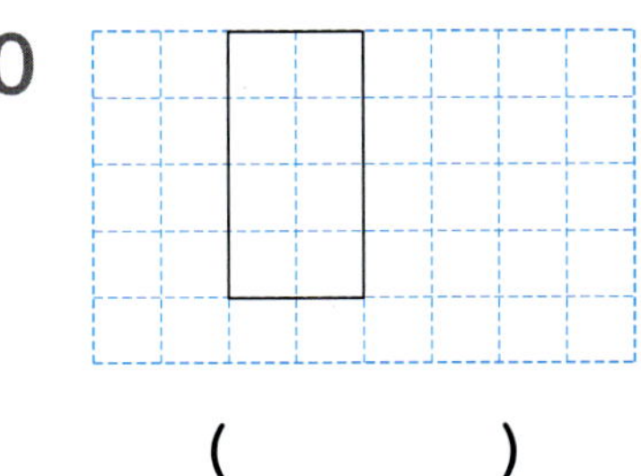

(   )

2단원의 연산 실력을 보충하고 싶다면 **클리닉 북 9~13쪽**을 풀어 보세요.

÷3
나눗셈

학습 내용	학습 회차	걸린 시간
1 똑같이 나누어 주는 나눗셈	1일 차	/3분
2 같은 양이 몇 번 들어 있는 나눗셈	2일 차	/3분
3 곱셈과 나눗셈의 관계	3일 차	/7분
	4일 차	/10분
4 나눗셈의 몫을 곱셈식으로 구하기	5일 차	/9분
	6일 차	/12분
비법 강의 초등에서 푸는 방정식 계산 비법	7일 차	/9분
평가 3. 나눗셈	8일 차	/13분

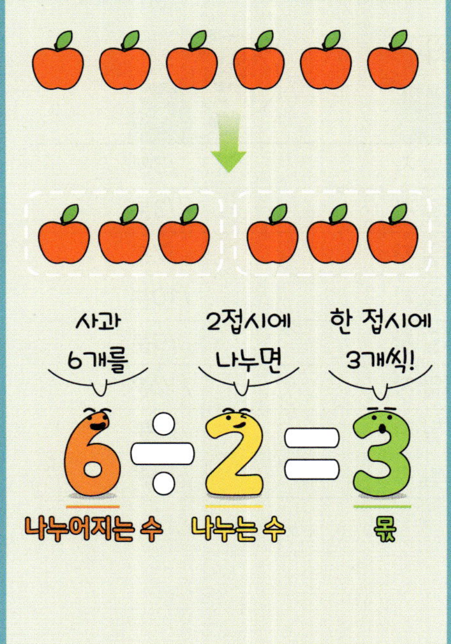

● 똑같이 나누어 주는 나눗셈

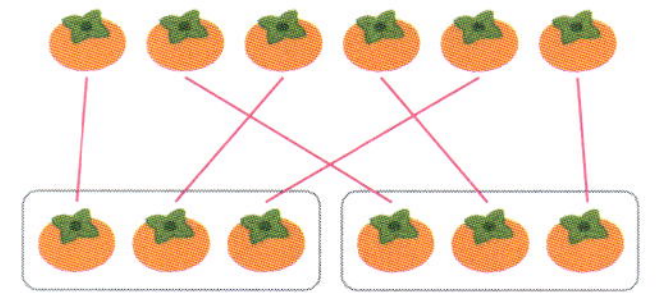

- 감 6개를 2명이 똑같이 나누면 한 명이 3개씩 가질 수 있습니다.
- 6을 2로 나누면 3이 됩니다.

읽기 6 나누기 2는 3과 같습니다.

○ 간식을 2명이 똑같이 나누어 먹으려고 합니다. 한 명이 간식을 몇 개씩 먹을 수 있는지 ☐ 안에 알맞은 수를 써넣으시오.

1 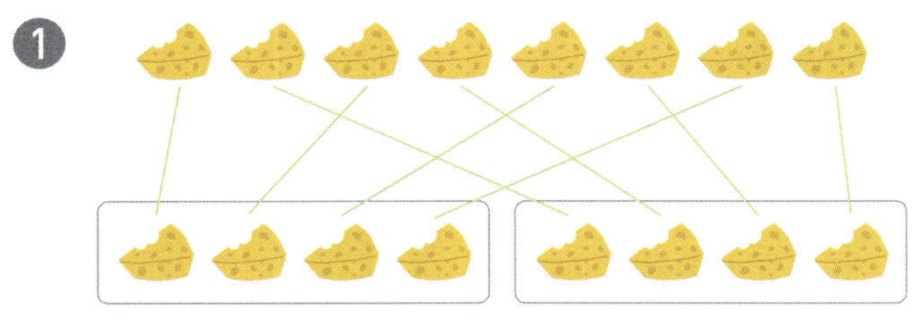

한 명이 치즈를 ☐ 개씩 먹을 수 있습니다.

2 

한 명이 초콜릿을 ☐ 개씩 먹을 수 있습니다.

3 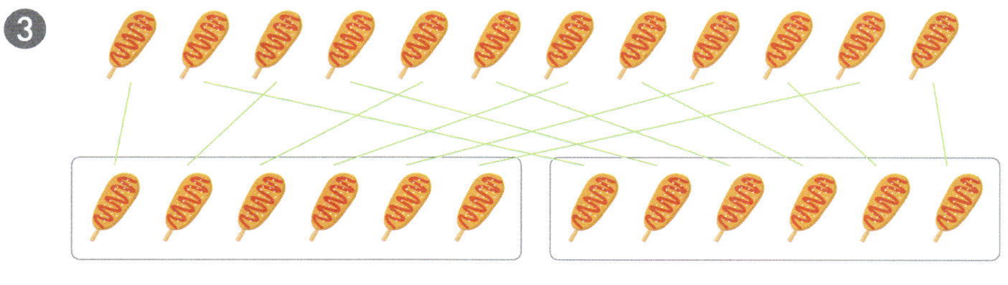

한 명이 핫도그를 ☐ 개씩 먹을 수 있습니다.

4 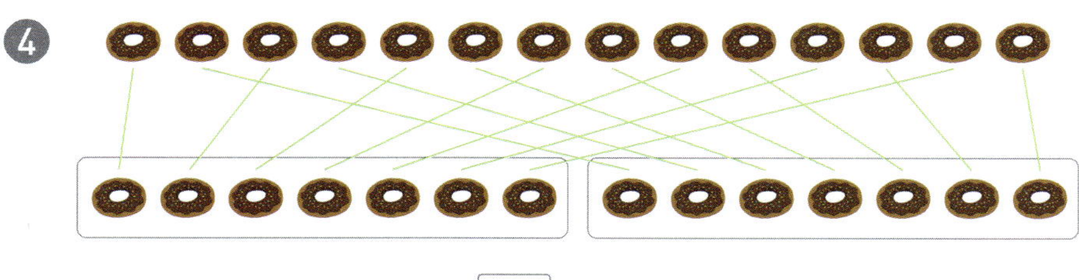

한 명이 도넛을 ☐ 개씩 먹을 수 있습니다.

꽃을 바구니 4개에 똑같이 나누어 담으려고 합니다. 한 바구니에 꽃을 몇 송이씩 담을 수 있는지 ☐ 안에 알맞은 수를 써넣으시오.

5 

$$16 \div 4 = \boxed{} \ (송이)$$

6

$$20 \div 4 = \boxed{} \ (송이)$$

7 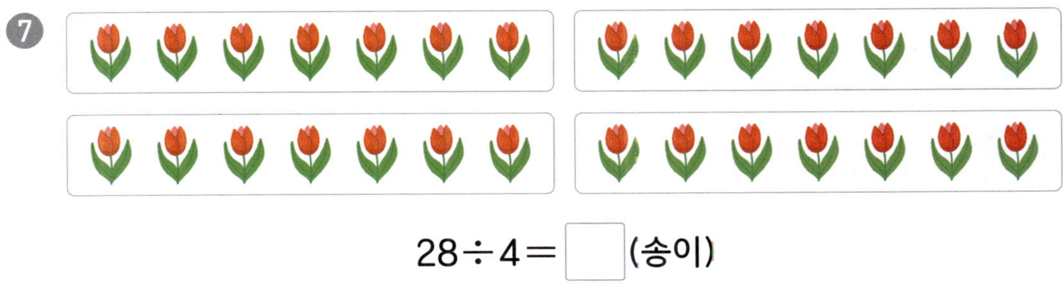

$$28 \div 4 = \boxed{} \ (송이)$$

8 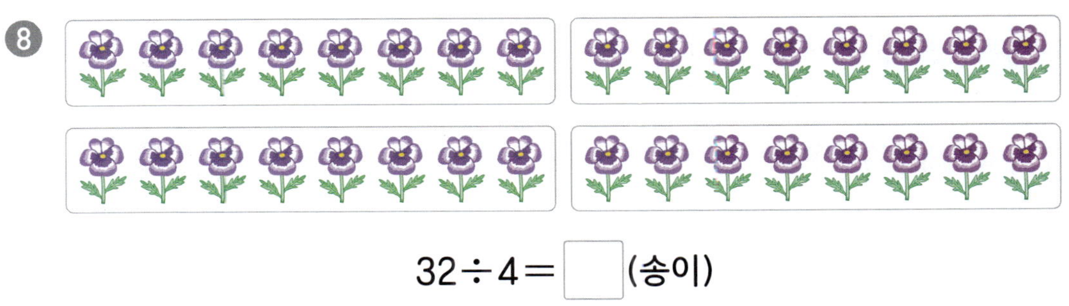

$$32 \div 4 = \boxed{} \ (송이)$$

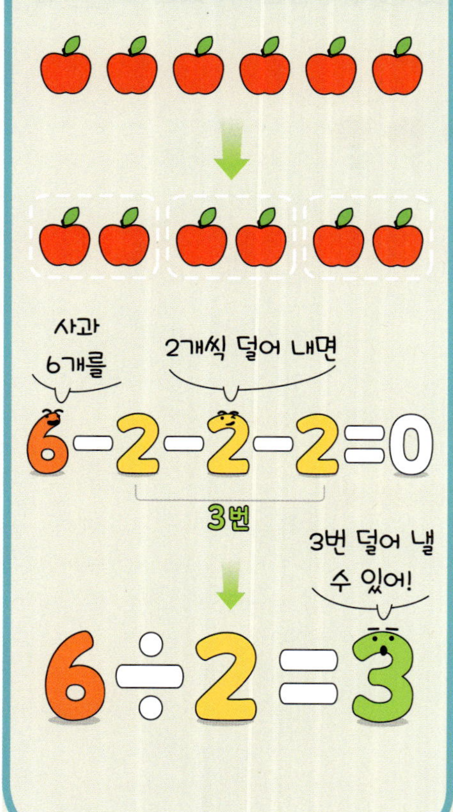

● 같은 양이 몇 번 들어 있는 나눗셈

- 감 6개를 2개씩 묶으면 3묶음이 됩니다.
- $6-2-2-2=0$이므로 6에서 2씩 3번 빼면 0이 됩니다.

나눗셈식 $6 \div 2 = 3$

○ 학용품을 한 명에게 5개씩 주려고 합니다. 몇 명에게 나누어 줄 수 있는지 ☐ 안에 알맞은 수를 써넣으시오.

1

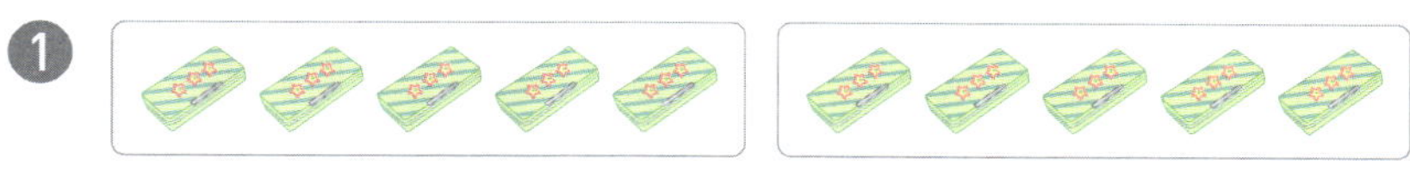

☐ 명에게 나누어 줄 수 있습니다.

2

☐ 명에게 나누어 줄 수 있습니다.

3

☐ 명에게 나누어 줄 수 있습니다.

4

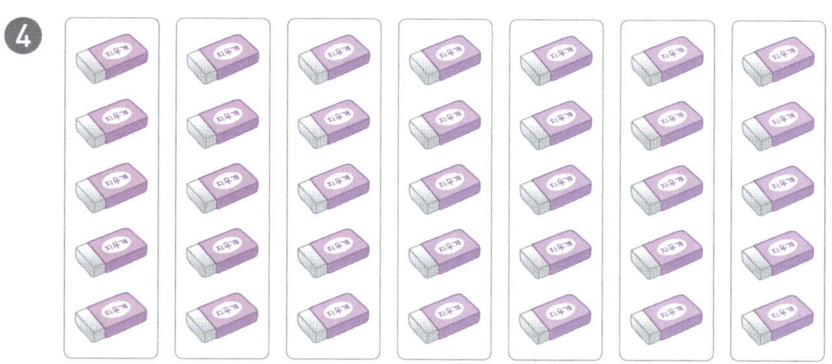

☐ 명에게 나누어 줄 수 있습니다.

○ 채소를 한 상자에 6개씩 담으려고 합니다. 상자는 몇 상자 필요한지 ☐ 안에 알맞은 수를 써넣으시오.

5 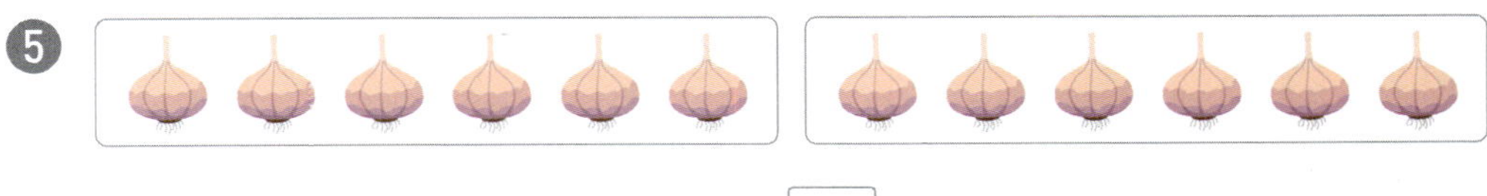

$$12 \div 6 = \boxed{} \text{(상자)}$$

6 

$$24 \div 6 = \boxed{} \text{(상자)}$$

7 

$$30 \div 6 = \boxed{} \text{(상자)}$$

8 

$$48 \div 6 = \boxed{} \text{(상자)}$$

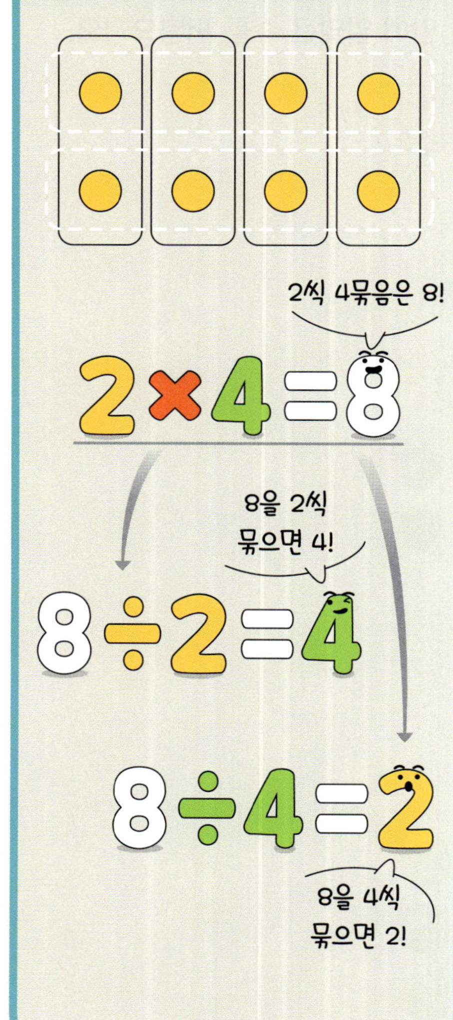

● 곱셈과 나눗셈의 관계

• 곱셈식을 2개의 나눗셈식으로 나타낼 수 있습니다.

$2 \times 4 = 8$ $8 \div 2 = 4$ $8 \div 4 = 2$

• 나눗셈식을 2개의 곱셈식으로 나타낼 수 있습니다.

$8 \div 2 = 4$ $2 \times 4 = 8$ $4 \times 2 = 8$

○ 곱셈식을 나눗셈식으로 나타내어 보시오.

1 $3 \times 4 = 12$ $12 \div 3 = \square$ $12 \div 4 = \square$

2 $3 \times 5 = 15$ $15 \div \square = 5$ $15 \div \square = 3$

3 $4 \times 5 = 20$ $20 \div 4 = \square$ $20 \div \square = \square$

4 $5 \times 7 = 35$ $35 \div 5 = \square$ $35 \div \square = \square$

5 $6 \times 3 = 18$ $18 \div \square = 3$ $18 \div \square = \square$

6 $8 \times 9 = 72$ $72 \div \square = 9$ $72 \div \square = \square$

정답 · 10쪽

○ 나눗셈식을 곱셈식으로 나타내어 보시오.

⑦ $6 \div 2 = 3$
$2 \times 3 = \boxed{}$
$3 \times 2 = \boxed{}$

⑧ $10 \div 5 = 2$
$5 \times 2 = \boxed{}$
$2 \times 5 = \boxed{}$

⑨ $12 \div 6 = 2$
$6 \times \boxed{} = 12$
$2 \times \boxed{} = 12$

⑩ $14 \div 7 = 2$
$7 \times \boxed{} = 14$
$2 \times \boxed{} = 14$

⑪ $15 \div 5 = 3$
$5 \times 3 = \boxed{}$
$3 \times \boxed{} = \boxed{}$

⑫ $18 \div 2 = 9$
$2 \times 9 = \boxed{}$
$9 \times \boxed{} = \boxed{}$

⑬ $20 \div 4 = 5$
$4 \times \boxed{} = \boxed{}$
$5 \times \boxed{} = \boxed{}$

⑭ $27 \div 3 = 9$
$3 \times \boxed{} = \boxed{}$
$9 \times \boxed{} = \boxed{}$

⑮ $32 \div 8 = 4$
$8 \times \boxed{} = \boxed{}$
$\boxed{} \times 8 = \boxed{}$

⑯ $42 \div 7 = 6$
$7 \times \boxed{} = \boxed{}$
$\boxed{} \times 7 = \boxed{}$

⑰ $45 \div 9 = 5$
$\boxed{} \times 5 = \boxed{}$
$5 \times \boxed{} = \boxed{}$

⑱ $56 \div 8 = 7$
$\boxed{} \times 7 = \boxed{}$
$7 \times \boxed{} = \boxed{}$

○ 곱셈식을 나눗셈식으로 나타내어 보시오.

① 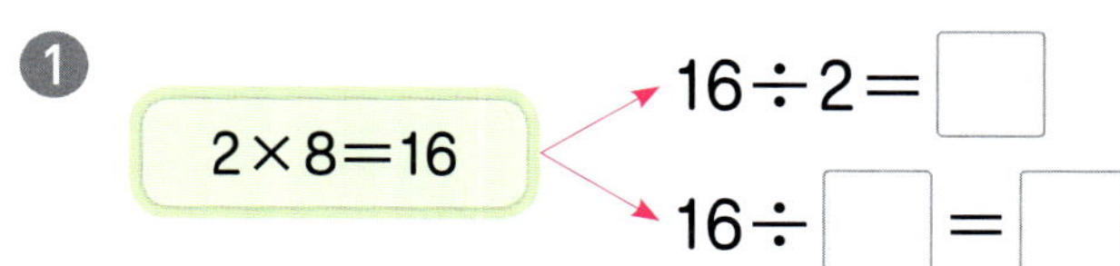

$2 \times 8 = 16$

$16 \div 2 = \boxed{}$

$16 \div \boxed{} = \boxed{}$

②

$3 \times 5 = 15$

$15 \div 3 = \boxed{}$

$15 \div \boxed{} = \boxed{}$

③ 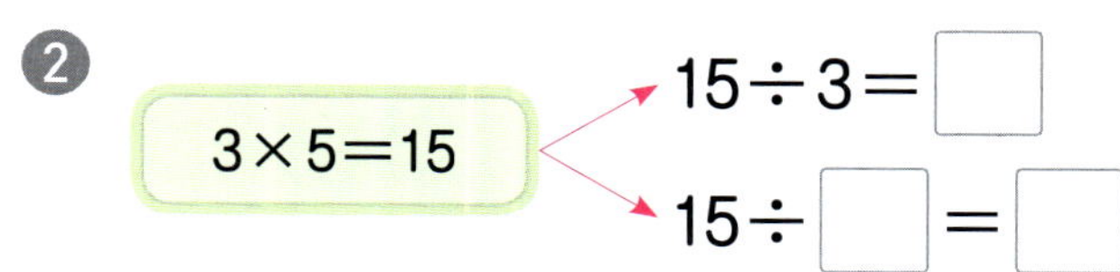

$4 \times 9 = 36$

$36 \div 4 = \boxed{}$

$36 \div \boxed{} = \boxed{}$

④

$5 \times 4 = 20$

$20 \div 5 = \boxed{}$

$\boxed{} \div 4 = \boxed{}$

⑤ 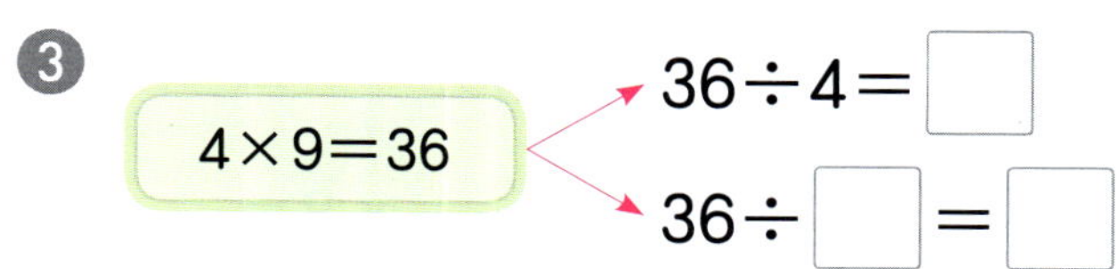

$6 \times 5 = 30$

$30 \div 6 = \boxed{}$

$\boxed{} \div 5 = \boxed{}$

⑥

$6 \times 7 = 42$

$42 \div 6 = \boxed{}$

$\boxed{} \div 7 = \boxed{}$

⑦ 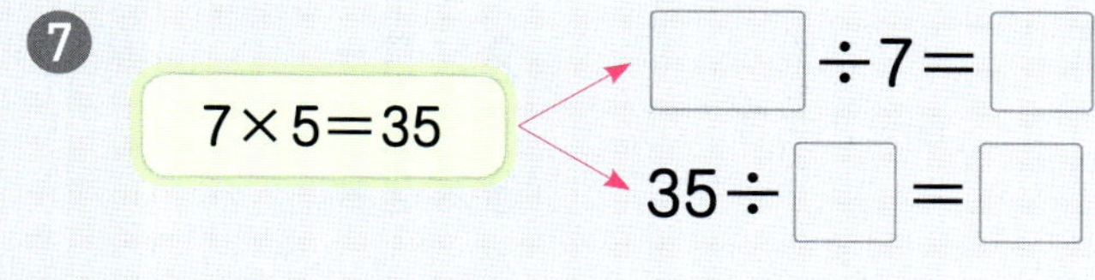

$7 \times 5 = 35$

$\boxed{} \div 7 = \boxed{}$

$35 \div \boxed{} = \boxed{}$

⑧ 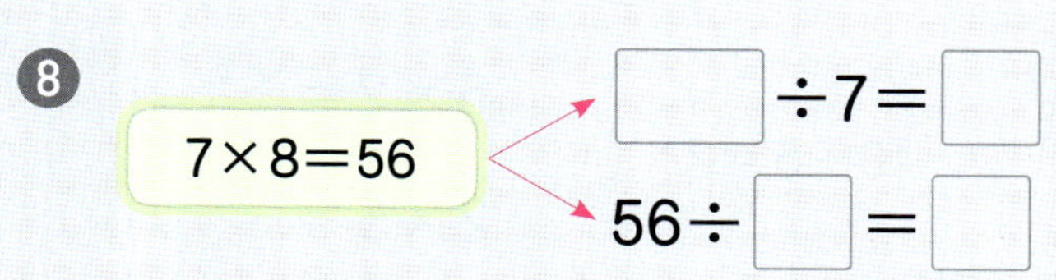

$7 \times 8 = 56$

$\boxed{} \div 7 = \boxed{}$

$56 \div \boxed{} = \boxed{}$

⑨

$8 \times 4 = 32$

$32 \div \boxed{} = \boxed{}$

$\boxed{} \div 4 = \boxed{}$

⑩

$8 \times 5 = 40$

$40 \div \boxed{} = \boxed{}$

$\boxed{} \div 5 = \boxed{}$

⑪

$9 \times 3 = 27$

$\boxed{} \div 9 = \boxed{}$

$\boxed{} \div 3 = \boxed{}$

⑫

$9 \times 5 = 45$

$\boxed{} \div 9 = \boxed{}$

$\boxed{} \div 5 = \boxed{}$

● 나눗셈식을 곱셈식으로 나타내어 보시오.

⑬ 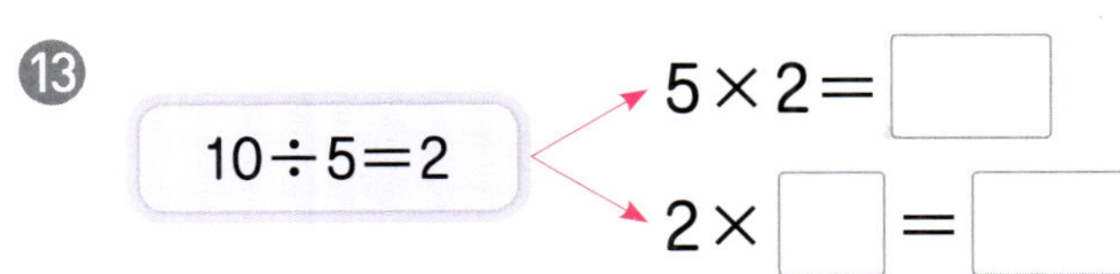
$10 \div 5 = 2$

$5 \times 2 = \boxed{}$

$2 \times \boxed{} = \boxed{}$

⑲ 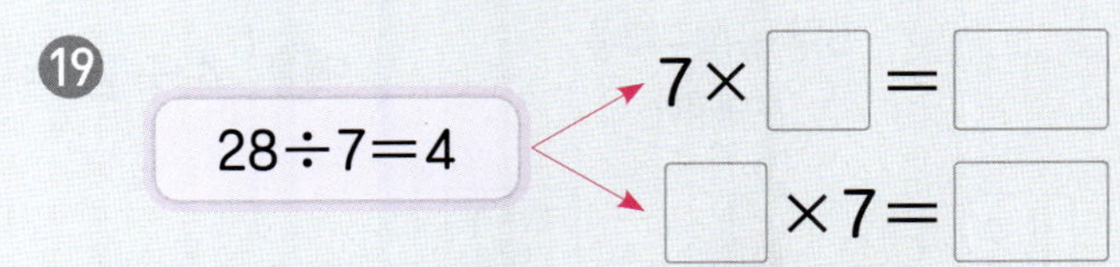
$28 \div 7 = 4$

$7 \times \boxed{} = \boxed{}$

$\boxed{} \times 7 = \boxed{}$

⑭ 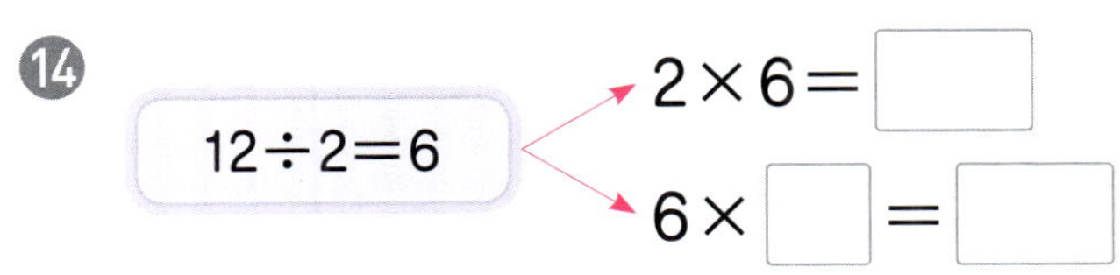
$12 \div 2 = 6$

$2 \times 6 = \boxed{}$

$6 \times \boxed{} = \boxed{}$

⑳ 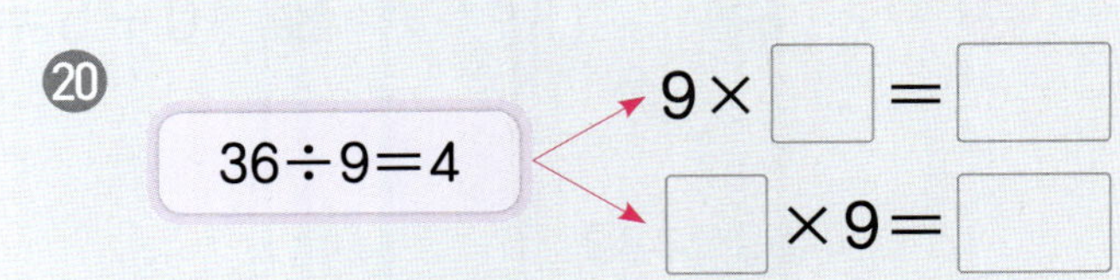
$36 \div 9 = 4$

$9 \times \boxed{} = \boxed{}$

$\boxed{} \times 9 = \boxed{}$

⑮ 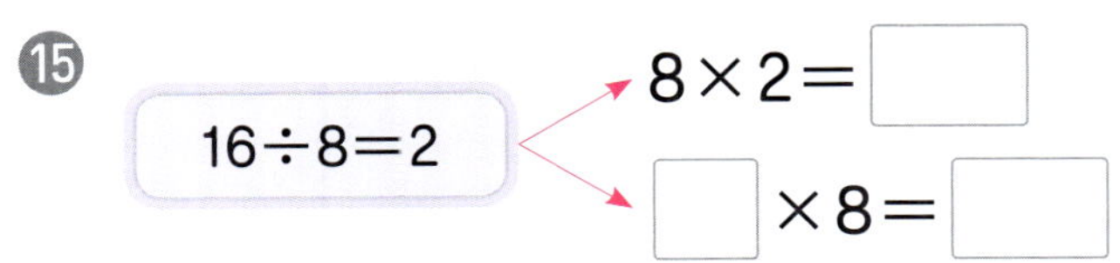
$16 \div 8 = 2$

$8 \times 2 = \boxed{}$

$\boxed{} \times 8 = \boxed{}$

㉑ 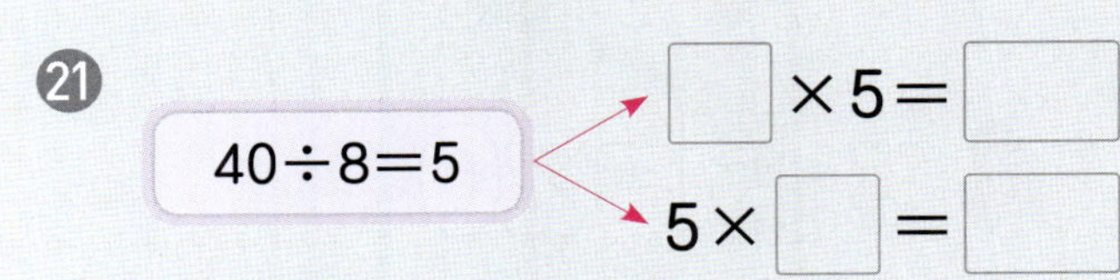
$40 \div 8 = 5$

$\boxed{} \times 5 = \boxed{}$

$5 \times \boxed{} = \boxed{}$

⑯ 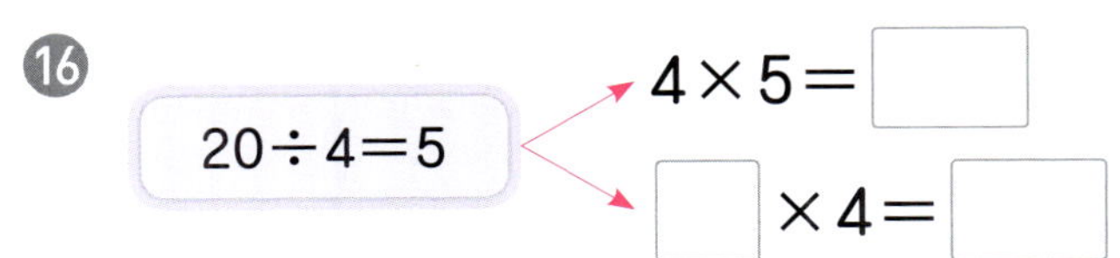
$20 \div 4 = 5$

$4 \times 5 = \boxed{}$

$\boxed{} \times 4 = \boxed{}$

㉒ 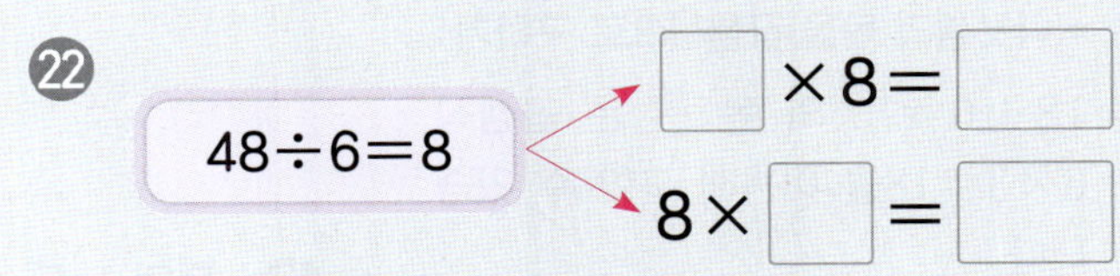
$48 \div 6 = 8$

$\boxed{} \times 8 = \boxed{}$

$8 \times \boxed{} = \boxed{}$

⑰ 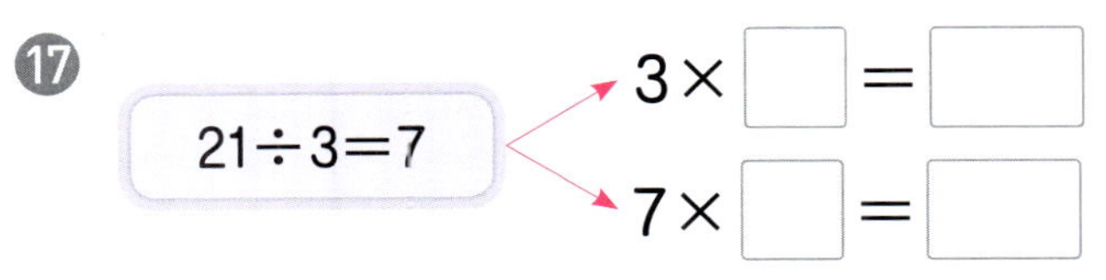
$21 \div 3 = 7$

$3 \times \boxed{} = \boxed{}$

$7 \times \boxed{} = \boxed{}$

㉓ 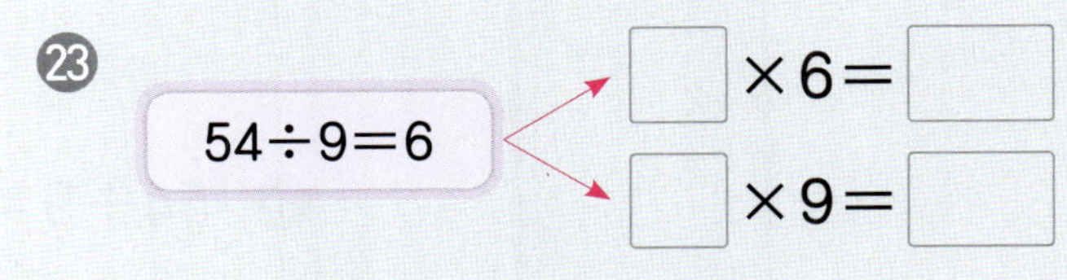
$54 \div 9 = 6$

$\boxed{} \times 6 = \boxed{}$

$\boxed{} \times 9 = \boxed{}$

⑱ 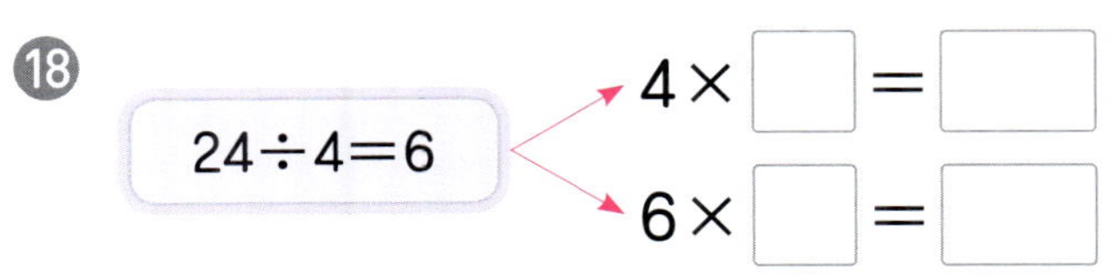
$24 \div 4 = 6$

$4 \times \boxed{} = \boxed{}$

$6 \times \boxed{} = \boxed{}$

㉔ 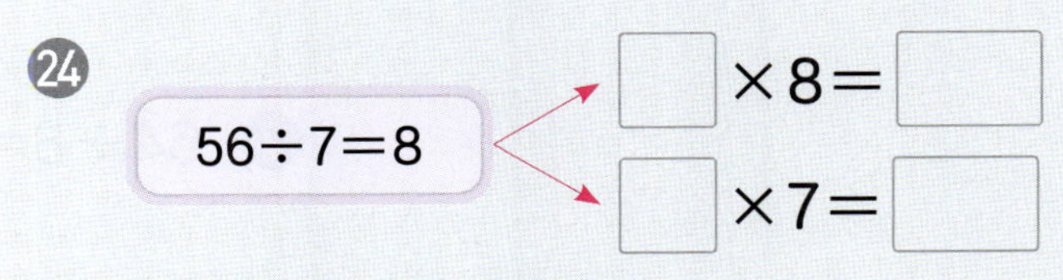
$56 \div 7 = 8$

$\boxed{} \times 8 = \boxed{}$

$\boxed{} \times 7 = \boxed{}$

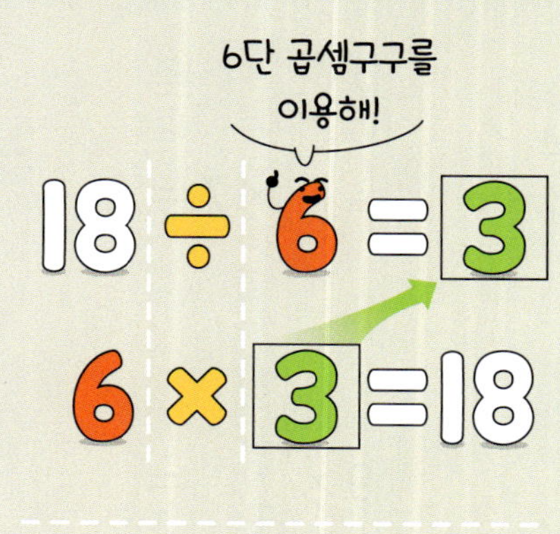

● 나눗셈의 몫을 곱셈식으로 구하기

$18 \div 6 = \boxed{3}$ 의 몫 $\boxed{3}$ 은 곱셈식 $6 \times 3 = 18$ 을 이용해 구할 수 있습니다.

○ 나눗셈의 몫을 곱셈식으로 구해 보시오.

1 $4 \div 2 = \square \Rightarrow 2 \times \square = 4$

2 $10 \div 5 = \square \Rightarrow 5 \times \square = 10$

3 $15 \div 5 = \square \Rightarrow 5 \times \square = 15$

4 $24 \div 4 = \square \Rightarrow 4 \times \square = 24$

5 $30 \div 5 = \square \Rightarrow 5 \times \square = 30$

6 $54 \div 9 = \square \Rightarrow 9 \times \square = 54$

7 $64 \div 8 = \square \Rightarrow 8 \times \square = 64$

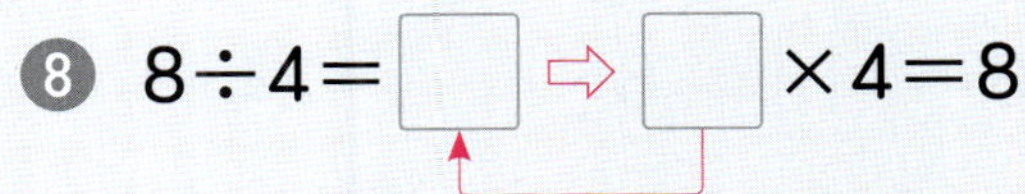

⑧ $8 \div 4 = \boxed{} \Rightarrow \boxed{} \times 4 = 8$

⑨ $9 \div 3 = \boxed{} \Rightarrow \boxed{} \times 3 = 9$

⑩ $15 \div 3 = \boxed{} \Rightarrow \boxed{} \times 3 = 15$

⑪ $16 \div 2 = \boxed{} \Rightarrow \boxed{} \times 2 = 16$

⑫ $21 \div 3 = \boxed{} \Rightarrow \boxed{} \times 3 = 21$

⑬ $24 \div 8 = \boxed{} \Rightarrow \boxed{} \times 8 = 24$

⑭ $30 \div 6 = \boxed{} \Rightarrow \boxed{} \times 6 = 30$

⑮ $36 \div 9 = \boxed{} \Rightarrow \boxed{} \times 9 = 36$

⑯ $42 \div 7 = \boxed{} \Rightarrow \boxed{} \times 7 = 42$

⑰ $45 \div 5 = \boxed{} \Rightarrow \boxed{} \times 5 = 45$

⑱ $49 \div 7 = \boxed{} \Rightarrow \boxed{} \times 7 = 49$

⑲ $56 \div 8 = \boxed{} \Rightarrow \boxed{} \times 8 = 56$

⑳ $72 \div 9 = \boxed{} \Rightarrow \boxed{} \times 9 = 72$

㉑ $81 \div 9 = \boxed{} \Rightarrow \boxed{} \times 9 = 81$

○ 나눗셈의 몫을 곱셈식으로 구해 보시오.

1 $6 \div 3 = \boxed{} \Rightarrow 3 \times \boxed{} = 6$

2 $10 \div 2 = \boxed{} \Rightarrow 2 \times \boxed{} = 10$

3 $14 \div 7 = \boxed{} \Rightarrow 7 \times \boxed{} = 14$

4 $16 \div 4 = \boxed{} \Rightarrow 4 \times \boxed{} = 16$

5 $16 \div 8 = \boxed{} \Rightarrow 8 \times \boxed{} = 16$

6 $21 \div 7 = \boxed{} \Rightarrow 7 \times \boxed{} = 21$

7 $24 \div 3 = \boxed{} \Rightarrow 3 \times \boxed{} = 24$

8 $24 \div 6 = \boxed{} \Rightarrow 6 \times \boxed{} = 24$

9 $32 \div 8 = \boxed{} \Rightarrow 8 \times \boxed{} = 32$

10 $36 \div 4 = \boxed{} \Rightarrow 4 \times \boxed{} = 36$

11 $45 \div 9 = \boxed{} \Rightarrow 9 \times \boxed{} = 45$

12 $54 \div 6 = \boxed{} \Rightarrow 6 \times \boxed{} = 54$

13 $56 \div 7 = \boxed{} \Rightarrow 7 \times \boxed{} = 56$

14 $63 \div 9 = \boxed{} \Rightarrow 9 \times \boxed{} = 63$

정답 · 11쪽

⑮ $8 \div 2 = \square \Rightarrow \square \times 2 = 8$

⑯ $10 \div 5 = \square \Rightarrow \square \times 5 = 10$

⑰ $18 \div 2 = \square \Rightarrow \square \times 2 = 18$

⑱ $20 \div 4 = \square \Rightarrow \square \times 4 = 20$

⑲ $21 \div 3 = \square \Rightarrow \square \times 3 = 21$

⑳ $28 \div 7 = \square \Rightarrow \square \times 7 = 28$

㉑ $30 \div 5 = \square \Rightarrow \square \times 5 = 30$

㉒ $35 \div 5 = \square \Rightarrow \square \times 5 = 35$

㉓ $36 \div 9 = \square \Rightarrow \square \times 9 = 36$

㉔ $48 \div 6 = \square \Rightarrow \square \times 6 = 48$

㉕ $54 \div 9 = \square \Rightarrow \square \times 9 = 54$

㉖ $63 \div 7 = \square \Rightarrow \square \times 7 = 63$

㉗ $64 \div 8 = \square \Rightarrow \square \times 8 = 64$

㉘ $72 \div 8 = \square \Rightarrow \square \times 8 = 72$

원리 곱셈과 나눗셈의 관계

$6 \div 2 = 3 \Rightarrow$
$$3 \times 2 = 6$$
$$2 \times 3 = 6$$

적용 나눗셈식의 어떤 수($\square$) 구하기

- $\square \div 4 = 6 \longrightarrow 6 \times 4 = \square \Rightarrow \square = 24$
- $24 \div \square = 6 \longrightarrow 24 = \square \times 6 \Rightarrow \square = 24 \div 6 = 4$

○ 어떤 수($\square$)를 구하려고 합니다. $\square$ 안에 알맞은 수를 써넣으시오.

① $\square \div 7 = 3$

$3 \times 7 = \square$

⑤ $28 \div \square = 4$

$28 \div 4 = \square$

② $\square \div 3 = 9$

$9 \times 3 = \square$

⑥ $30 \div \square = 6$

$30 \div 6 = \square$

③ $\square \div 6 = 5$

$5 \times 6 = \square$

⑦ $36 \div \square = 4$

$36 \div 4 = \square$

④ $\square \div 8 = 4$

$4 \times 8 = \square$

⑧ $42 \div \square = 7$

$42 \div 7 = \square$

월   일   분   /18

정답 • 11쪽

⑨ □ ÷3=8

8×3= □

⑩ □ ÷7=5

5×7= □

⑪ □ ÷4=9

9×4= □

⑫ □ ÷6=8

8×6= □

⑬ □ ÷7=8

8×7= □

⑭ 45÷ □ =9

45÷9= □

⑮ 54÷ □ =6

54÷6= □

⑯ 56÷ □ =7

56÷7= □

⑰ 63÷ □ =7

63÷7= □

⑱ 72÷ □ =9

72÷9= □

○ 옷을 2명이 똑같이 나누어 가지려고 합니다. ☐ 안에 알맞은 수를 써넣으시오.

1

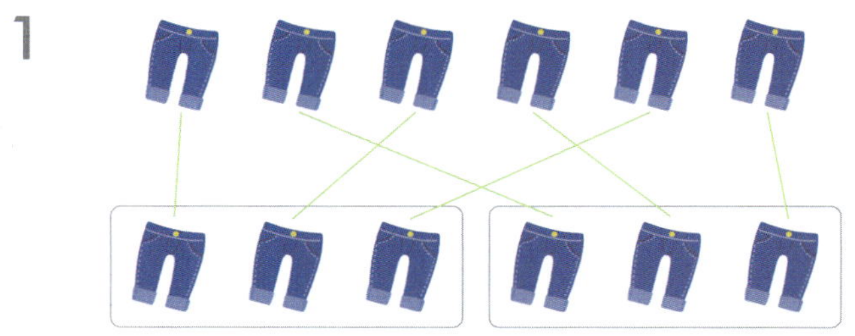

한 명이 바지를 ☐ 벌씩 가질 수 있습니다.

2

한 명이 목도리를
☐ 개씩 가질 수 있습니다.

3

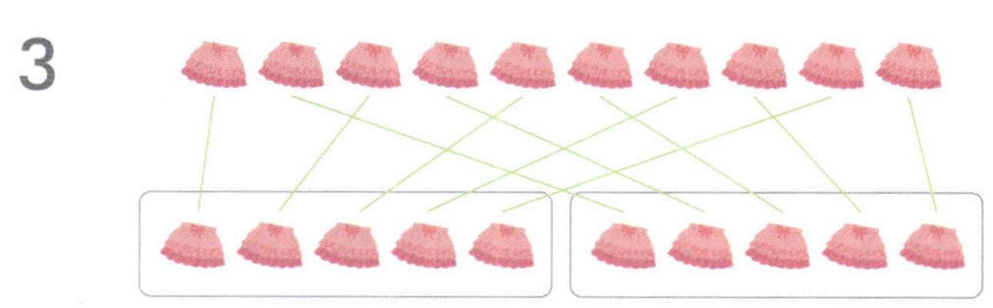

한 명이 치마를 ☐ 벌씩 가질 수 있습니다.

4

한 명이 모자를 ☐ 개씩 가질 수 있습니다.

○ 과일을 한 바구니에 3개씩 담으려고 합니다. 바구니는 몇 개 필요한지 ☐ 안에 알맞은 수를 써넣으시오.

5

$6 \div 3 = $ ☐ (개)

6

$9 \div 3 = $ ☐ (개)

7

$12 \div 3 = $ ☐ (개)

8

$15 \div 3 = $ ☐ (개)

월   일   분   맞힌 개수   /20

○ 곱셈식을 나눗셈식으로, 나눗셈식을 곱셈식으로 나타내어 보시오.

9

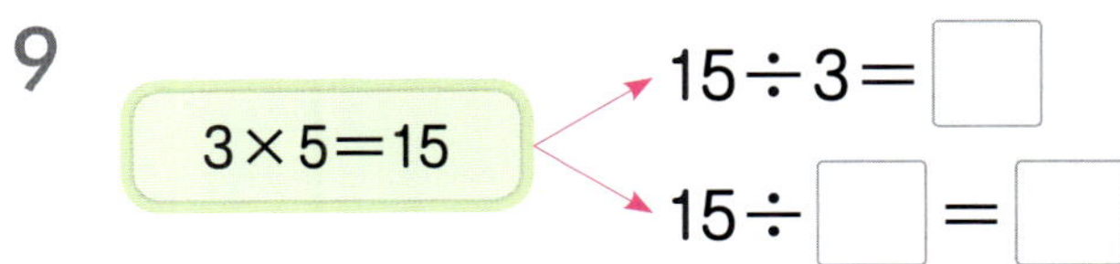

$3 \times 5 = 15$

$15 \div 3 = \boxed{}$

$15 \div \boxed{} = \boxed{}$

10

$6 \times 9 = 54$

$\boxed{} \div 6 = \boxed{}$

$54 \div \boxed{} = \boxed{}$

11

$7 \times 4 = 28$

$\boxed{} \div 7 = \boxed{}$

$\boxed{} \div 4 = \boxed{}$

12

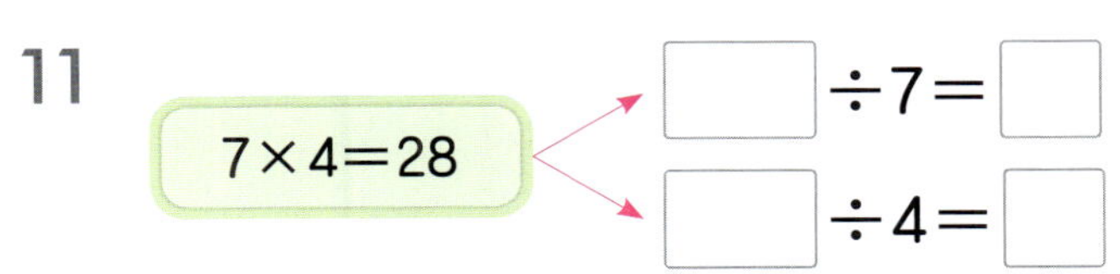

$18 \div 9 = 2$

$9 \times \boxed{} = \boxed{}$

$2 \times \boxed{} = \boxed{}$

13

$35 \div 7 = 5$

$\boxed{} \times 5 = \boxed{}$

$5 \times \boxed{} = \boxed{}$

14

$48 \div 6 = 8$

$\boxed{} \times 8 = \boxed{}$

$\boxed{} \times 6 = \boxed{}$

○ 나눗셈의 몫을 곱셈식으로 구해 보시오.

15 $12 \div 4 = \boxed{} \Rightarrow 4 \times \boxed{} = 12$

16 $28 \div 7 = \boxed{} \Rightarrow 7 \times \boxed{} = 28$

17 $30 \div 5 = \boxed{} \Rightarrow 5 \times \boxed{} = 30$

18 $24 \div 6 = \boxed{} \Rightarrow \boxed{} \times 6 = 24$

19 $36 \div 9 = \boxed{} \Rightarrow \boxed{} \times 9 = 36$

20 $42 \div 7 = \boxed{} \Rightarrow \boxed{} \times 7 = 42$

3단원의 연산 실력을 보충하고 싶다면 **클리닉 북 15~18쪽**을 풀어 보세요.

곱셈

학습 내용	학습 회차	걸린 시간
1 (몇십) × (몇)	1일 차	/7분
	2일 차	/10분
2 올림이 없는 (몇십몇) × (몇)	3일 차	/7분
	4일 차	/10분
1 ~ **2** 다르게 풀기	5일 차	/6분
3 십의 자리에서 올림이 있는 (몇십몇) × (몇)	6일 차	/9분
	7일 차	/13분
4 일의 자리에서 올림이 있는 (몇십몇) × (몇)	8일 차	/9분
	9일 차	/13분
5 십, 일의 자리에서 올림이 있는 (몇십몇) × (몇)	10일 차	/9분
	11일 차	/13분
3 ~ **5** 다르게 풀기	12일 차	/8분
비법 강의 수 감각을 키우면 빨라지는 계산 비법	13일 차	/9분
평가 4. 곱셈	14일 차	/13분

● (몇십) × (몇)

예 20 × 3의 계산

2 × 3을 계산한 값에 0을 1개 붙입니다.

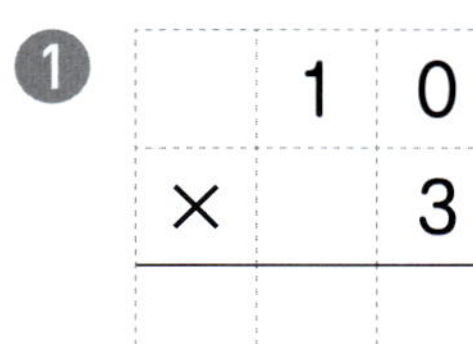

○ 계산해 보시오.

①
$$\begin{array}{r} 1\ 0 \\ \times\quad 3 \\ \hline \end{array}$$

②
$$\begin{array}{r} 2\ 0 \\ \times\quad 2 \\ \hline \end{array}$$

③
$$\begin{array}{r} 2\ 0 \\ \times\quad 5 \\ \hline \end{array}$$

④
$$\begin{array}{r} 3\ 0 \\ \times\quad 6 \\ \hline \end{array}$$

⑤
$$\begin{array}{r} 4\ 0 \\ \times\quad 2 \\ \hline \end{array}$$

⑥
$$\begin{array}{r} 4\ 0 \\ \times\quad 4 \\ \hline \end{array}$$

⑦
$$\begin{array}{r} 5\ 0 \\ \times\quad 3 \\ \hline \end{array}$$

⑧
$$\begin{array}{r} 6\ 0 \\ \times\quad 4 \\ \hline \end{array}$$

⑨
$$\begin{array}{r} 7\ 0 \\ \times\quad 2 \\ \hline \end{array}$$

⑩
$$\begin{array}{r} 7\ 0 \\ \times\quad 9 \\ \hline \end{array}$$

⑪
$$\begin{array}{r} 8\ 0 \\ \times\quad 6 \\ \hline \end{array}$$

⑫
$$\begin{array}{r} 9\ 0 \\ \times\quad 8 \\ \hline \end{array}$$

○ ☐ 안에 알맞은 수를 써넣으시오.

⑬ $10 \times 5 =$ ☐

$1 \times 5 =$ ☐

⑭ $10 \times 7 =$ ☐

$1 \times 7 =$ ☐

⑮ $20 \times 4 =$ ☐

$2 \times 4 =$ ☐

⑯ $20 \times 7 =$ ☐

$2 \times 7 =$ ☐

⑰ $30 \times 3 =$ ☐

$3 \times 3 =$ ☐

⑱ $30 \times 7 =$ ☐

$3 \times 7 =$ ☐

⑲ $40 \times 3 =$ ☐

$4 \times 3 =$ ☐

⑳ $40 \times 7 =$ ☐

$4 \times 7 =$ ☐

㉑ $50 \times 5 =$ ☐

$5 \times 5 =$ ☐

㉒ $50 \times 9 =$ ☐

$5 \times 9 =$ ☐

㉓ $60 \times 3 =$ ☐

$6 \times 3 =$ ☐

㉔ $60 \times 8 =$ ☐

$6 \times 8 =$ ☐

㉕ $70 \times 5 =$ ☐

$7 \times 5 =$ ☐

㉖ $70 \times 6 =$ ☐

$7 \times 6 =$ ☐

㉗ $80 \times 2 =$ ☐

$8 \times 2 =$ ☐

㉘ $80 \times 5 =$ ☐

$8 \times 5 =$ ☐

㉙ $90 \times 3 =$ ☐

$9 \times 3 =$ ☐

㉚ $90 \times 6 =$ ☐

$9 \times 6 =$ ☐

○ 계산해 보시오.

①
$$\begin{array}{r} 1\,0 \\ \times \quad 6 \\ \hline \end{array}$$

②
$$\begin{array}{r} 1\,0 \\ \times \quad 9 \\ \hline \end{array}$$

③
$$\begin{array}{r} 2\,0 \\ \times \quad 3 \\ \hline \end{array}$$

④
$$\begin{array}{r} 2\,0 \\ \times \quad 8 \\ \hline \end{array}$$

⑤
$$\begin{array}{r} 3\,0 \\ \times \quad 4 \\ \hline \end{array}$$

⑥
$$\begin{array}{r} 3\,0 \\ \times \quad 5 \\ \hline \end{array}$$

⑦
$$\begin{array}{r} 4\,0 \\ \times \quad 5 \\ \hline \end{array}$$

⑧
$$\begin{array}{r} 4\,0 \\ \times \quad 9 \\ \hline \end{array}$$

⑨
$$\begin{array}{r} 5\,0 \\ \times \quad 4 \\ \hline \end{array}$$

⑩
$$\begin{array}{r} 5\,0 \\ \times \quad 7 \\ \hline \end{array}$$

⑪
$$\begin{array}{r} 6\,0 \\ \times \quad 2 \\ \hline \end{array}$$

⑫
$$\begin{array}{r} 6\,0 \\ \times \quad 6 \\ \hline \end{array}$$

⑬
$$\begin{array}{r} 7\,0 \\ \times \quad 4 \\ \hline \end{array}$$

⑭
$$\begin{array}{r} 7\,0 \\ \times \quad 8 \\ \hline \end{array}$$

⑮
$$\begin{array}{r} 8\,0 \\ \times \quad 3 \\ \hline \end{array}$$

⑯
$$\begin{array}{r} 8\,0 \\ \times \quad 7 \\ \hline \end{array}$$

⑰
$$\begin{array}{r} 9\,0 \\ \times \quad 5 \\ \hline \end{array}$$

⑱
$$\begin{array}{r} 9\,0 \\ \times \quad 7 \\ \hline \end{array}$$

⑲ $10 \times 2 =$

⑳ $10 \times 8 =$

㉑ $20 \times 6 =$

㉒ $20 \times 9 =$

㉓ $30 \times 2 =$

㉔ $30 \times 8 =$

㉕ $30 \times 9 =$

㉖ $40 \times 6 =$

㉗ $40 \times 8 =$

㉘ $50 \times 2 =$

㉙ $50 \times 6 =$

㉚ $50 \times 8 =$

㉛ $60 \times 7 =$

㉜ $60 \times 9 =$

㉝ $70 \times 3 =$

㉞ $70 \times 7 =$

㉟ $80 \times 4 =$

㊱ $80 \times 8 =$

㊲ $80 \times 9 =$

㊳ $90 \times 2 =$

㊴ $90 \times 9 =$

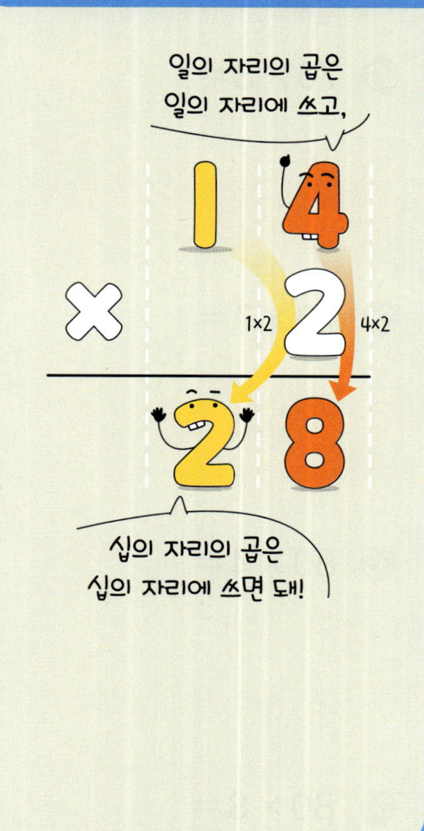

● 올림이 없는 (몇십몇)×(몇)

예 14×2의 계산
① 일의 자리 수 4와 2의 곱 8을 일의
　 자리에 씁니다.
② 십의 자리 수 1과 2의 곱 2를 십의
　 자리에 씁니다.

일의 자리의 계산
$\begin{array}{r} 1\ 4 \\ \times\quad 2 \\ \hline 8 \end{array}$
$4\times2=8$

⇩

십의 자리의 계산
$\begin{array}{r} 1\ 4 \\ \times\quad 2 \\ \hline 2\ 8 \end{array}$
$1\times2=2$

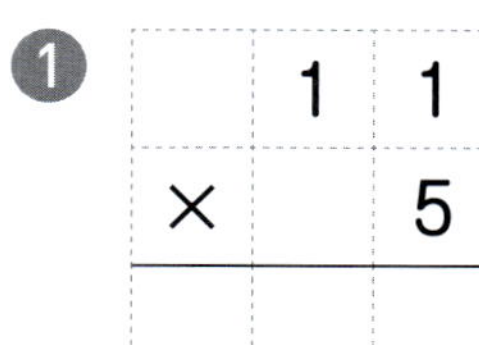

○ 계산해 보시오.

①
$$\begin{array}{r} 1\ 1 \\ \times\quad 5 \\ \hline \end{array}$$

②
$$\begin{array}{r} 1\ 2 \\ \times\quad 2 \\ \hline \end{array}$$

③
$$\begin{array}{r} 1\ 2 \\ \times\quad 4 \\ \hline \end{array}$$

④
$$\begin{array}{r} 1\ 3 \\ \times\quad 3 \\ \hline \end{array}$$

⑤
$$\begin{array}{r} 2\ 1 \\ \times\quad 3 \\ \hline \end{array}$$

⑥
$$\begin{array}{r} 2\ 2 \\ \times\quad 4 \\ \hline \end{array}$$

⑦
$$\begin{array}{r} 2\ 3 \\ \times\quad 3 \\ \hline \end{array}$$

⑧
$$\begin{array}{r} 2\ 4 \\ \times\quad 2 \\ \hline \end{array}$$

⑨
$$\begin{array}{r} 3\ 1 \\ \times\quad 2 \\ \hline \end{array}$$

⑩
$$\begin{array}{r} 3\ 2 \\ \times\quad 2 \\ \hline \end{array}$$

⑪
$$\begin{array}{r} 3\ 3 \\ \times\quad 3 \\ \hline \end{array}$$

⑫
$$\begin{array}{r} 4\ 1 \\ \times\quad 2 \\ \hline \end{array}$$

⑬ 11×3=

⑱ 21×2=

㉓ 31×3=

⑭ 11×6=

⑲ 21×4=

㉔ 32×3=

⑮ 11×8=

⑳ 22×2=

㉕ 33×2=

⑯ 13×2=

㉑ 22×3=

㉖ 43×2=

⑰ 14×2=

㉒ 23×2=

㉗ 44×2=

○ 계산해 보시오.

①
$$\begin{array}{r} 1\ 1 \\ \times\quad 2 \\ \hline \end{array}$$

②
$$\begin{array}{r} 1\ 1 \\ \times\quad 3 \\ \hline \end{array}$$

③
$$\begin{array}{r} 1\ 1 \\ \times\quad 6 \\ \hline \end{array}$$

④
$$\begin{array}{r} 1\ 1 \\ \times\quad 8 \\ \hline \end{array}$$

⑤
$$\begin{array}{r} 1\ 2 \\ \times\quad 2 \\ \hline \end{array}$$

⑥
$$\begin{array}{r} 1\ 3 \\ \times\quad 2 \\ \hline \end{array}$$

⑦
$$\begin{array}{r} 1\ 3 \\ \times\quad 3 \\ \hline \end{array}$$

⑧
$$\begin{array}{r} 1\ 4 \\ \times\quad 2 \\ \hline \end{array}$$

⑨
$$\begin{array}{r} 2\ 1 \\ \times\quad 3 \\ \hline \end{array}$$

⑩
$$\begin{array}{r} 2\ 1 \\ \times\quad 4 \\ \hline \end{array}$$

⑪
$$\begin{array}{r} 2\ 2 \\ \times\quad 2 \\ \hline \end{array}$$

⑫
$$\begin{array}{r} 2\ 3 \\ \times\quad 3 \\ \hline \end{array}$$

⑬
$$\begin{array}{r} 2\ 4 \\ \times\quad 2 \\ \hline \end{array}$$

⑭
$$\begin{array}{r} 3\ 1 \\ \times\quad 3 \\ \hline \end{array}$$

⑮
$$\begin{array}{r} 3\ 2 \\ \times\quad 3 \\ \hline \end{array}$$

⑯
$$\begin{array}{r} 3\ 3 \\ \times\quad 2 \\ \hline \end{array}$$

⑰
$$\begin{array}{r} 4\ 1 \\ \times\quad 2 \\ \hline \end{array}$$

⑱
$$\begin{array}{r} 4\ 3 \\ \times\quad 2 \\ \hline \end{array}$$

⑲ $11 \times 4 =$

⑳ $11 \times 5 =$

㉑ $11 \times 7 =$

㉒ $11 \times 9 =$

㉓ $12 \times 3 =$

㉔ $12 \times 4 =$

㉕ $13 \times 3 =$

㉖ $14 \times 2 =$

㉗ $21 \times 2 =$

㉘ $21 \times 3 =$

㉙ $22 \times 3 =$

㉚ $22 \times 4 =$

㉛ $23 \times 2 =$

㉜ $23 \times 3 =$

㉝ $24 \times 2 =$

㉞ $31 \times 2 =$

㉟ $32 \times 2 =$

㊱ $33 \times 3 =$

㊲ $41 \times 2 =$

㊳ $42 \times 2 =$

㊴ $44 \times 2 =$

○ 빈칸에 알맞은 수를 써넣으시오.

1 $\times 4$ 10   ⬚   ← 10×4를 계산해요.

2 $\times 3$ 13   ⬚

3 $\times 2$ 14   ⬚

4 $\times 5$ 20   ⬚

5 $\times 2$ 24   ⬚

6 $\times 2$ 33   ⬚

7 $\times 8$ 40   ⬚

8 $\times 2$ 43   ⬚

9 $\times 5$ 50   ⬚

10 $\times 9$ 70   ⬚

⑪
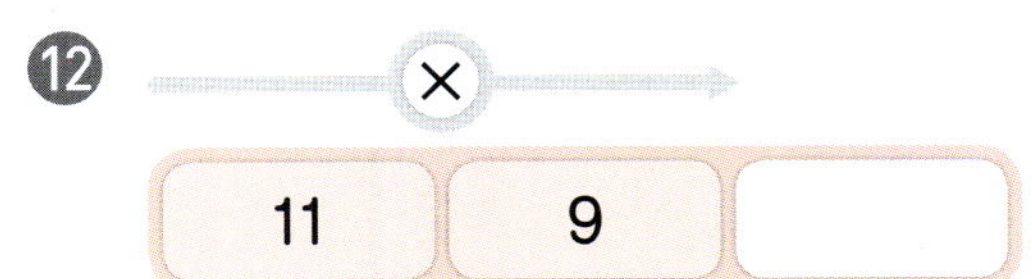

| 10 | 6 | |

→ 10×6을 계산해요.

⑮

| 30 | 7 | |

⑫
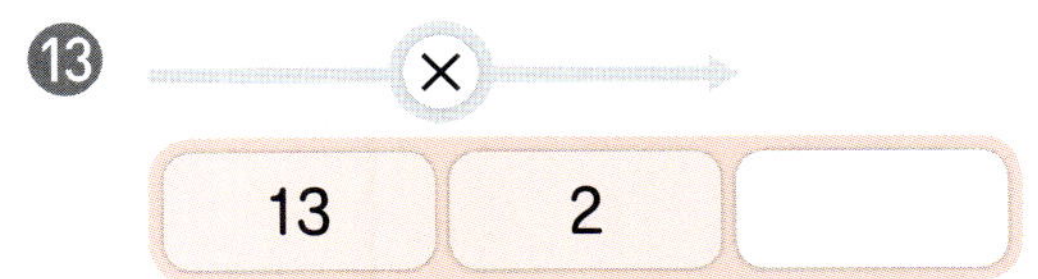

| 11 | 9 | |

⑯
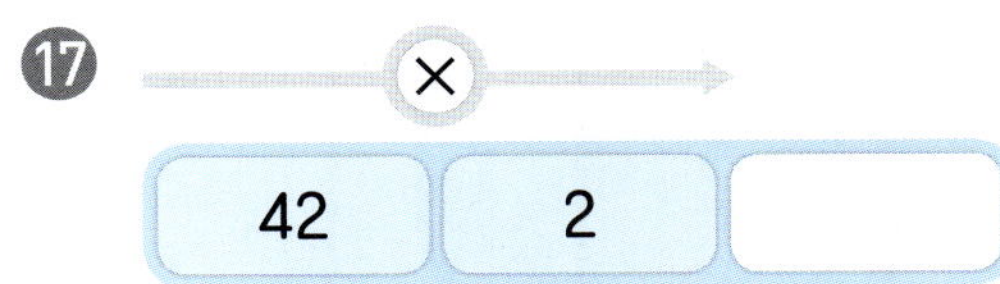

| 32 | 3 | |

⑬

| 13 | 2 | |

⑰

| 42 | 2 | |

⑭

| 20 | 8 | |

⑱

| 90 | 5 | |

문장제 속 연산

⑲ 초콜릿이 한 봉지에 22개씩 들어 있습니다. 4봉지에 들어 있는 초콜릿은 모두 몇 개인지 구해 보시오.

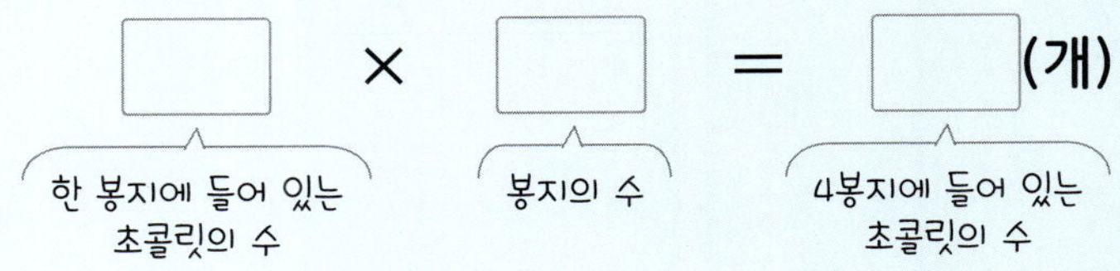

- 십의 자리에서 올림이 있는
  (몇십몇) × (몇)

예 31 × 7의 계산

① 일의 자리 수 1과 7을 곱한 7을 일의 자리에 씁니다.

② 십의 자리 수 3과 7을 곱하여 1은 십의 자리에, 2는 백의 자리에 씁니다.

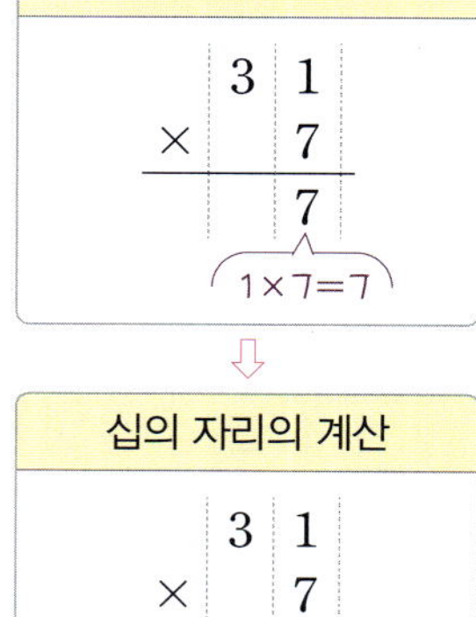

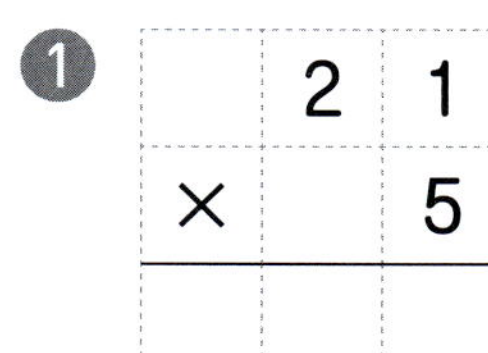

○ 계산해 보시오.

❶
```
    2 1
×     5
```

❷
```
    3 1
×     4
```

❸
```
    4 2
×     3
```

❹
```
    5 1
×     7
```

❺
```
    5 3
×     3
```

❻
```
    6 1
×     2
```

❼
```
    6 3
×     3
```

❽
```
    7 1
×     2
```

❾
```
    8 1
×     4
```

❿
```
    8 4
×     2
```

⓫
```
    9 1
×     5
```

⓬
```
    9 4
×     2
```

⑬ $21 \times 8 =$

⑭ $31 \times 6 =$

⑮ $41 \times 4 =$

⑯ $41 \times 9 =$

⑰ $42 \times 4 =$

⑱ $51 \times 6 =$

⑲ $52 \times 2 =$

⑳ $53 \times 2 =$

㉑ $61 \times 4 =$

㉒ $62 \times 3 =$

㉓ $63 \times 2 =$

㉔ $71 \times 7 =$

㉕ $72 \times 4 =$

㉖ $81 \times 6 =$

㉗ $93 \times 3 =$

○ 계산해 보시오.

①
```
   2 1
×    7
```

②
```
   3 1
×    5
```

③
```
   4 1
×    8
```

④
```
   5 1
×    2
```

⑤
```
   5 2
×    3
```

⑥
```
   5 4
×    2
```

⑦
```
   6 1
×    8
```

⑧
```
   6 2
×    4
```

⑨
```
   7 1
×    6
```

⑩
```
   7 2
×    3
```

⑪
```
   7 4
×    2
```

⑫
```
   8 1
×    3
```

⑬
```
   8 1
×    7
```

⑭
```
   8 2
×    3
```

⑮
```
   8 3
×    2
```

⑯
```
   9 1
×    8
```

⑰
```
   9 2
×    4
```

⑱
```
   9 3
×    2
```

⑲ $21 \times 6 =$

⑳ $21 \times 9 =$

㉑ $31 \times 8 =$

㉒ $32 \times 4 =$

㉓ $41 \times 5 =$

㉔ $41 \times 7 =$

㉕ $43 \times 3 =$

㉖ $51 \times 3 =$

㉗ $52 \times 4 =$

㉘ $61 \times 3 =$

㉙ $61 \times 6 =$

㉚ $64 \times 2 =$

㉛ $71 \times 5 =$

㉜ $72 \times 2 =$

㉝ $73 \times 3 =$

㉞ $81 \times 2 =$

㉟ $82 \times 2 =$

㊱ $83 \times 3 =$

㊲ $91 \times 4 =$

㊳ $91 \times 7 =$

㊴ $92 \times 3 =$

• 일의 자리에서 올림이 있는
 (몇십몇) × (몇)

예 19 × 3의 계산

① 일의 자리를 계산한 값 27에서 7은
  일의 자리에 쓰고, 2는 올림하여
  십의 자리 위에 작게 씁니다.

② 십의 자리 수와의 곱에 올림한 수
  2를 더하여 십의 자리에 씁니다.

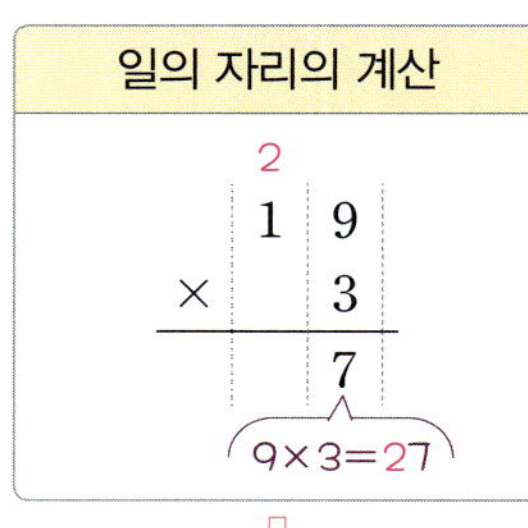

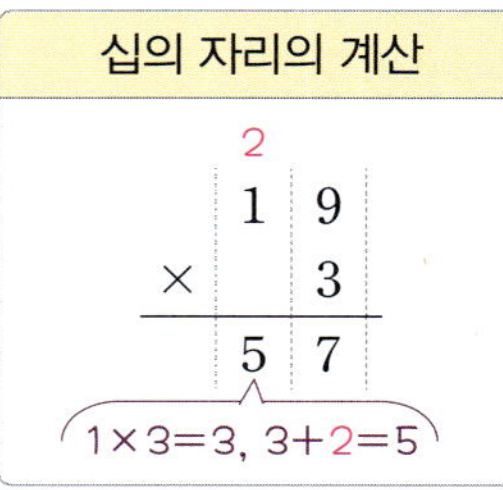

○ 계산해 보시오. 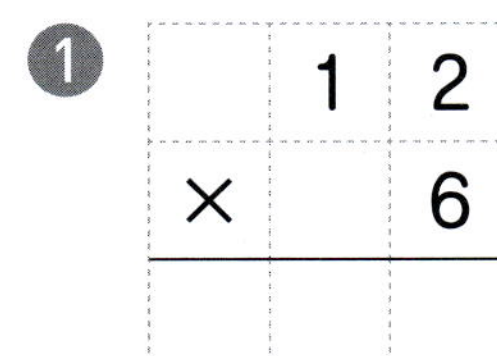

1

	1	2
×		6

2

	1	3
×		5

3

	1	4
×		7

4

	1	6
×		2

5

	1	9
×		5

6

	2	4
×		4

7

	2	5
×		3

8

	2	9
×		3

9

	3	5
×		2

10

	3	9
×		2

11

	4	5
×		2

12

	4	8
×		2

⑬ 12 × 5 =

⑱ 15 × 6 =

㉓ 25 × 2 =

⑭ 12 × 8 =

⑲ 16 × 3 =

㉔ 26 × 3 =

⑮ 13 × 6 =

⑳ 17 × 3 =

㉕ 27 × 2 =

⑯ 14 × 3 =

㉑ 18 × 5 =

㉖ 38 × 2 =

⑰ 14 × 5 =

㉒ 24 × 3 =

㉗ 49 × 2 =

○ 계산해 보시오.

①
```
    1 2
×     7
```

②
```
    1 3
×     4
```

③
```
    1 3
×     7
```

④
```
    1 4
×     6
```

⑤
```
    1 5
×     5
```

⑥
```
    1 6
×     4
```

⑦
```
    1 6
×     5
```

⑧
```
    1 6
×     6
```

⑨
```
    1 7
×     2
```

⑩
```
    1 8
×     2
```

⑪
```
    1 9
×     3
```

⑫
```
    2 6
×     2
```

⑬
```
    2 8
×     2
```

⑭
```
    2 9
×     2
```

⑮
```
    3 6
×     2
```

⑯
```
    3 7
×     2
```

⑰
```
    4 6
×     2
```

⑱
```
    4 7
×     2
```

⑲ $12 \times 5 =$

⑳ $13 \times 5 =$

㉑ $14 \times 4 =$

㉒ $14 \times 5 =$

㉓ $14 \times 7 =$

㉔ $15 \times 2 =$

㉕ $15 \times 3 =$

㉖ $15 \times 4 =$

㉗ $17 \times 4 =$

㉘ $17 \times 5 =$

㉙ $18 \times 3 =$

㉚ $18 \times 4 =$

㉛ $19 \times 2 =$

㉜ $19 \times 4 =$

㉝ $26 \times 3 =$

㉞ $27 \times 2 =$

㉟ $27 \times 3 =$

㊱ $28 \times 3 =$

㊲ $35 \times 2 =$

㊳ $39 \times 2 =$

㊴ $49 \times 2 =$

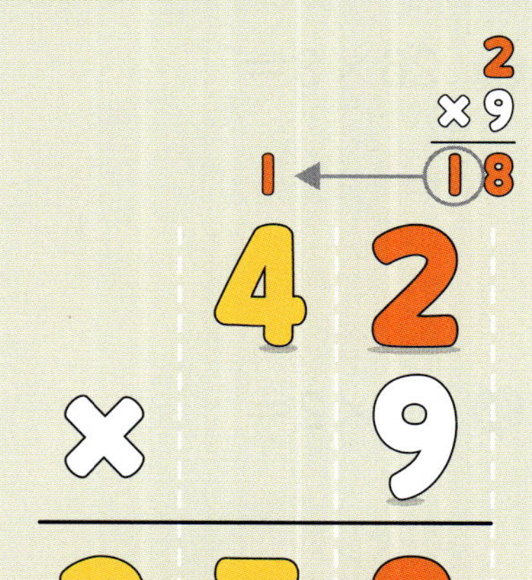

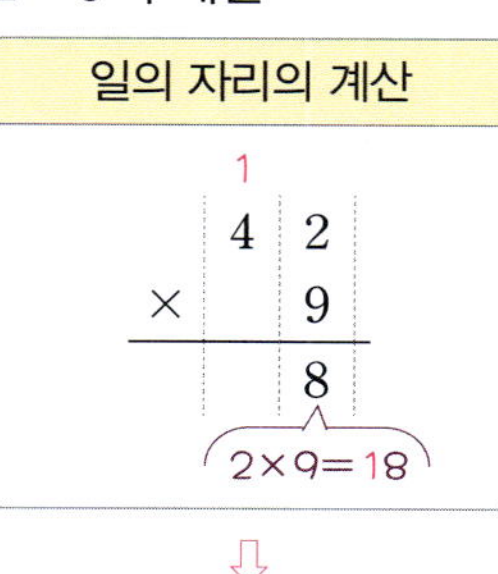

- 십, 일의 자리에서 올림이 있는 (몇십몇) × (몇)

예 42 × 9의 계산

일의 자리의 계산

$$
\begin{array}{r} {\scriptstyle 1} \\ 4\ 2 \\ \times\quad 9 \\ \hline 8 \end{array}
$$

$2 \times 9 = 18$

십의 자리의 계산

$$
\begin{array}{r} {\scriptstyle 1} \\ 4\ 2 \\ \times\quad 9 \\ \hline 3\ 7\ 8 \end{array}
$$

$4 \times 9 = 36,\ 36 + 1 = 37$

○ 계산해 보시오.

1

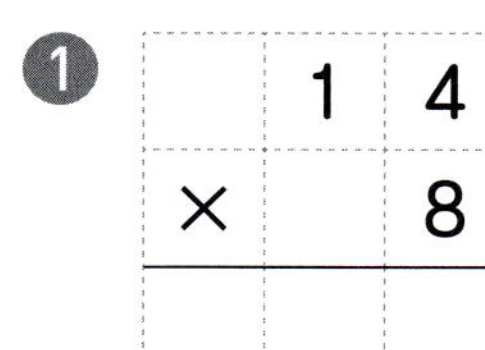

	1	4
×		8

2

	1	5
×		7

3

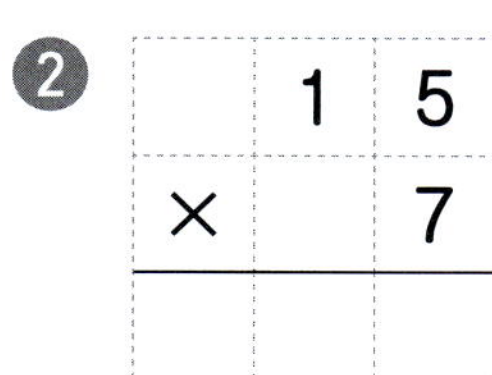

	1	8
×		6

4

	2	3
×		5

5

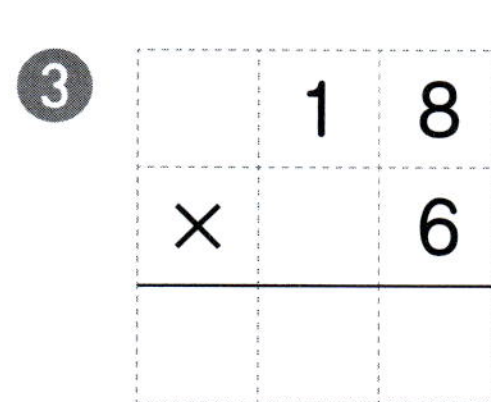

	2	7
×		6

6

	3	4
×		5

7

	4	4
×		3

8

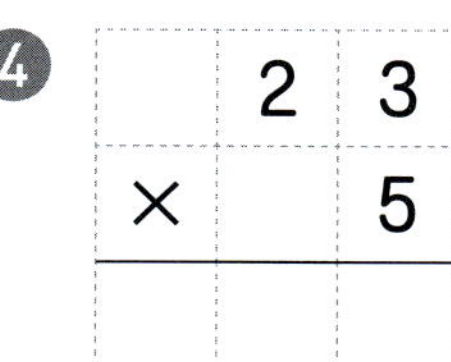

	5	9
×		2

9

	6	5
×		4

10

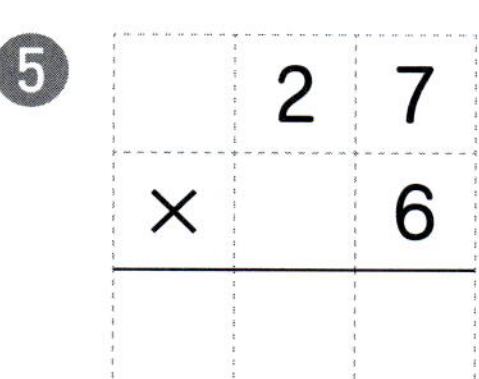

	7	3
×		5

11

	8	4
×		9

12

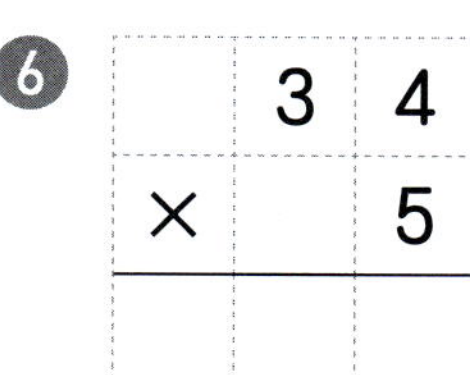

	9	9
×		2

⑬ 17×6＝

⑭ 24×8＝

⑮ 33×7＝

⑯ 35×9＝

⑰ 42×5＝

⑱ 54×3＝

⑲ 57×5＝

⑳ 64×7＝

㉑ 67×2＝

㉒ 69×2＝

㉓ 73×8＝

㉔ 76×4＝

㉕ 85×6＝

㉖ 88×3＝

㉗ 89×4＝

○ 계산해 보시오.

①
$$\begin{array}{r} 1\ 5 \\ \times\quad 9 \\ \hline \end{array}$$

②
$$\begin{array}{r} 1\ 9 \\ \times\quad 7 \\ \hline \end{array}$$

③
$$\begin{array}{r} 2\ 2 \\ \times\quad 5 \\ \hline \end{array}$$

④
$$\begin{array}{r} 2\ 6 \\ \times\quad 4 \\ \hline \end{array}$$

⑤
$$\begin{array}{r} 3\ 5 \\ \times\quad 6 \\ \hline \end{array}$$

⑥
$$\begin{array}{r} 3\ 9 \\ \times\quad 7 \\ \hline \end{array}$$

⑦
$$\begin{array}{r} 4\ 5 \\ \times\quad 3 \\ \hline \end{array}$$

⑧
$$\begin{array}{r} 4\ 6 \\ \times\quad 8 \\ \hline \end{array}$$

⑨
$$\begin{array}{r} 5\ 5 \\ \times\quad 3 \\ \hline \end{array}$$

⑩
$$\begin{array}{r} 5\ 7 \\ \times\quad 6 \\ \hline \end{array}$$

⑪
$$\begin{array}{r} 6\ 3 \\ \times\quad 9 \\ \hline \end{array}$$

⑫
$$\begin{array}{r} 6\ 8 \\ \times\quad 3 \\ \hline \end{array}$$

⑬
$$\begin{array}{r} 7\ 2 \\ \times\quad 8 \\ \hline \end{array}$$

⑭
$$\begin{array}{r} 7\ 6 \\ \times\quad 5 \\ \hline \end{array}$$

⑮
$$\begin{array}{r} 8\ 2 \\ \times\quad 5 \\ \hline \end{array}$$

⑯
$$\begin{array}{r} 8\ 6 \\ \times\quad 2 \\ \hline \end{array}$$

⑰
$$\begin{array}{r} 9\ 3 \\ \times\quad 5 \\ \hline \end{array}$$

⑱
$$\begin{array}{r} 9\ 8 \\ \times\quad 7 \\ \hline \end{array}$$

⑲ $13 \times 8 =$

⑳ $17 \times 9 =$

㉑ $26 \times 7 =$

㉒ $29 \times 4 =$

㉓ $35 \times 7 =$

㉔ $36 \times 8 =$

㉕ $45 \times 5 =$

㉖ $47 \times 3 =$

㉗ $49 \times 6 =$

㉘ $52 \times 6 =$

㉙ $54 \times 4 =$

㉚ $58 \times 4 =$

㉛ $62 \times 7 =$

㉜ $63 \times 8 =$

㉝ $66 \times 9 =$

㉞ $73 \times 4 =$

㉟ $74 \times 8 =$

㊱ $78 \times 2 =$

㊲ $84 \times 3 =$

㊳ $86 \times 5 =$

㊴ $97 \times 3 =$

○ 빈칸에 알맞은 수를 써넣으시오.

1

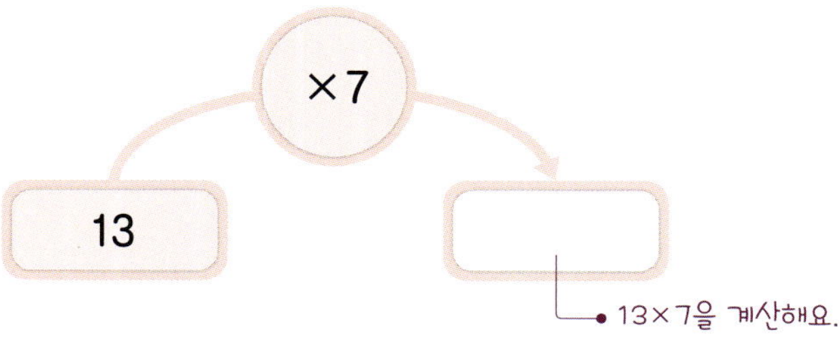

2

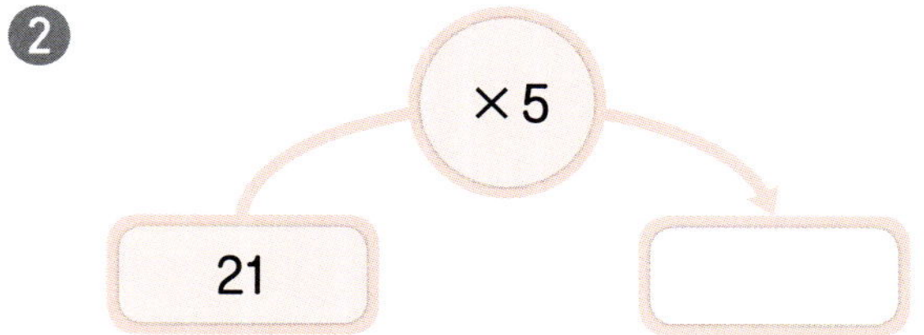

3

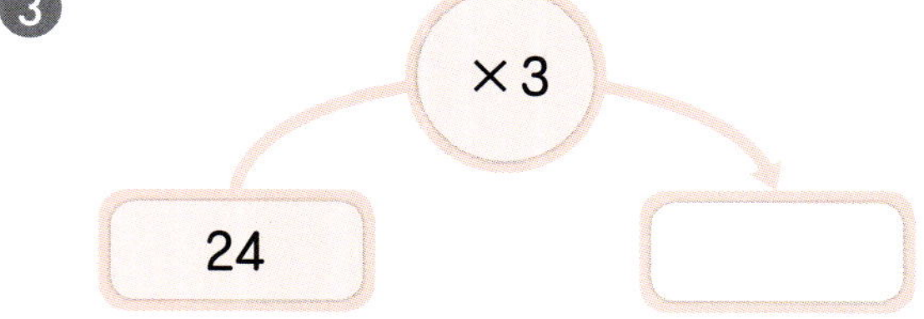

4

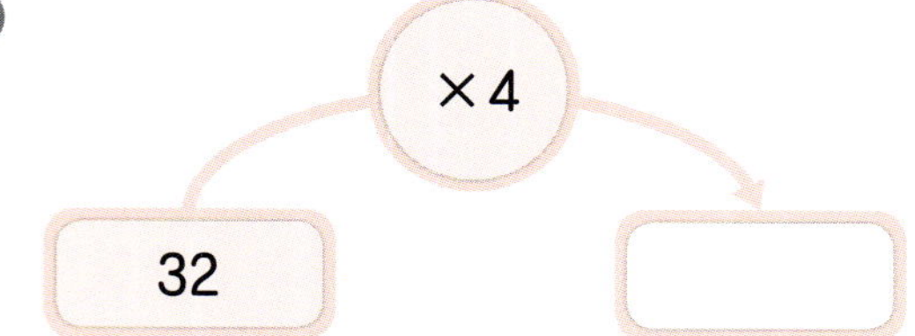

5

6

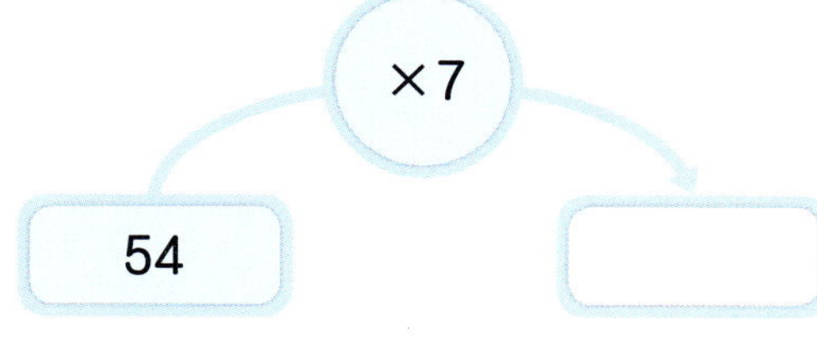

7

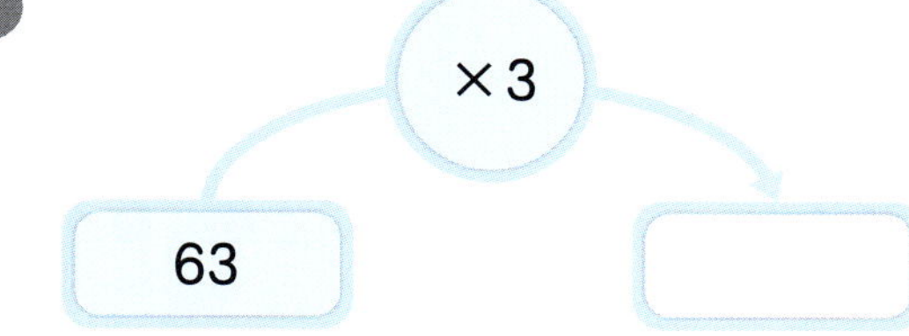

8

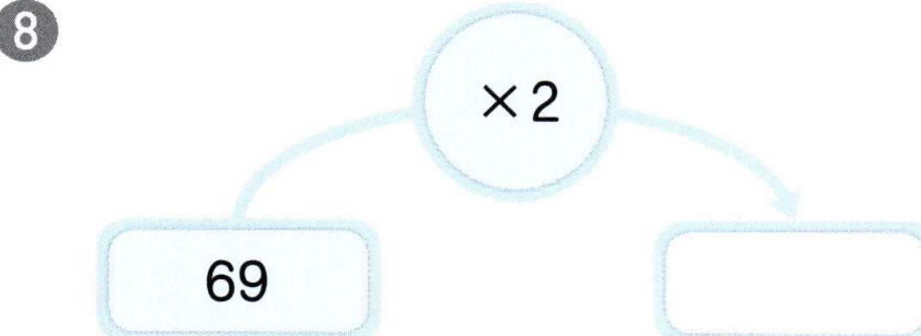

9

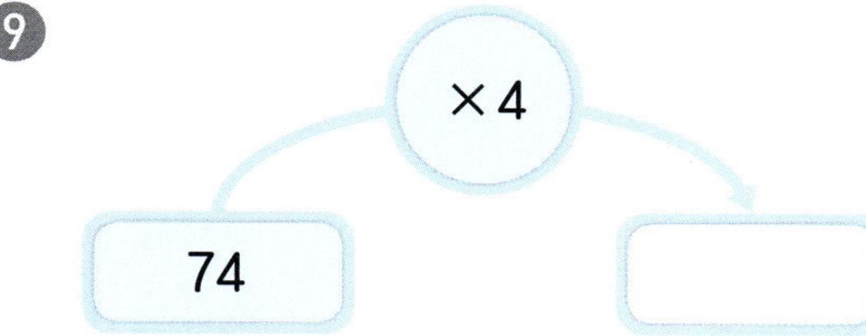

10

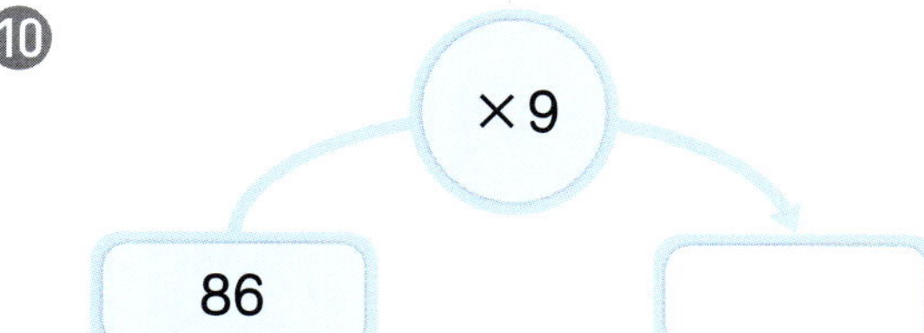

월 일 분

⑪ 14 → ×5 → ☐
• 14×5를 계산해요.

⑫ 18 → ×4 → ☐

⑬ 21 → ×9 → ☐

⑭ 36 → ×2 → ☐

⑮ 62 → ×3 → ☐

⑯ 73 → ×6 → ☐

⑰ 85 → ×3 → ☐

⑱ 92 → ×8 → ☐

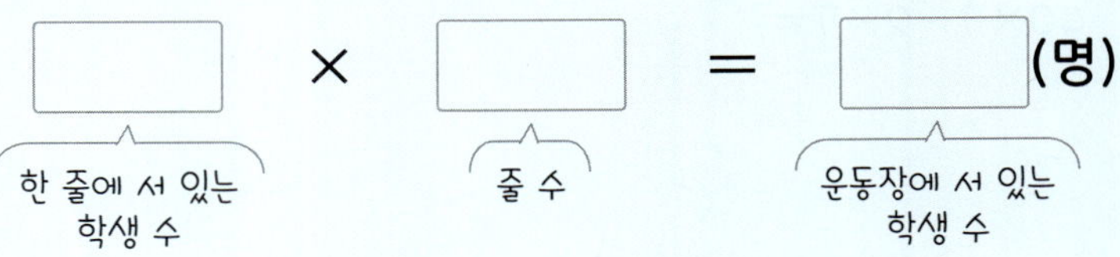

⑲ 운동장에 학생들이 한 줄에 36명씩 9줄로 서 있습니다. 운동장에 서 있는 학생은 모두 몇 명인지 구해 보시오.

☐ × ☐ = ☐ (명)

한 줄에 서 있는   줄 수   운동장에 서 있는
학생 수   학생 수

'몇십몇'이 몇십에 가까운 수일 때 (몇십몇)×(몇)을 쉽고 빠르게 계산하는 비법

(몇십몇)×(몇)을 '(몇십)×(몇)−(몇)×(몇)'으로 바꾸어 계산할 수 있습니다.

예 $68×9$의 계산

$68×9$에서 68은 70에 가까운 수이고 $68=70−2$이므로 다음과 같이 계산할 수 있습니다.

$$68×9=70×9−2×9=612$$

$630 \qquad 18$

○ (몇십몇)×(몇)을 계산하려고 합니다. ☐ 안에 알맞은 수를 써넣으시오.

1 $28×6=$ ☐

 $28=30−2$

$30×6−2×6=$ ☐

2 $29×9=$ ☐

$30×9−1×9=$ ☐

3 $37×9=$ ☐

$40×9−3×9=$ ☐

4 $38×7=$ ☐

$40×7−2×7=$ ☐

5 $39×5=$ ☐

 $39=40−1$

$40×5−1×5=$ ☐

6 $47×8=$ ☐

$50×8−3×8=$ ☐

7 $48×6=$ ☐

$50×6−2×6=$ ☐

8 $49×7=$ ☐

$50×7−1×7=$ ☐

⑨ $57 \times 8 =$ ☐

$60 \times 8 - 3 \times 8 =$ ☐

⑩ $58 \times 9 =$ ☐

$60 \times 9 - 2 \times 9 =$ ☐

⑪ $59 \times 9 =$ ☐

$60 \times 9 - 1 \times 9 =$ ☐

⑫ $67 \times 7 =$ ☐

$70 \times 7 - 3 \times 7 =$ ☐

⑬ $68 \times 5 =$ ☐

$70 \times 5 - 2 \times 5 =$ ☐

⑭ $78 \times 7 =$ ☐

$80 \times 7 - 2 \times 7 =$ ☐

⑮ $79 \times 3 =$ ☐

$80 \times 3 - 1 \times 3 =$ ☐

⑯ $86 \times 4 =$ ☐

$90 \times 4 - 4 \times 4 =$ ☐

⑰ $87 \times 6 =$ ☐

$90 \times 6 - 3 \times 6 =$ ☐

⑱ $88 \times 5 =$ ☐

$90 \times 5 - 2 \times 5 =$ ☐

○ 계산해 보시오.

1

$$\begin{array}{r} 2\ 0 \\ \times\quad 4 \\ \hline \end{array}$$

2

$$\begin{array}{r} 3\ 0 \\ \times\quad 7 \\ \hline \end{array}$$

3

$$\begin{array}{r} 6\ 0 \\ \times\quad 9 \\ \hline \end{array}$$

4

$$\begin{array}{r} 1\ 2 \\ \times\quad 3 \\ \hline \end{array}$$

5

$$\begin{array}{r} 3\ 2 \\ \times\quad 3 \\ \hline \end{array}$$

6

$$\begin{array}{r} 4\ 3 \\ \times\quad 2 \\ \hline \end{array}$$

7

$$\begin{array}{r} 2\ 1 \\ \times\quad 6 \\ \hline \end{array}$$

8

$$\begin{array}{r} 5\ 3 \\ \times\quad 3 \\ \hline \end{array}$$

9

$$\begin{array}{r} 1\ 7 \\ \times\quad 4 \\ \hline \end{array}$$

10

$$\begin{array}{r} 4\ 9 \\ \times\quad 2 \\ \hline \end{array}$$

11

$$\begin{array}{r} 3\ 8 \\ \times\quad 9 \\ \hline \end{array}$$

12

$$\begin{array}{r} 5\ 7 \\ \times\quad 4 \\ \hline \end{array}$$

13　$30 \times 5 =$

14　$22 \times 4 =$

15　$63 \times 3 =$

16　$82 \times 2 =$

17　$25 \times 3 =$

18　$19 \times 4 =$

19　$47 \times 6 =$

20　$96 \times 5 =$

○ 빈칸에 알맞은 수를 써넣으시오.

21
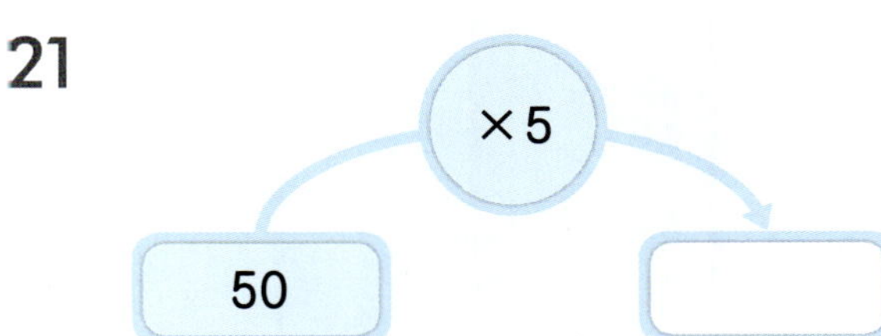

22
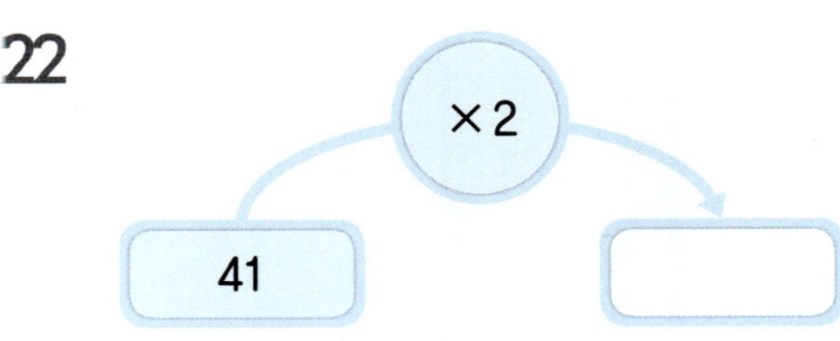

23
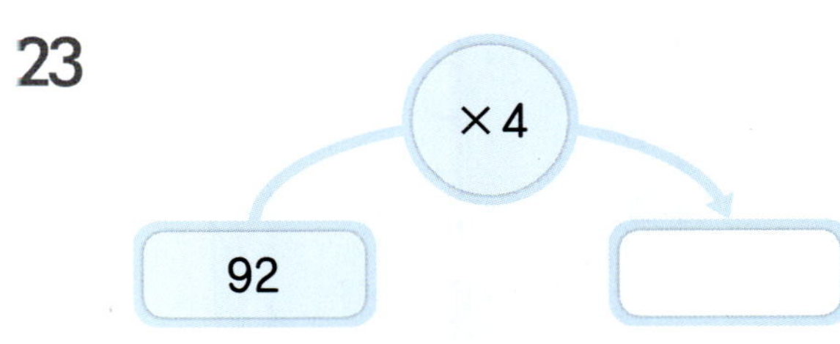

24
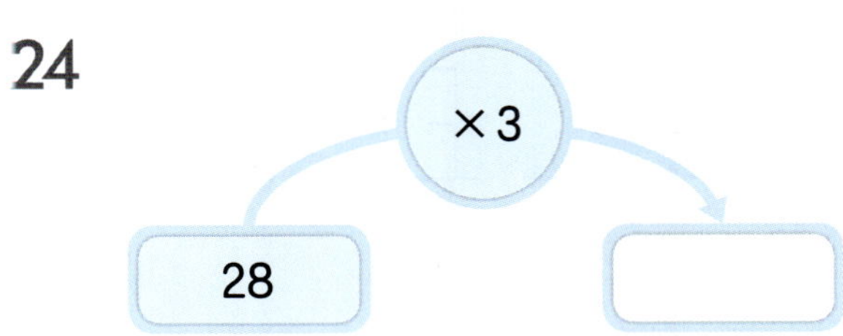

25
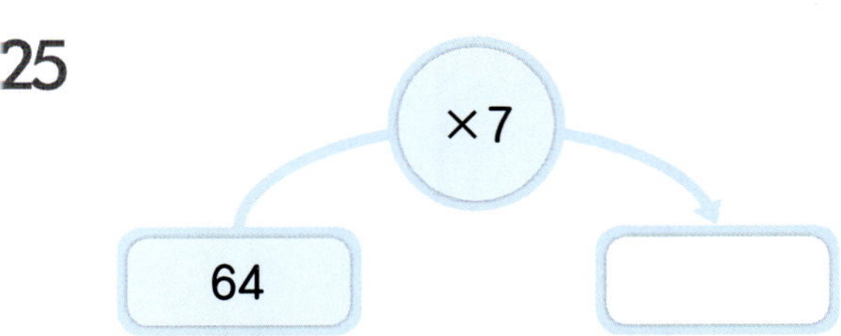

4단원의 연산 실력을 보충하고 싶다면 **클리닉 북 19~23쪽**을 풀어 보세요.

길이와 시간

학습 내용	학습 회차	걸린 시간
1 1 cm와 1 mm의 관계	1일 차	/7분
	2일 차	/7분
2 1 km와 1 m의 관계	3일 차	/7분
	4일 차	/7분
3 cm와 mm가 있는 길이의 덧셈과 뺄셈	5일 차	/10분
	6일 차	/11분
4 km와 m가 있는 길이의 덧셈과 뺄셈	7일 차	/10분
	8일 차	/11분
3 ~ 4 다르게 풀기	9일 차	/12분
5 몇 시 몇 분 몇 초	10일 차	/4분
6 시간을 분과 초로 나타내기	11일 차	/9분
	12일 차	/9분
7 시간의 덧셈	13일 차	/10분
	14일 차	/14분
8 시간의 뺄셈	15일 차	/10분
	16일 차	/14분
7 ~ 8 다르게 풀기	17일 차	/12분
평가 5. 길이와 시간	18일 차	/14분

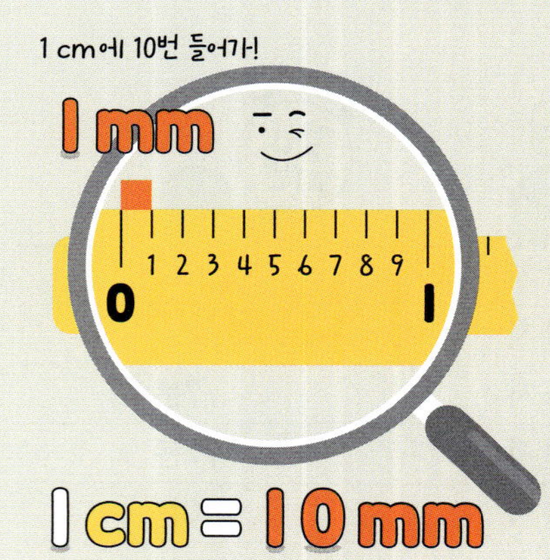

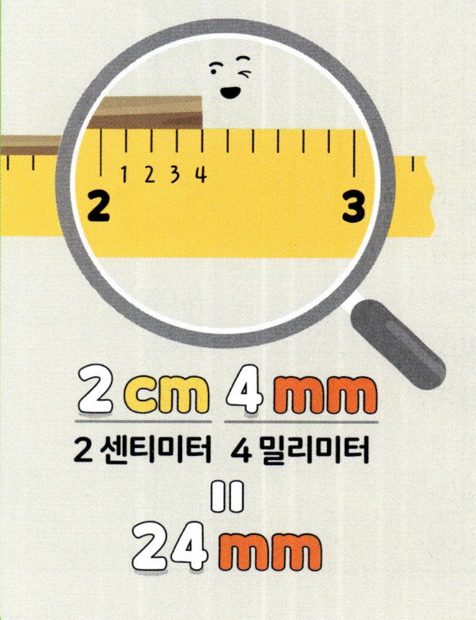

- **1 mm**

1 mm(1 밀리미터): 1 cm를 10칸으로 똑같이 나누었을 때 작은 눈금 한 칸의 길이

$$1 \text{ cm} = 10 \text{ mm}$$

- 몇 cm 몇 mm와 몇 mm로 나타내기

2 cm 4 mm(2 센티미터 4 밀리미터)
: 2 cm보다 4 mm 더 긴 것

$$2 \text{ cm } 4 \text{ mm} = 24 \text{ mm}$$

○ ☐ 안에 알맞은 수를 써넣으시오.

① 1 cm = ☐ mm

② 4 cm = ☐ mm

③ 7 cm = ☐ mm

④ 10 cm = ☐ mm

⑤ 15 cm = ☐ mm

⑥ 21 cm = ☐ mm

⑦ 50 cm = ☐ mm

⑧ 30 mm = ☐ cm

⑨ 60 mm = ☐ cm

⑩ 90 mm = ☐ cm

⑪ 140 mm = ☐ cm

⑫ 200 mm = ☐ cm

⑬ 380 mm = ☐ cm

⑭ 620 mm = ☐ cm

정답 • 16쪽

⑮ 1 cm 2 mm = ☐ mm

⑯ 2 cm 5 mm = ☐ mm

⑰ 3 cm 4 mm = ☐ mm

⑱ 15 cm 1 mm = ☐ mm

⑲ 28 cm 5 mm = ☐ mm

⑳ 39 cm 6 mm = ☐ mm

㉑ 54 cm 2 mm = ☐ mm

㉒ 16 mm = ☐ cm ☐ mm

㉓ 49 mm = ☐ cm ☐ mm

㉔ 81 mm = ☐ cm ☐ mm

㉕ 216 mm = ☐ cm ☐ mm

㉖ 375 mm = ☐ cm ☐ mm

㉗ 653 mm = ☐ cm ☐ mm

㉘ 829 mm = ☐ cm ☐ mm

○ ☐ 안에 알맞은 수를 써넣으시오.

1 2 cm = ☐ mm

2 8 cm = ☐ mm

3 12 cm = ☐ mm

4 17 cm = ☐ mm

5 33 cm = ☐ mm

6 40 cm = ☐ mm

7 75 cm = ☐ mm

8 1 cm 9 mm = ☐ mm

9 2 cm 3 mm = ☐ mm

10 9 cm 5 mm = ☐ mm

11 15 cm 4 mm = ☐ mm

12 20 cm 7 mm = ☐ mm

13 44 cm 1 mm = ☐ mm

14 68 cm 9 mm = ☐ mm

정답 • 16쪽

⑮ 50 mm = ☐ cm

⑯ 70 mm = ☐ cm

⑰ 180 mm = ☐ cm

⑱ 250 mm = ☐ cm

⑲ 430 mm = ☐ cm

⑳ 560 mm = ☐ cm

㉑ 840 mm = ☐ cm

㉒ 31 mm = ☐ cm ☐ mm

㉓ 58 mm = ☐ cm ☐ mm

㉔ 64 mm = ☐ cm ☐ mm

㉕ 384 mm = ☐ cm ☐ mm

㉖ 517 mm = ☐ cm ☐ mm

㉗ 772 mm = ☐ cm ☐ mm

㉘ 905 mm = ☐ cm ☐ mm

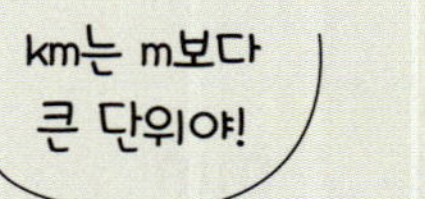

• **1 km**

1 km(1 킬로미터): 1000 m와 같은 길이

$$1000 \text{ m} = 1 \text{ km}$$

• **몇 km 몇 m와 몇 m로 나타내기**

5 km 400 m(5 킬로미터 400 미터) : 5 km보다 400 m 더 긴 것

$$5 \text{ km } 400 \text{ m} = 5400 \text{ m}$$

○ ☐ 안에 알맞은 수를 써넣으시오.

① 2 km = ☐ m

② 4 km = ☐ m

③ 6 km = ☐ m

④ 7 km = ☐ m

⑤ 9 km = ☐ m

⑥ 11 km = ☐ m

⑦ 14 km = ☐ m

⑧ 1000 m = ☐ km

⑨ 3000 m = ☐ km

⑩ 5000 m = ☐ km

⑪ 8000 m = ☐ km

⑫ 16000 m = ☐ km

⑬ 20000 m = ☐ km

⑭ 53000 m = ☐ km

⑮ 1 km 300 m = ⬚ m

⑯ 5 km 400 m = ⬚ m

⑰ 8 km 260 m = ⬚ m

⑱ 9 km 70 m = ⬚ m

⑲ 15 km 800 m = ⬚ m

⑳ 46 km 593 m = ⬚ m

㉑ 74 km 67 m = ⬚ m

㉒ 1700 m = ⬚ km ⬚ m

㉓ 2400 m = ⬚ km ⬚ m

㉔ 3970 m = ⬚ km ⬚ m

㉕ 6325 m = ⬚ km ⬚ m

㉖ 10427 m = ⬚ km ⬚ m

㉗ 29085 m = ⬚ km ⬚ m

㉘ 65190 m = ⬚ km ⬚ m

○ ☐ 안에 알맞은 수를 써넣으시오.

❶ 1 km = ☐ m

❷ 3 km = ☐ m

❸ 6 km = ☐ m

❹ 8 km = ☐ m

❺ 19 km = ☐ m

❻ 45 km = ☐ m

❼ 63 km = ☐ m

❽ 1 km 400 m = ☐ m

❾ 2 km 300 m = ☐ m

❿ 4 km 500 m = ☐ m

⓫ 5 km 640 m = ☐ m

⓬ 10 km 405 m = ☐ m

⓭ 21 km 72 m = ☐ m

⓮ 30 km 80 m = ☐ m

⑮ 2000 m = ☐ km

⑯ 4000 m = ☐ km

⑰ 7000 m = ☐ km

⑱ 9000 m = ☐ km

⑲ 33000 m = ☐ km

⑳ 69000 m = ☐ km

㉑ 81000 m = ☐ km

㉒ 1500 m = ☐ km ☐ m

㉓ 2710 m = ☐ km ☐ m

㉔ 5763 m = ☐ km ☐ m

㉕ 9054 m = ☐ km ☐ m

㉖ 13782 m = ☐ km ☐ m

㉗ 20309 m = ☐ km ☐ m

㉘ 56370 m = ☐ km ☐ m

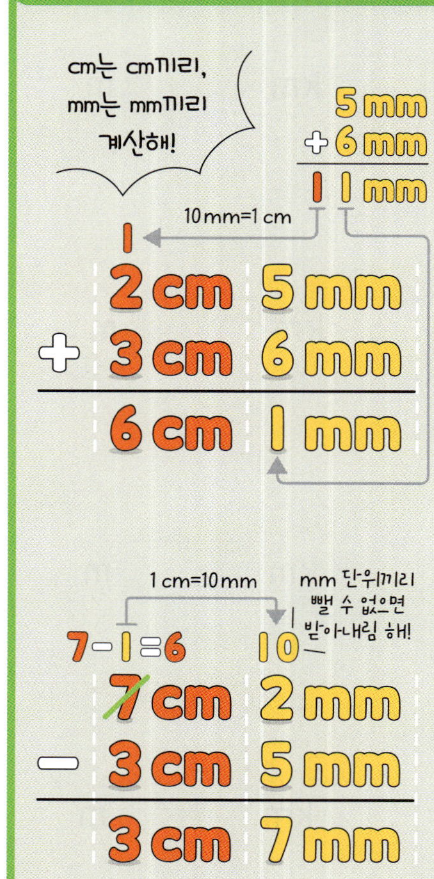

- cm와 mm가 있는 길이의 덧셈과 뺄셈
- cm는 cm끼리, mm는 mm끼리 계산합니다.
- 1 cm＝10 mm를 이용하여 받아올림 또는 받아내림합니다.

```
        2 cm        5 mm
    +   3 cm        6 mm
        5 cm       11 mm
      +1 cm    ←  −10 mm
        6 cm        1 mm

        6          10
        7 cm        2 mm
    −   3 cm        5 mm
        3 cm        7 mm
```

○ ☐ 안에 알맞은 수를 써넣으시오.

①
```
    1 cm   4 mm
+   3 cm   2 mm
   ☐ cm   ☐ mm
```

②
```
    2 cm   5 mm
+   1 cm   2 mm
   ☐ cm   ☐ mm
```

③
```
    2 cm   7 mm
+   4 cm   1 mm
   ☐ cm   ☐ mm
```

④
```
    3 cm   2 mm
+   5 cm   2 mm
   ☐ cm   ☐ mm
```

⑤
```
    3 cm   8 mm
+   4 cm   1 mm
   ☐ cm   ☐ mm
```

⑥
```
    4 cm   6 mm
+   3 cm   2 mm
   ☐ cm   ☐ mm
```

⑦
```
    3 cm   9 mm
+   5 cm   7 mm
   ☐ cm   ☐ mm
```

⑧
```
    5 cm   6 mm
+   1 cm   8 mm
   ☐ cm   ☐ mm
```

⑨
```
    5 cm   8 mm
+   3 cm   3 mm
   ☐ cm   ☐ mm
```

⑩
```
    6 cm   5 mm
+   1 cm   9 mm
   ☐ cm   ☐ mm
```

⑪
```
    6 cm   3 mm
+   2 cm   9 mm
   ☐ cm   ☐ mm
```

⑫
```
    7 cm   5 mm
+   1 cm   8 mm
   ☐ cm   ☐ mm
```

⑬
$$\begin{array}{r} 2\ \text{cm}\quad 8\ \text{mm} \\ -\ 1\ \text{cm}\quad 4\ \text{mm} \\ \hline \square\ \text{cm}\quad \square\ \text{mm} \end{array}$$

⑭
$$\begin{array}{r} 3\ \text{cm}\quad 7\ \text{mm} \\ -\ 2\ \text{cm}\quad 1\ \text{mm} \\ \hline \square\ \text{cm}\quad \square\ \text{mm} \end{array}$$

⑮
$$\begin{array}{r} 3\ \text{cm}\quad 7\ \text{mm} \\ -\ 2\ \text{cm}\quad 6\ \text{mm} \\ \hline \square\ \text{cm}\quad \square\ \text{mm} \end{array}$$

⑯
$$\begin{array}{r} 4\ \text{cm}\quad 8\ \text{mm} \\ -\ 1\ \text{cm}\quad 3\ \text{mm} \\ \hline \square\ \text{cm}\quad \square\ \text{mm} \end{array}$$

⑰
$$\begin{array}{r} 4\ \text{cm}\quad 9\ \text{mm} \\ -\ 1\ \text{cm}\quad 1\ \text{mm} \\ \hline \square\ \text{cm}\quad \square\ \text{mm} \end{array}$$

⑱
$$\begin{array}{r} 5\ \text{cm}\quad 3\ \text{mm} \\ -\ 3\ \text{cm}\quad 2\ \text{mm} \\ \hline \square\ \text{cm}\quad \square\ \text{mm} \end{array}$$

⑲
$$\begin{array}{r} 5\ \text{cm}\quad 6\ \text{mm} \\ -\ 2\ \text{cm}\quad 9\ \text{mm} \\ \hline \square\ \text{cm}\quad \square\ \text{mm} \end{array}$$

⑳
$$\begin{array}{r} 6\ \text{cm}\quad 2\ \text{mm} \\ -\ 1\ \text{cm}\quad 3\ \text{mm} \\ \hline \square\ \text{cm}\quad \square\ \text{mm} \end{array}$$

㉑
$$\begin{array}{r} 8\ \text{cm}\quad 1\ \text{mm} \\ -\ 2\ \text{cm}\quad 7\ \text{mm} \\ \hline \square\ \text{cm}\quad \square\ \text{mm} \end{array}$$

㉒
$$\begin{array}{r} 9\ \text{cm}\quad 6\ \text{mm} \\ -\ 5\ \text{cm}\quad 8\ \text{mm} \\ \hline \square\ \text{cm}\quad \square\ \text{mm} \end{array}$$

㉓
$$\begin{array}{r} 11\ \text{cm}\quad 4\ \text{mm} \\ -\ 8\ \text{cm}\quad 5\ \text{mm} \\ \hline \square\ \text{cm}\quad \square\ \text{mm} \end{array}$$

㉔
$$\begin{array}{r} 23\ \text{cm}\quad 2\ \text{mm} \\ -\ 17\ \text{cm}\quad 4\ \text{mm} \\ \hline \square\ \text{cm}\quad \square\ \text{mm} \end{array}$$

○ 계산해 보시오.

1
$$\begin{array}{rr} 1\,\text{cm} & 6\,\text{mm} \\ +\ 4\,\text{cm} & 3\,\text{mm} \\ \hline \end{array}$$

2
$$\begin{array}{rr} 2\,\text{cm} & 8\,\text{mm} \\ +\ 5\,\text{cm} & 1\,\text{mm} \\ \hline \end{array}$$

3
$$\begin{array}{rr} 4\,\text{cm} & 5\,\text{mm} \\ +\ 4\,\text{cm} & 7\,\text{mm} \\ \hline \end{array}$$

4
$$\begin{array}{rr} 8\,\text{cm} & 3\,\text{mm} \\ +\ 7\,\text{cm} & 9\,\text{mm} \\ \hline \end{array}$$

5
$$\begin{array}{rr} 9\,\text{cm} & 8\,\text{mm} \\ +\ 6\,\text{cm} & 5\,\text{mm} \\ \hline \end{array}$$

6
$$\begin{array}{rr} 15\,\text{cm} & 7\,\text{mm} \\ +\ 23\,\text{cm} & 6\,\text{mm} \\ \hline \end{array}$$

7
$$\begin{array}{rr} 4\,\text{cm} & 8\,\text{mm} \\ -\ 3\,\text{cm} & 1\,\text{mm} \\ \hline \end{array}$$

8
$$\begin{array}{rr} 5\,\text{cm} & 9\,\text{mm} \\ -\ 2\,\text{cm} & 4\,\text{mm} \\ \hline \end{array}$$

9
$$\begin{array}{rr} 9\,\text{cm} & 2\,\text{mm} \\ -\ 3\,\text{cm} & 7\,\text{mm} \\ \hline \end{array}$$

10
$$\begin{array}{rr} 10\,\text{cm} & 3\,\text{mm} \\ -\ 2\,\text{cm} & 6\,\text{mm} \\ \hline \end{array}$$

11
$$\begin{array}{rr} 12\,\text{cm} & 4\,\text{mm} \\ -\ 6\,\text{cm} & 8\,\text{mm} \\ \hline \end{array}$$

12
$$\begin{array}{rr} 20\,\text{cm} & 1\,\text{mm} \\ -\ 14\,\text{cm} & 9\,\text{mm} \\ \hline \end{array}$$

⑬ 4 cm 5 mm＋2 cm 3 mm
=

⑭ 7 cm 1 mm＋2 cm 8 mm
=

⑮ 9 cm 6 mm＋5 cm 2 mm
=

⑯ 15 cm 4 mm＋5 cm 9 mm
=

⑰ 16 cm 8 mm＋6 cm 7 mm
=

⑱ 20 cm 4 mm＋9 cm 8 mm
=

⑲ 25 cm 1 mm＋21 cm 9 mm
=

⑳ 2 cm 7 mm－1 cm 5 mm
=

㉑ 3 cm 9 mm－2 cm 1 mm
=

㉒ 5 cm 8 mm－4 cm 5 mm
=

㉓ 7 cm 3 mm－5 cm 4 mm
=

㉔ 14 cm 2 mm－5 cm 9 mm
=

㉕ 20 cm 5 mm－13 cm 7 mm
=

㉖ 22 cm 1 mm－8 cm 4 mm
=

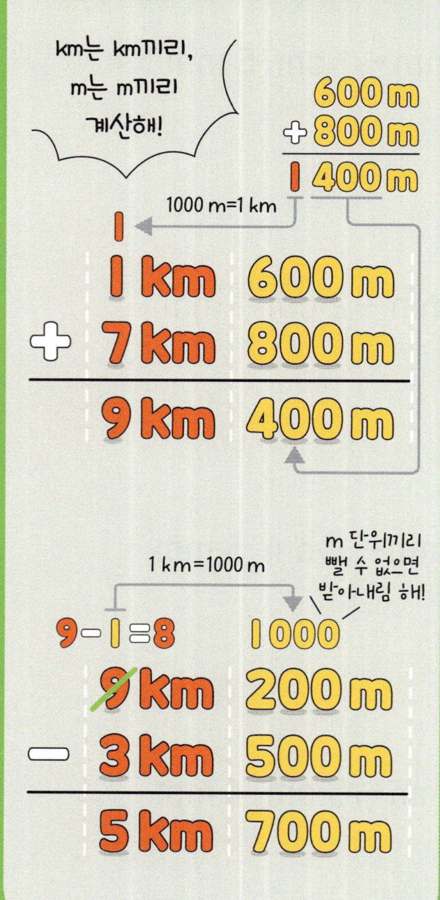

- **km와 m가 있는 길이의 덧셈과 뺄셈**

- km는 km끼리, m는 m끼리 계산합니다.

- 1 km=1000 m를 이용하여 받아올림 또는 받아내림합니다.

	1 km	600 m
+	7 km	800 m
	8 km	1400 m
	+1 km	← −1000 m
	9 km	400 m

	8	1000
	9 km	200 m
−	3 km	500 m
	5 km	700 m

○ ☐ 안에 알맞은 수를 써넣으시오.

❶

	1	km	300	m
+	6	km	500	m

☐ km ☐ m

❷

	2	km	100	m
+	1	km	400	m

☐ km ☐ m

❸

	3	km	600	m
+	5	km	200	m

☐ km ☐ m

❹

	3	km	800	m
+	4	km	100	m

☐ km ☐ m

❺

	4	km	500	m
+	1	km	400	m

☐ km ☐ m

❻

	5	km	250	m
+	3	km	500	m

☐ km ☐ m

❼

	5	km	500	m
+	2	km	800	m

☐ km ☐ m

❽

	6	km	800	m
+	2	km	360	m

☐ km ☐ m

❾

	7	km	550	m
+	1	km	800	m

☐ km ☐ m

❿

	8	km	600	m
+	3	km	600	m

☐ km ☐ m

⓫

	9	km	740	m
+	5	km	800	m

☐ km ☐ m

⓬

	14	km	920	m
+	7	km	450	m

☐ km ☐ m

5. 길이와 시간 · **125**

⑬
3 km 700 m
− 2 km 100 m
◻ km ◻ m

⑭
4 km 700 m
− 2 km 600 m
◻ km ◻ m

⑮
5 km 400 m
− 4 km 200 m
◻ km ◻ m

⑯
6 km 350 m
− 5 km 150 m
◻ km ◻ m

⑰
6 km 800 m
− 2 km 100 m
◻ km ◻ m

⑱
7 km 200 m
− 3 km 100 m
◻ km ◻ m

⑲
7 km 300 m
− 4 km 500 m
◻ km ◻ m

⑳
8 km 500 m
− 5 km 650 m
◻ km ◻ m

㉑
9 km 430 m
− 6 km 700 m
◻ km ◻ m

㉒
9 km 600 m
− 7 km 800 m
◻ km ◻ m

㉓
10 km 100 m
− 6 km 950 m
◻ km ◻ m

㉔
25 km 420 m
− 17 km 500 m
◻ km ◻ m

○ 계산해 보시오.

1
    3 km 600 m
+ 3 km 200 m

2
    4 km 500 m
+ 2 km 400 m

3
    5 km 800 m
+ 4 km 740 m

4
    6 km 800 m
+ 3 km 300 m

5
    7 km 400 m
+ 1 km 700 m

6
  16 km 950 m
+ 9 km 550 m

7
    2 km 900 m
− 1 km 500 m

8
    4 km 800 m
− 3 km 100 m

9
    5 km 400 m
− 2 km 900 m

10
    9 km 300 m
− 3 km 800 m

11
  10 km 110 m
− 4 km 500 m

12
  11 km 420 m
− 9 km 600 m

정답 • 18쪽

⑬ 2 km 300 m＋5 km 100 m
=

⑭ 5 km 400 m＋2 km 500 m
=

⑮ 8 km 100 m＋3 km 600 m
=

⑯ 15 km 700 m＋6 km 500 m
=

⑰ 18 km 450 m＋3 km 600 m
=

⑱ 21 km 900 m＋5 km 450 m
=

⑲ 26 km 780 m＋15 km 370 m
=

⑳ 3 km 800 m－2 km 400 m
=

㉑ 4 km 900 m－3 km 500 m
=

㉒ 7 km 700 m－6 km 500 m
=

㉓ 10 km 300 m－4 km 900 m
=

㉔ 11 km 200 m－9 km 400 m
=

㉕ 17 km 320 m－6 km 800 m
=

㉖ 24 km 550 m－14 km 860 m
=

정답 • 18쪽

○ 빈칸에 알맞은 길이를 써넣으시오.

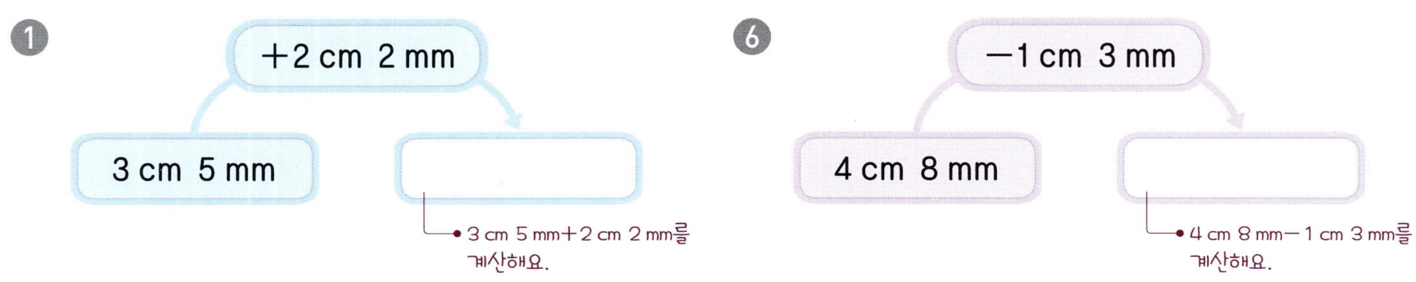

1

+2 cm 2 mm

3 cm 5 mm → ( )

• 3 cm 5 mm+2 cm 2 mm를 계산해요.

6

−1 cm 3 mm

4 cm 8 mm → ( )

• 4 cm 8 mm−1 cm 3 mm를 계산해요.

2

+1 cm 6 mm

4 cm 3 mm → ( )

7

−4 cm 4 mm

5 cm 9 mm → ( )

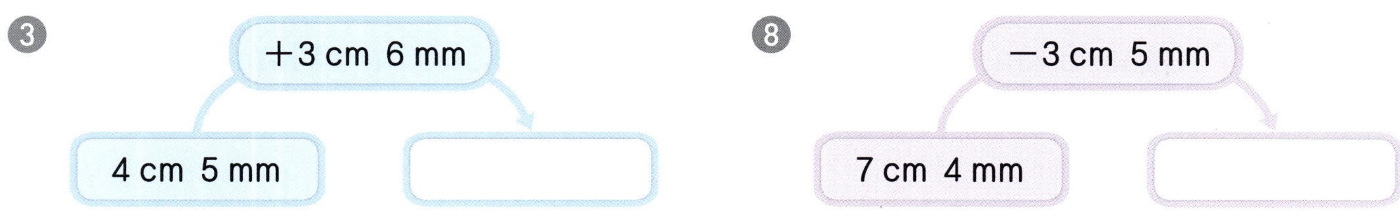

3

+3 cm 6 mm

4 cm 5 mm → ( )

8

−3 cm 5 mm

7 cm 4 mm → ( )

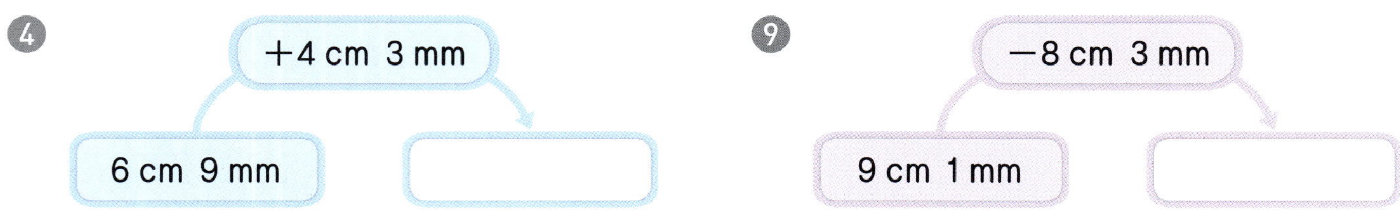

4

+4 cm 3 mm

6 cm 9 mm → ( )

9

−8 cm 3 mm

9 cm 1 mm → ( )

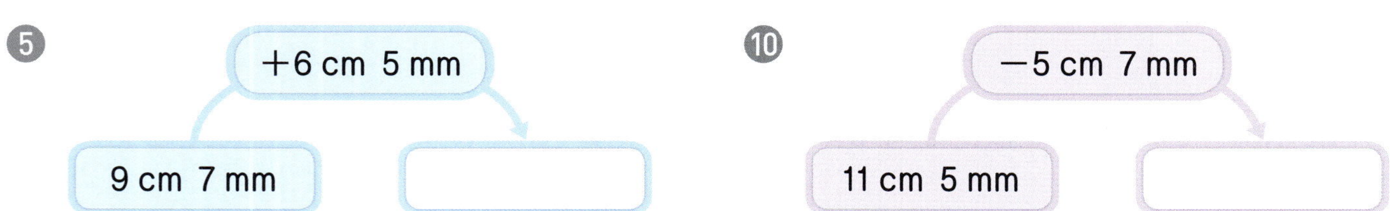

5

+6 cm 5 mm

9 cm 7 mm → ( )

10

−5 cm 7 mm

11 cm 5 mm → ( )

⑪
2 km 300 m

↓

+4 km 500 m

↓

[   ]

• 2 km 300 m+4 km 500 m를
  계산해요.

⑭
4 km 500 m

↓

−2 km 400 m

↓

[   ]

• 4 km 500 m−2 km 400 m를
  계산해요.

⑫
3 km 700 m

↓

+2 km 900 m

↓

[   ]

⑮
5 km 200 m

↓

−1 km 900 m

↓

[   ]

⑬
21 km 350 m

↓

+10 km 650 m

↓

[   ]

⑯
19 km 420 m

↓

−5 km 780 m

↓

[   ]

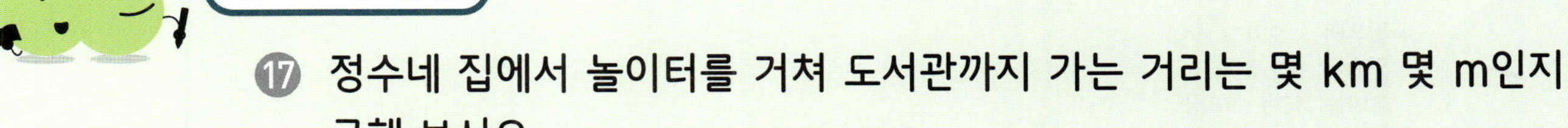

⑰ 정수네 집에서 놀이터를 거쳐 도서관까지 가는 거리는 몇 km 몇 m인지
구해 보시오.

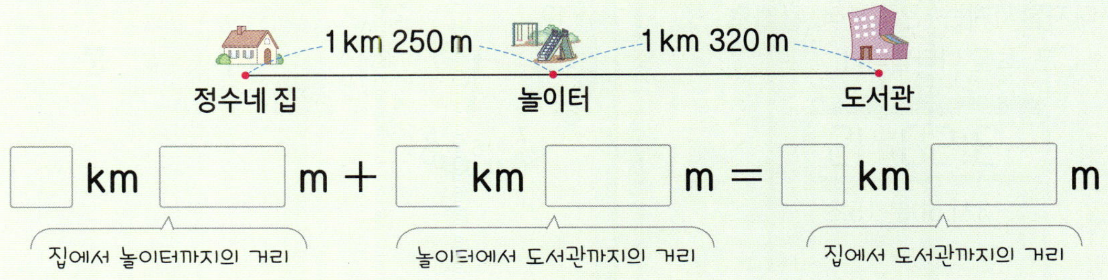

[ ] km [ ] m + [ ] km [ ] m = [ ] km [ ] m

집에서 놀이터까지의 거리   놀이터에서 도서관까지의 거리   집에서 도서관까지의 거리

● 1초

1초: 초바늘이 작은 눈금 한 칸을 가
는 동안 걸리는 시간

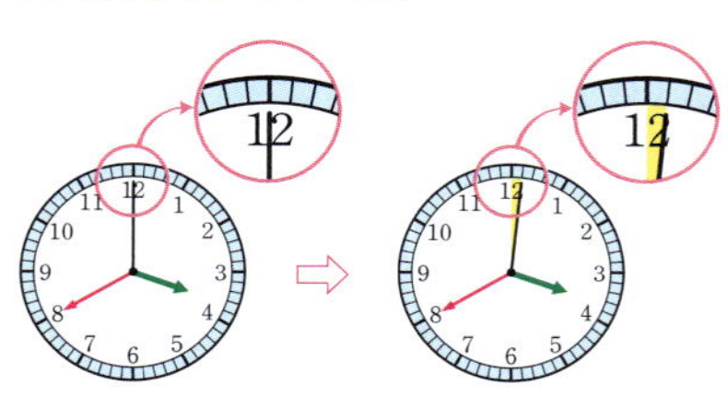

작은 눈금 한 칸=1초

● 시각 읽기

• 시계의 시각을 읽을 때에는 짧은
바늘, 긴바늘, 초바늘의 순서로 읽
습니다.

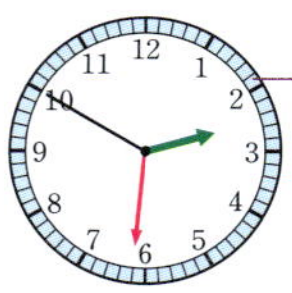

• 디지털시계는 왼쪽부터 차례로
시, 분, 초를 나타냅니다.

3:50:15

⇨ 3시 50분 15초

○ 시각을 읽어 보시오.

1 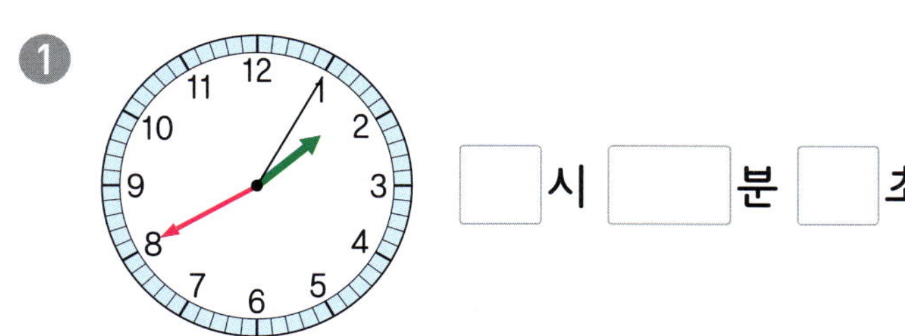

◻ 시 ◻ 분 ◻ 초

2 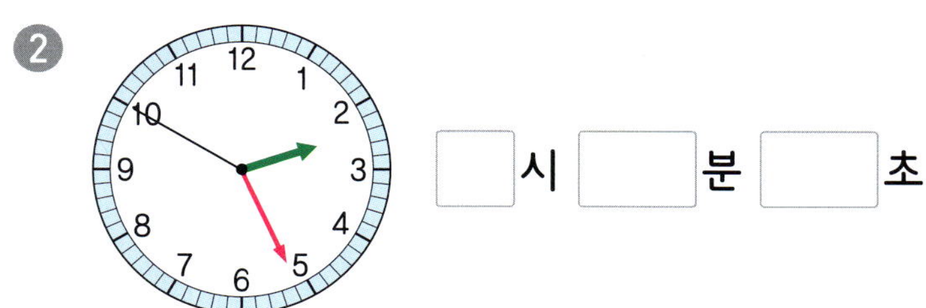

◻ 시 ◻ 분 ◻ 초

3 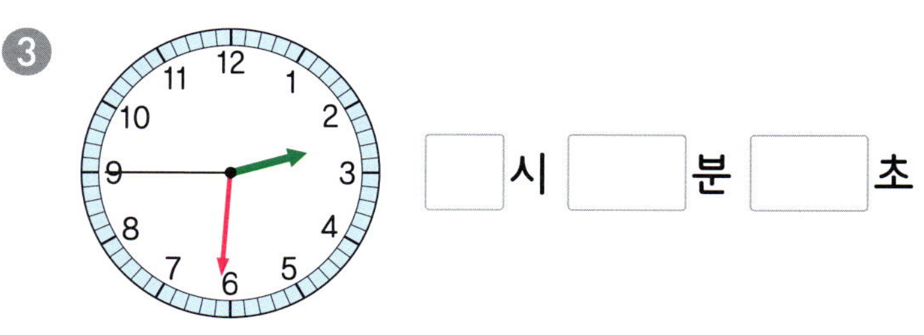

◻ 시 ◻ 분 ◻ 초

4 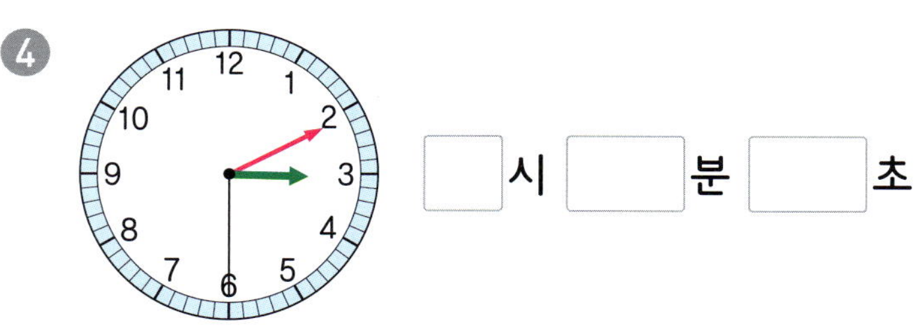

◻ 시 ◻ 분 ◻ 초

5 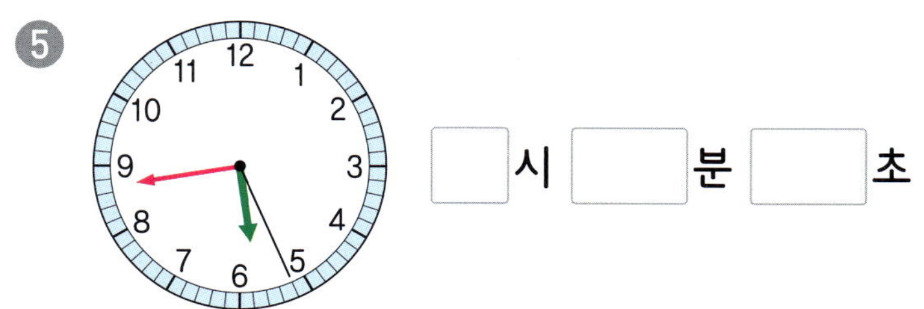

◻ 시 ◻ 분 ◻ 초

6 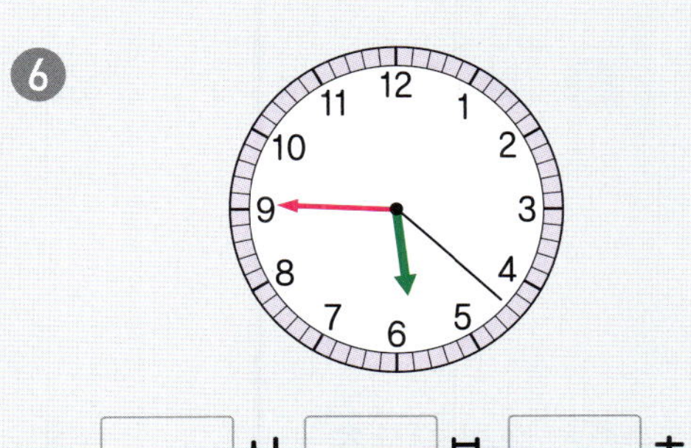

[ ] 시 [ ] 분 [ ] 초

7 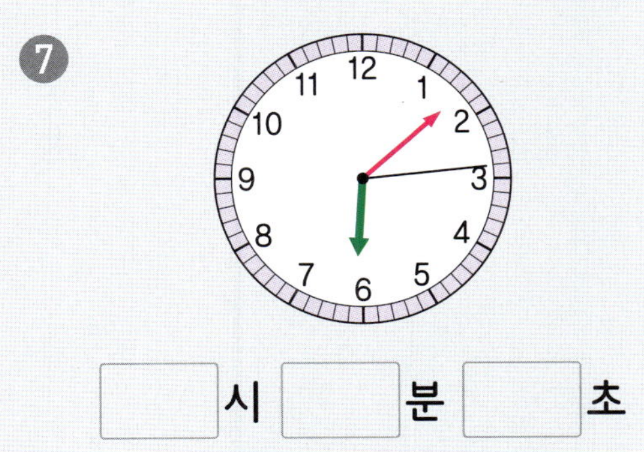

[ ] 시 [ ] 분 [ ] 초

8 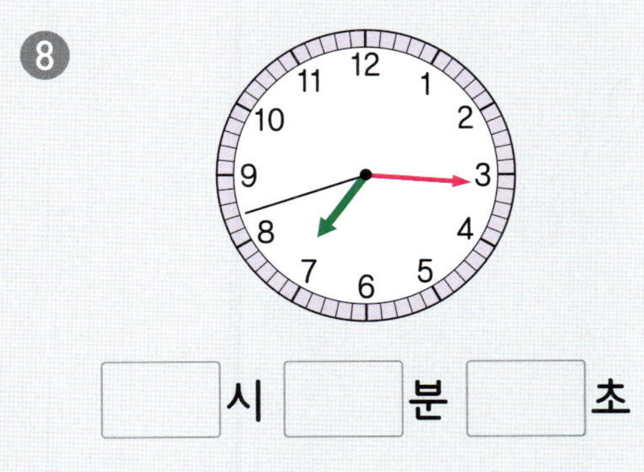

[ ] 시 [ ] 분 [ ] 초

9 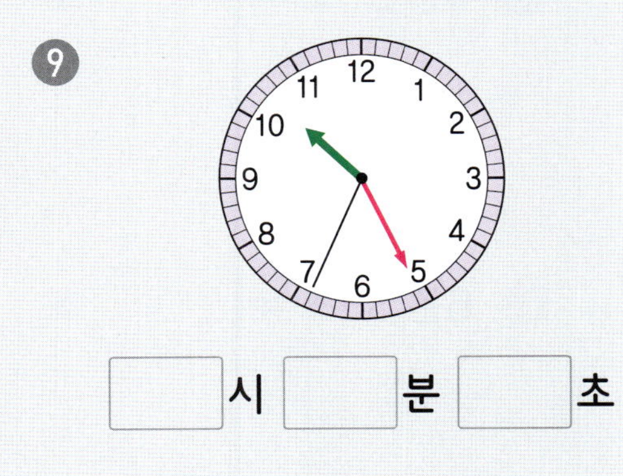

[ ] 시 [ ] 분 [ ] 초

10 

[ ] 시 [ ] 분 [ ] 초

11 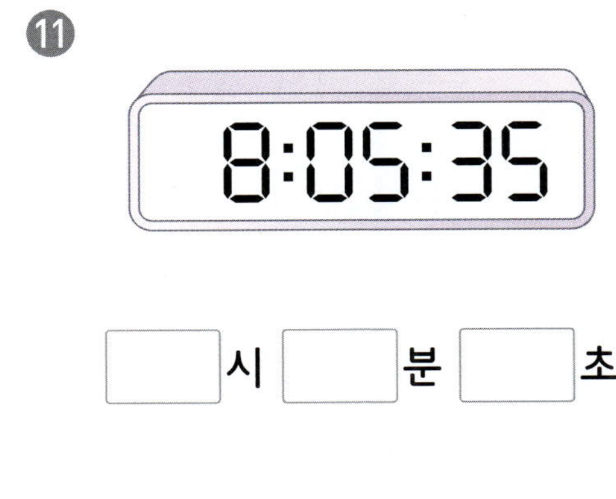

[ ] 시 [ ] 분 [ ] 초

12 

[ ] 시 [ ] 분 [ ] 초

13 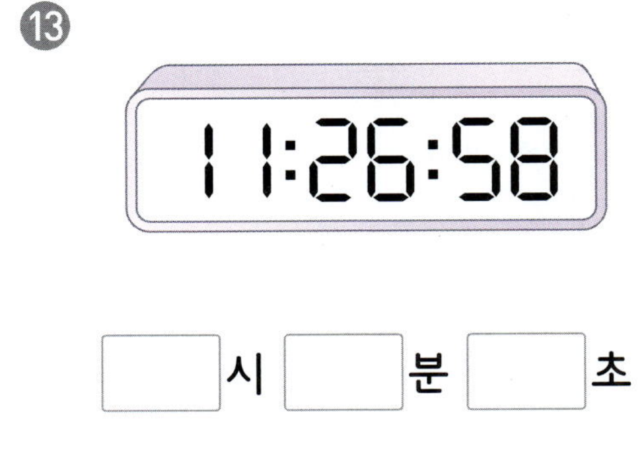

[ ] 시 [ ] 분 [ ] 초

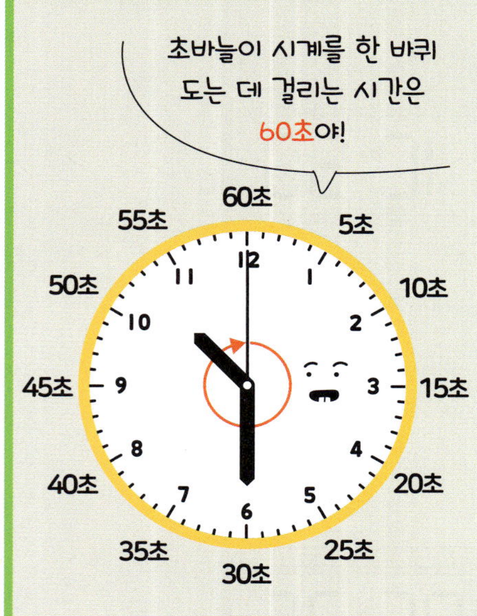

● 시간을 분과 초로 나타내기

· **60초**: 초바늘이 시계를 한 바퀴
도는 데 걸리는 시간

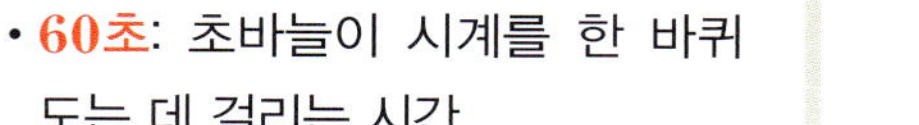
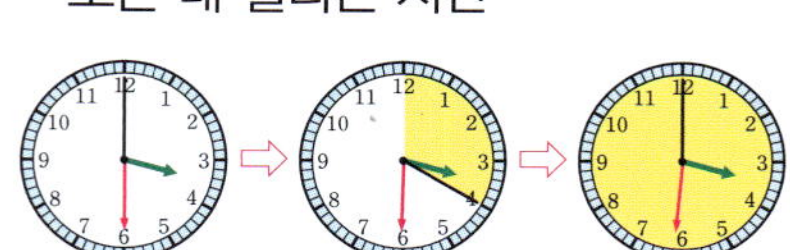

60초＝1분

· 60초＝1분임을 이용하여 시간을
나타냅니다.

1분 30초는 1분보다 30초 더 긴
시간입니다.
⇨ 1분 30초＝60초＋30초
　　　　　＝90초

80초는 60초보다 20초 더 긴 시
간입니다.
⇨ 80초＝1분＋20초
　　　＝1분 20초

○ ☐ 안에 알맞은 수를 써넣으시오.

❶ 1분 = ☐ 초

❷ 3분 = ☐ 초

❸ 5분 = ☐ 초

❹ 7분 = ☐ 초

❺ 9분 = ☐ 초

❻ 10분 = ☐ 초

❼ 14분 = ☐ 초

❽ 1분 30초 = ☐ 초

❾ 2분 20초 = ☐ 초

❿ 2분 45초 = ☐ 초

⓫ 3분 14초 = ☐ 초

⓬ 4분 27초 = ☐ 초

⓭ 5분 50초 = ☐ 초

⓮ 6분 35초 = ☐ 초

⑮ 60초 = ☐ 분

⑯ 120초 = ☐ 분

⑰ 240초 = ☐ 분

⑱ 360초 = ☐ 분

⑲ 480초 = ☐ 분

⑳ 660초 = ☐ 분

㉑ 780초 = ☐ 분

㉒ 70초 = ☐ 분 ☐ 초

㉓ 100초 = ☐ 분 ☐ 초

㉔ 146초 = ☐ 분 ☐ 초

㉕ 200초 = ☐ 분 ☐ 초

㉖ 290초 = ☐ 분 ☐ 초

㉗ 346초 = ☐ 분 ☐ 초

㉘ 405초 = ☐ 분 ☐ 초

○ ☐ 안에 알맞은 수를 써넣으시오.

① 2분 = ☐ 초

② 4분 = ☐ 초

③ 6분 = ☐ 초

④ 8분 = ☐ 초

⑤ 1분 20초 = ☐ 초

⑥ 1분 50초 = ☐ 초

⑦ 2분 10초 = ☐ 초

⑧ 2분 40초 = ☐ 초

⑨ 3분 15초 = ☐ 초

⑩ 4분 16초 = ☐ 초

⑪ 5분 30초 = ☐ 초

⑫ 6분 11초 = ☐ 초

⑬ 7분 5초 = ☐ 초

⑭ 8분 14초 = ☐ 초

정답 · 19쪽

⑮ 180초 = ☐ 분

⑯ 300초 = ☐ 분

⑰ 420초 = ☐ 분

⑱ 540초 = ☐ 분

⑲ 89초 = ☐ 분 ☐ 초

⑳ 110초 = ☐ 분 ☐ 초

㉑ 152초 = ☐ 분 ☐ 초

㉒ 160초 = ☐ 분 ☐ 초

㉓ 185초 = ☐ 분 ☐ 초

㉔ 195초 = ☐ 분 ☐ 초

㉕ 210초 = ☐ 분 ☐ 초

㉖ 225초 = ☐ 분 ☐ 초

㉗ 357초 = ☐ 분 ☐ 초

㉘ 502초 = ☐ 분 ☐ 초

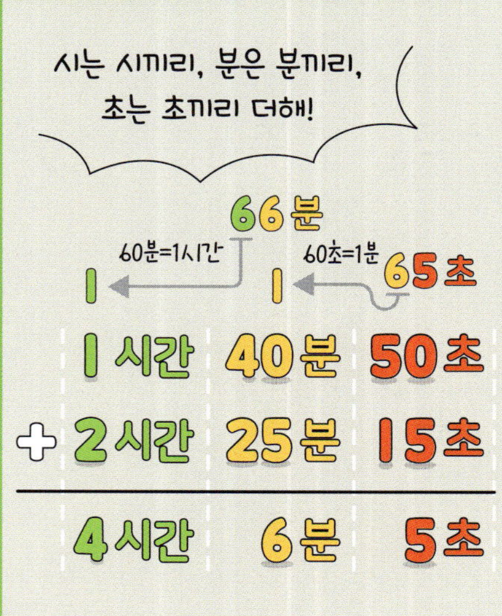

● 시간의 덧셈

· 시는 시끼리, 분은 분끼리, 초는 초끼리 더합니다.

· 같은 단위끼리의 합이 60이거나 60보다 크면 60초를 1분으로, 60분을 1시간으로 각각 받아올림합니다.

```
     1시간    40분    50초
 ＋   2시간    25분    15초
     3시간    65분    65초
                    ＋1분 ← ―60초
 ＋1시간 ← ―60분
     4시간     6분     5초
```

참고 (시간)＋(시간)＝(시간)
　　 (시각)＋(시간)＝(시각)

○ ☐ 안에 알맞은 수를 써넣으시오.

①
	1 분	30 초
＋	3 분	10 초
	☐ 분	☐ 초

②
	2 분	13 초
＋	5 분	24 초
	☐ 분	☐ 초

③
	3 분	32 초
＋	2 분	8 초
	☐ 분	☐ 초

④
	6 분	19 초
＋	7 분	20 초
	☐ 분	☐ 초

⑤
	8 분	10 초
＋	5 분	40 초
	☐ 분	☐ 초

⑥
	9 분	24 초
＋	3 분	25 초
	☐ 분	☐ 초

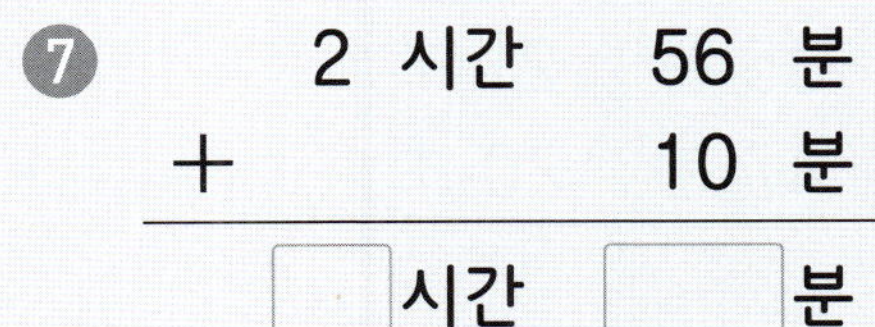

⑦
```
    2 시간   56 분
  +          10 분
  ────────────────
    □ 시간   □ 분
```

⑬
```
    2 시간   34 분   25 초
  + 1 시간   20 분   15 초
  ──────────────────────────
    □ 시간   □ 분   □ 초
```

⑧
```
    3 시간   36 분
  + 4 시간   41 분
  ────────────────
    □ 시간   □ 분
```

⑭
```
    5 시간   26 분   37 초
  + 2 시간   21 분   49 초
  ──────────────────────────
    □ 시간   □ 분   □ 초
```

⑨
```
    4 시     45 분
  + 3 시간   23 분
  ────────────────
    □ 시     □ 분
```

⑮
```
    6 시간   18 분   52 초
  + 3 시간   30 분   47 초
  ──────────────────────────
    □ 시간   □ 분   □ 초
```

⑩
```
    6 시     24 분
  +          51 분   52 초
  ──────────────────────────
    □ 시     □ 분   □ 초
```

⑯
```
    7 시     22 분   48 초
  + 3 시간   15 분   35 초
  ──────────────────────────
    □ 시     □ 분   □ 초
```

⑪
```
    7 시     32 분
  +          41 분   16 초
  ──────────────────────────
    □ 시     □ 분   □ 초
```

⑰
```
    8 시     54 분   29 초
  + 1 시간   36 분   47 초
  ──────────────────────────
    □ 시     □ 분   □ 초
```

⑫
```
    8 시     43 분   37 초
  +          46 분   14 초
  ──────────────────────────
    □ 시     □ 분   □ 초
```

⑱
```
    9 시     17 분   55 초
  + 2 시간   56 분   28 초
  ──────────────────────────
    □ 시     □ 분   □ 초
```

○ 계산해 보시오.

1
$$\begin{array}{r} 4\ \text{분}\ \ 21\ \text{초} \\ +\ 5\ \text{분}\ \ 17\ \text{초} \\ \hline \end{array}$$

2
$$\begin{array}{r} 5\ \text{분}\ \ 15\ \text{초} \\ +\ 2\ \text{분}\ \ 25\ \text{초} \\ \hline \end{array}$$

3
$$\begin{array}{r} 6\ \text{분}\ \ 48\ \text{초} \\ +\ 4\ \text{분}\ \ \ \ 9\ \text{초} \\ \hline \end{array}$$

4
$$\begin{array}{r} 8\ \text{분}\ \ 39\ \text{초} \\ +\ 1\ \text{분}\ \ 35\ \text{초} \\ \hline \end{array}$$

5
$$\begin{array}{r} 12\ \text{분}\ \ 54\ \text{초} \\ +\ 7\ \text{분}\ \ 26\ \text{초} \\ \hline \end{array}$$

6
$$\begin{array}{r} 18\ \text{분}\ \ 32\ \text{초} \\ +\ 12\ \text{분}\ \ 45\ \text{초} \\ \hline \end{array}$$

7
$$\begin{array}{r} 2\ \text{시}\ \ 35\ \text{분}\ \ 21\ \text{초} \\ +\ \ \ \ \ \ 47\ \text{분}\ \ 20\ \text{초} \\ \hline \end{array}$$

8
$$\begin{array}{r} 3\ \text{시}\ \ 56\ \text{분}\ \ 30\ \text{초} \\ +\ \ \ \ \ \ 23\ \text{분}\ \ 29\ \text{초} \\ \hline \end{array}$$

9
$$\begin{array}{r} 4\ \text{시간}\ \ 39\ \text{분}\ \ 55\ \text{초} \\ +\ 1\ \text{시간}\ \ 15\ \text{분}\ \ 18\ \text{초} \\ \hline \end{array}$$

10
$$\begin{array}{r} 5\ \text{시간}\ \ 54\ \text{분}\ \ 33\ \text{초} \\ +\ 4\ \text{시간}\ \ 52\ \text{분}\ \ 46\ \text{초} \\ \hline \end{array}$$

11
$$\begin{array}{r} 6\ \text{시}\ \ 50\ \text{분}\ \ 34\ \text{초} \\ +\ 2\ \text{시간}\ \ 35\ \text{분}\ \ 27\ \text{초} \\ \hline \end{array}$$

12
$$\begin{array}{r} 10\ \text{시}\ \ 48\ \text{분}\ \ 25\ \text{초} \\ +\ 1\ \text{시간}\ \ 33\ \text{분}\ \ 53\ \text{초} \\ \hline \end{array}$$

⑬ 3분 21초＋4분 15초
=

⑭ 4분 14초＋2분 35초
=

⑮ 4분 23초＋1분 7초
=

⑯ 5분 30초＋3분 42초
=

⑰ 6분 49초＋2분 11초
=

⑱ 8분 47초＋3분 42초
=

⑲ 9분 50초＋5분 29초
=

⑳ 2시 54분＋35분 16초
=

㉑ 3시 18분＋57분 42초
=

㉒ 4시 29분 8초＋53분 32초
=

㉓ 5시간 40분 43초＋2시간 14분 25초
=

㉔ 6시간 12분 42초＋1시간 15분 30초
=

㉕ 7시 23분 38초＋4시간 47분 10초
=

㉖ 8시 35분 46초＋2시간 10분 34초
=

시는 시끼리, 분은 분끼리,
초는 초끼리 빼!

1시간=60분 → 60 ← 1분=60초

$7-1=6$ $10-1=9$ 60

7시간 **10**분 **20**초
− 2시간 **45**분 **50**초
4시간 **24**분 **30**초

● **시간의 뺄셈**

• 시는 시끼리, 분은 분끼리, 초는 초끼리 뺍니다.

• 같은 단위끼리 뺄 수 없으면 1분을 60초로, 1시간을 60분으로 각각 받아내림합니다.

	60	
6	9	60
7시간	10분	20초
− 2시간	45분	50초
4시간	24분	30초

참고 (시간)−(시간)=(시간)
(시각)−(시간)=(시각)
(시각)−(시각)=(시간)

○ ☐ 안에 알맞은 수를 써넣으시오.

1
      2 분   50 초
  −   1 분   20 초
  ──────────────
    ☐ 분   ☐ 초

2
      3 분   50 초
  −   2 분   25 초
  ──────────────
    ☐ 분   ☐ 초

3
      4 분   44 초
  −   1 분   15 초
  ──────────────
    ☐ 분   ☐ 초

4
      4 분   15 초
  −   3 분   40 초
  ──────────────
           ☐ 초

5
      5 분   11 초
  −   3 분   32 초
  ──────────────
    ☐ 분   ☐ 초

6
      5 분   30 초
  −   2 분   43 초
  ──────────────
    ☐ 분   ☐ 초

⑦　　3 시간　　23 분
　 −　　　　　　34 분
　　[ ] 시간　[ ] 분

⑧　　5 시간　　14 분
　 −　2 시간　　58 분
　　[ ] 시간　[ ] 분

⑨　　4 시　　37 분
　 −　2 시　　50 분
　　[ ] 시간　[ ] 분

⑩　　5 시　　20 분　　15 초
　 −　　　　　14 분　　34 초
　　[ ] 시　[ ] 분　[ ] 초

⑪　　6 시　　15 분　　27 초
　 −　　　　　35 분　　 6 초
　　[ ] 시　[ ] 분　[ ] 초

⑫　　8 시　　 7 분　　37 초
　 −　　　　　 5 분　　45 초
　　[ ] 시　[ ] 분　[ ] 초

⑬　　6 시간　　36 분　　40 초
　 −　2 시간　　25 분　　56 초
　　[ ] 시간　[ ] 분　[ ] 초

⑭　　7 시간　　13 분　　 5 초
　 −　5 시간　　21 분　　36 초
　　[ ] 시간　[ ] 분　[ ] 초

⑮　　8 시　　27 분　　33 초
　 −　3 시간　　51 분　　28 초
　　[ ] 시　[ ] 분　[ ] 초

⑯　　9 시　　 9 분　　16 초
　 −　3 시간　　 3 분　　34 초
　　[ ] 시　[ ] 분　[ ] 초

⑰　　10 시　　24 분　　18 초
　 −　 2 시　　16 분　　20 초
　　[ ] 시간　[ ] 분　[ ] 초

⑱　　11 시　　41 분　　22 초
　 −　 8 시　　52 분　　29 초
　　[ ] 시간　[ ] 분　[ ] 초

○ 계산해 보시오.

1
```
      3 분   30 초
  −   2 분   12 초
```

2
```
      4 분   47 초
  −   1 분   38 초
```

3
```
      5 분   53 초
  −   3 분   34 초
```

4
```
      7 분   25 초
  −   4 분   41 초
```

5
```
     11 분   17 초
  −   2 분   45 초
```

6
```
     13 분   10 초
  −   9 분   27 초
```

7
```
      4 시간   15 분   37 초
  −            39 분   16 초
```

8
```
      5 시간   35 분   29 초
  −   1 시간   21 분   56 초
```

9
```
      5 시     20 분   15 초
  −   3 시간   57 분    8 초
```

10
```
      8 시     27 분   42 초
  −   4 시간   19 분   48 초
```

11
```
      9 시      8 분   35 초
  −   2 시     34 분   50 초
```

12
```
     12 시     26 분   11 초
  −   5 시     48 분   50 초
```

⑬ 5분 40초 — 3분 22초
=

⑭ 6분 13초 — 1분 7초
=

⑮ 8분 37초 — 7분 25초
=

⑯ 9분 50초 — 4분 58초
=

⑰ 10분 36초 — 9분 52초
=

⑱ 11분 30초 — 6분 43초
=

⑲ 12분 18초 — 3분 45초
=

⑳ 2시 32분 25초 — 44분 20초
=

㉑ 3시간 12분 34초 — 1시간 55분 10초
=

㉒ 4시간 28분 23초 — 2시간 40분 19초
=

㉓ 5시 47분 16초 — 3시간 15분 27초
=

㉔ 6시 2분 43초 — 1시간 14분 30초
=

㉕ 11시 18분 22초 — 4시 24분 50초
=

㉖ 12시 6분 43초 — 3시 51분 46초
=

◯ 빈칸에 알맞은 시간이나 시각을 써넣으시오.

① +3분 40초

1분 12초 → [ ]

● 1분 12초+3분 40초를 계산해요.

② +5분 36초

2분 40초 → [ ]

③ +57분

6시 45분 → [ ]

④ +8시간 52분

5시간 10분 → [ ]

⑤ +1시간 49분

9시 14분 → [ ]

⑥ -2분 17초

3분 41초 → [ ]

● 3분 41초-2분 17초를 계산해요.

⑦ -3분 38초

4분 26초 → [ ]

⑧ -49분

7시간 14분 → [ ]

⑨ -2시간 53분

8시간 42분 → [ ]

⑩ -6시 50분

10시 43분 → [ ]

⑪ 2시간 56분 34초

+2시간 20분 15초

□

2시간 56분 34초+2시간 20분 15초를 계산해요.

⑫ 4시 46분 17초

+3시간 23분 50초

□

⑬ 7시 35분 49초

+3시간 51분 24초

□

⑭ 5시간 40분 26초

−4시간 49분 31초

□

5시간 40분 26초−4시간 49분 31초를 계산해요.

⑮ 3시 17분 52초

−1시간 28분 44초

□

⑯ 9시 19분 41초

−6시 25분 58초

□

문장제 속 연산

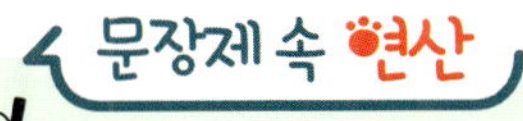

⑰ 준우는 5시 20분에 숙제를 시작하여 6시 15분에 끝냈습니다. 준우가 숙제를 한 시간은 몇 분인지 구해 보시오.

□시 □분 − □시 □분 = □분

(숙제를 끝낸 시각) (숙제를 시작한 시각) (숙제를 한 시간)

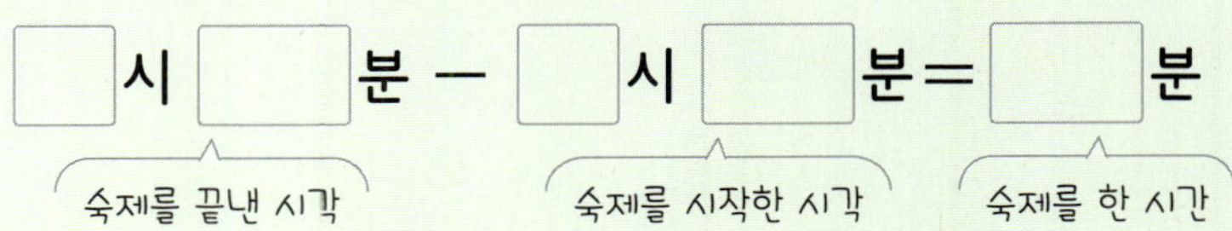

○ 　☐ 안에 알맞은 수를 써넣으시오.

1　6 cm ＝ ☐ mm

2　5 cm 7 mm ＝ ☐ mm

3　40 mm ＝ ☐ cm

4　814 mm ＝ ☐ cm ☐ mm

5　11 km ＝ ☐ m

6　3 km 915 m ＝ ☐ m

7　62000 m ＝ ☐ km

○ 계산해 보시오.

8
$$\begin{array}{r} 5\ cm\quad 6\ mm \\ +\ 4\ cm\quad 1\ mm \\ \hline \end{array}$$

9
$$\begin{array}{r} 8\ km\quad 500\ m \\ -\ 3\ km\quad 400\ m \\ \hline \end{array}$$

10　4 cm 8 mm ＋ 7 cm 3 mm
＝

11　9 cm 2 mm － 5 cm 6 mm
＝

12　6 km 700 m ＋ 2 km 500 m
＝

13　13 km 300 m － 10 km 950 m
＝

○ 시각을 읽어 보시오.

14

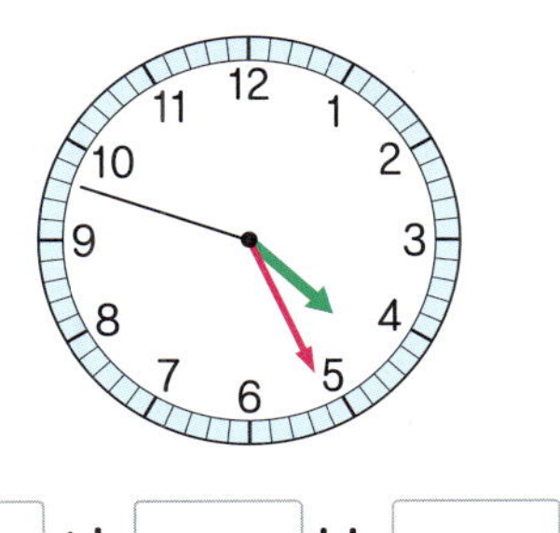

[　] 시 [　] 분 [　] 초

15

[　] 시 [　] 분 [　] 초

○ [　] 안에 알맞은 수를 써넣으시오.

16 7분 = [　] 초

17 6분 5초 = [　] 초

18 240초 = [　] 분

19 370초 = [　] 분 [　] 초

○ 계산해 보시오.

20
```
    2 분  47 초
+   3 분  24 초
```

21
```
    6 시  30 분
-         45 분
```

22
```
    1 시  55 분
+        15 분  34 초
```

23
```
    9 시간  11 분  40 초
-   8 시간   5 분  49 초
```

24 4시 52분 35초 + 1시간 21분 40초
=

25 10시 21분 21초 - 3시 30분 49초
=

5단원의 연산 실력을 보충하고 싶다면 **클리닉 북 25~32쪽**을 풀어 보세요.

분수와 소수

기초력 상승!
헛 둘!
헛 둘!

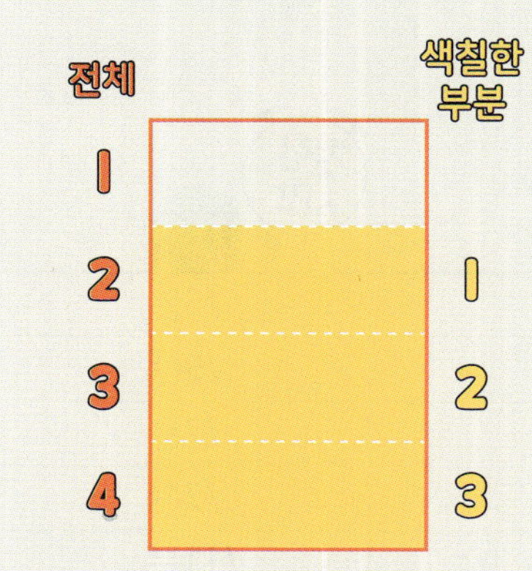

색칠한 부분은 전체의

분수

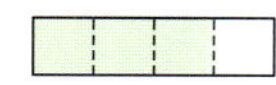

- 부분 은 전체 를 똑같이 4로 나눈 것 중의 3입니다.
- 전체를 똑같이 4로 나눈 것 중의 3

⇨ 쓰기 $\dfrac{3}{4}$　　읽기 4분의 3

- 분수: $\dfrac{3}{4}$과 같은 수

○ 색칠한 부분은 전체의 얼마인지 알아보려고 합니다. ☐ 안에 알맞은 수를 써넣으시오.

1 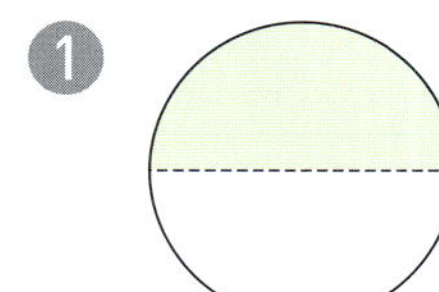 부분 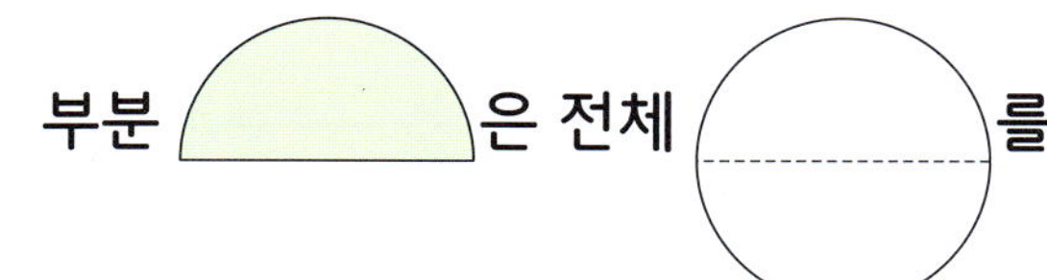 은 전체 를

똑같이 ☐ (으)로 나눈 것 중의 ☐ 입니다.

2 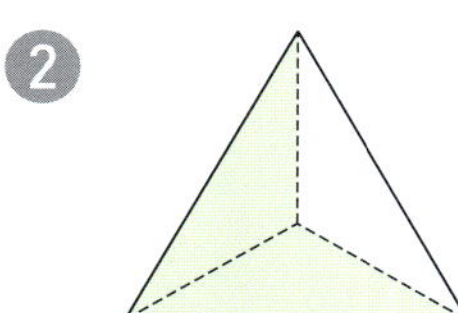 부분 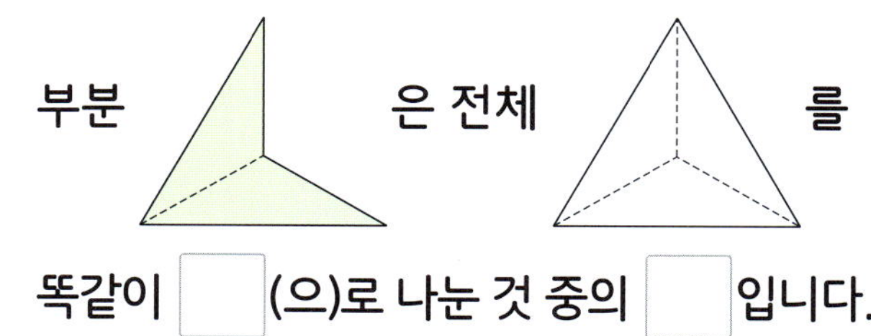 은 전체 를

똑같이 ☐ (으)로 나눈 것 중의 ☐ 입니다.

3 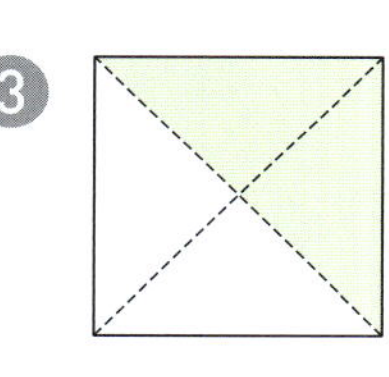 부분 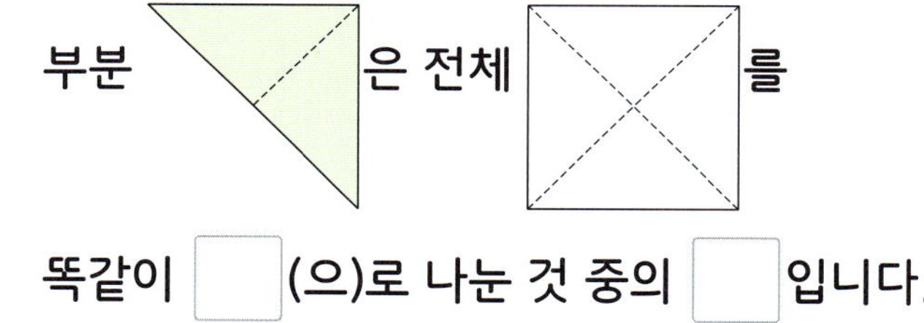 은 전체 를

똑같이 ☐ (으)로 나눈 것 중의 ☐ 입니다.

4 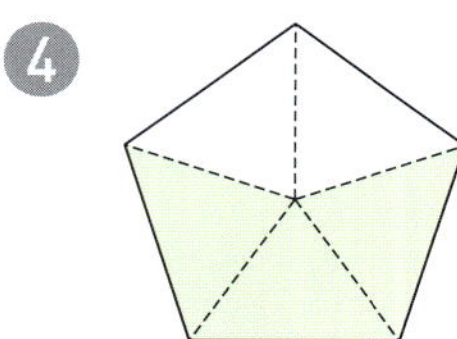 부분 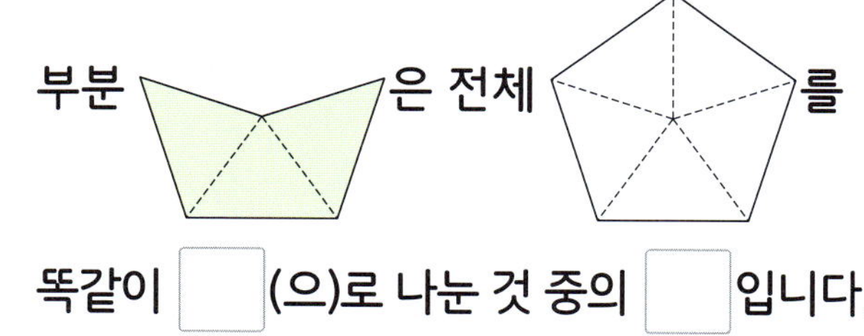 은 전체 를

똑같이 ☐ (으)로 나눈 것 중의 ☐ 입니다.

정답 • 21쪽

○ ☐ 안에 알맞게 써넣으시오.

5 색칠한 부분은 전체를 똑같이 ☐ (으)로 나눈 것 중의 ☐ 이므로

$\dfrac{\square}{\square}$ (이)라 쓰고 ☐ (이)라고 읽습니다.

6 색칠한 부분은 전체를 똑같이 ☐ (으)로 나눈 것 중의 ☐ 이므로

$\dfrac{\square}{\square}$ (이)라 쓰고 ☐ (이)라고 읽습니다.

7 색칠한 부분은 전체를 똑같이 ☐ (으)로 나눈 것 중의 ☐ 이므로

$\dfrac{\square}{\square}$ (이)라 쓰고 ☐ (이)라고 읽습니다.

8 색칠한 부분은 전체를 똑같이 ☐ (으)로 나눈 것 중의 ☐ 이므로

$\dfrac{\square}{\square}$ (이)라 쓰고 ☐ (이)라고 읽습니다.

9 색칠한 부분은 전체를 똑같이 ☐ (으)로 나눈 것 중의 ☐ 이므로

$\dfrac{\square}{\square}$ (이)라 쓰고 ☐ (이)라고 읽습니다.

○ 색칠한 부분을 분수로 쓰고 읽어 보시오.

1

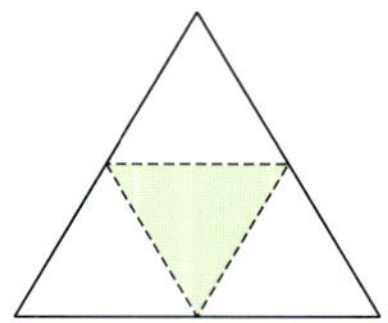

쓰기 ___________________________

읽기 ___________________________

2

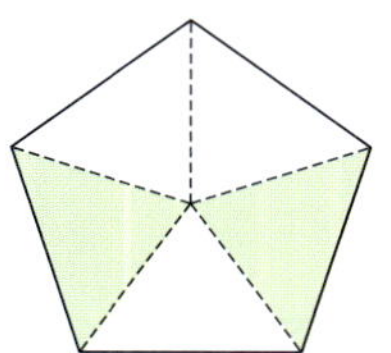

쓰기 ___________________________

읽기 ___________________________

3

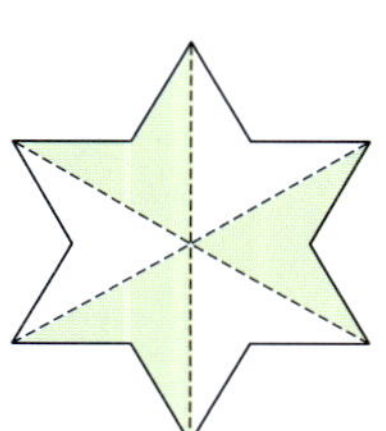

쓰기 ___________________________

읽기 ___________________________

4

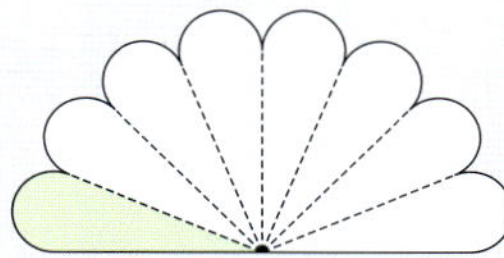

쓰기 ___________________________

읽기 ___________________________

5

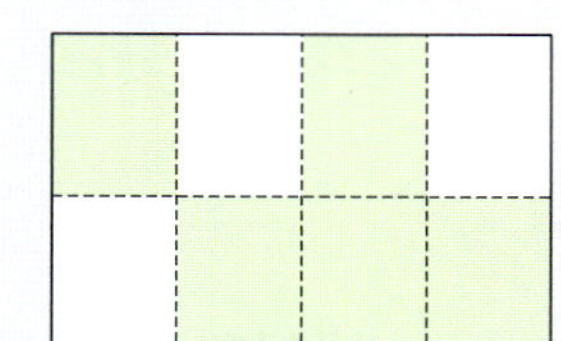

쓰기 ___________________________

읽기 ___________________________

6

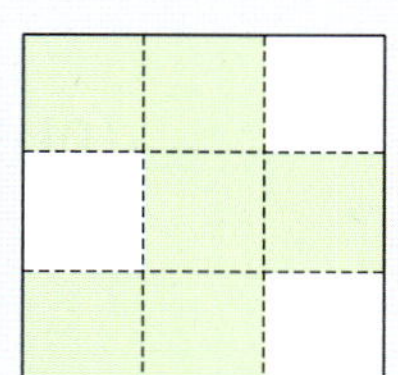

쓰기 ___________________________

읽기 ___________________________

정답 • 21쪽

○ 색칠한 부분과 색칠하지 않은 부분을 분수로 써 보시오.

7 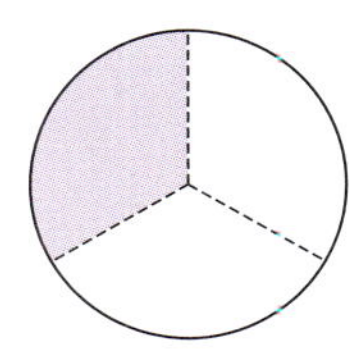

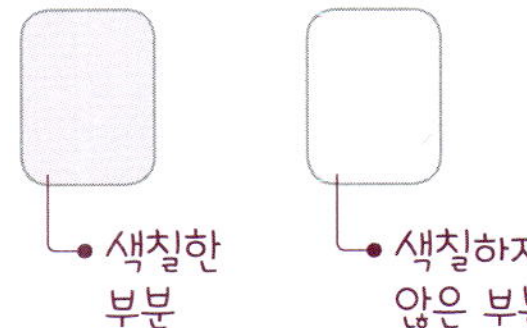

11 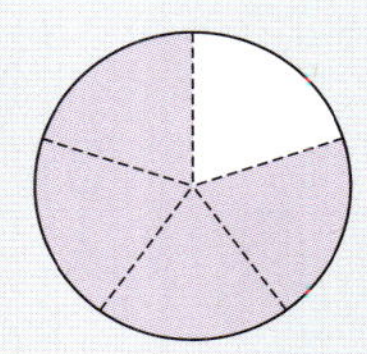

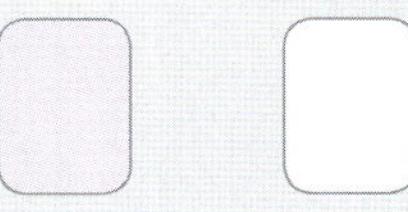

15 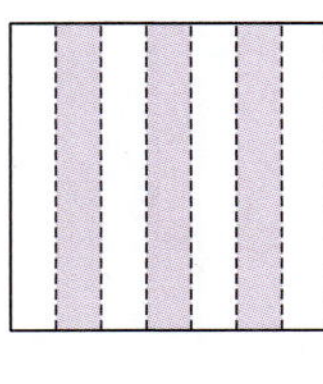

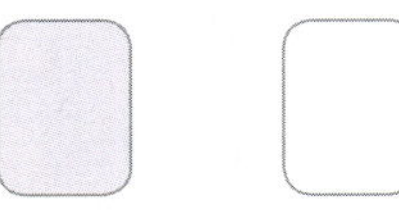

8 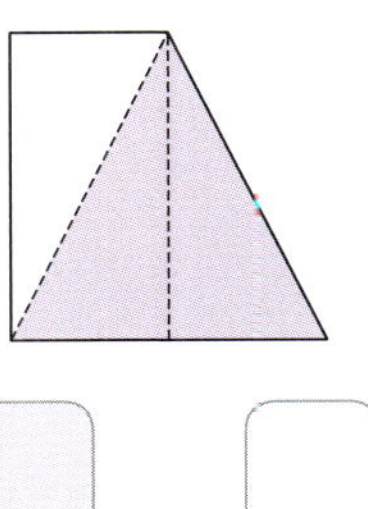

12 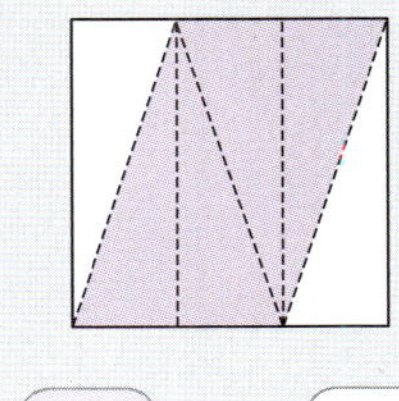

16 

9 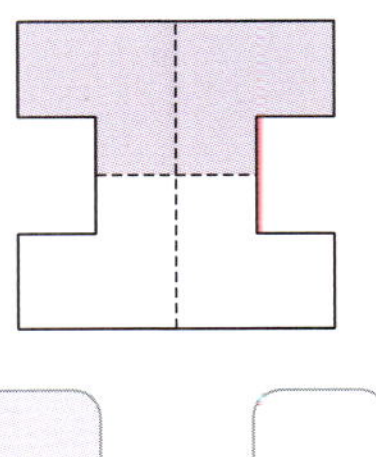

13 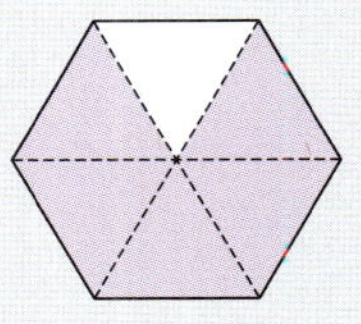

17 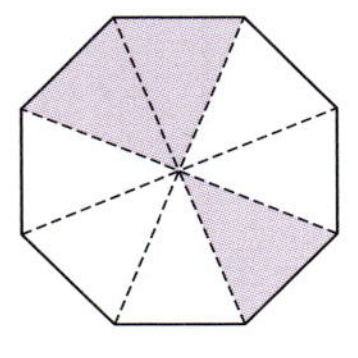

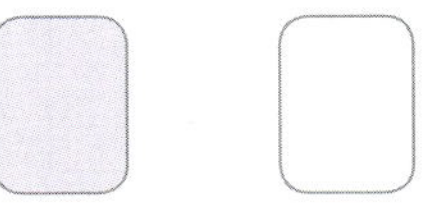

10 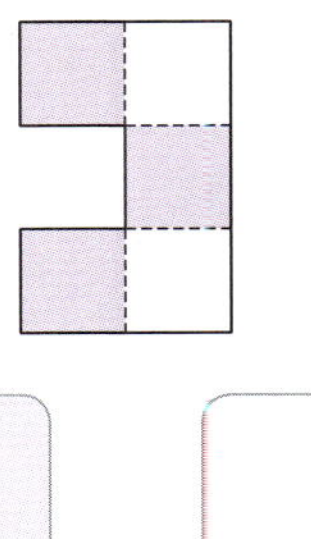

14 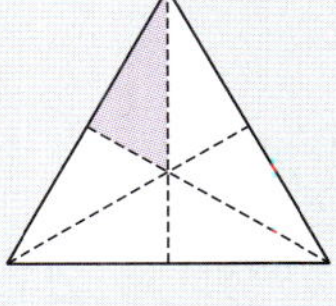

18 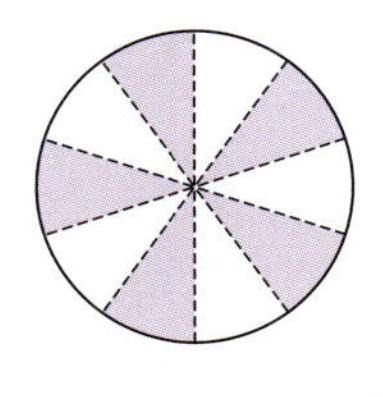

분모가 같은 분수는
분자가 큰
분수가 더 커!

3 > 2

방향이 같아!

$$\frac{3}{4} > \frac{2}{4}$$

1 < 3

$$\frac{1}{5} < \frac{3}{5}$$

● 분모가 같은 분수의 크기 비교

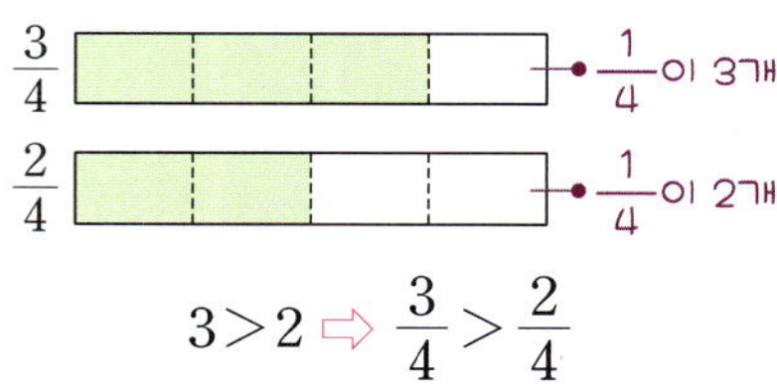

$\dfrac{3}{4}$ ● $\dfrac{1}{4}$이 3개

$\dfrac{2}{4}$ ● $\dfrac{1}{4}$이 2개

$3 > 2 \Rightarrow \dfrac{3}{4} > \dfrac{2}{4}$

분모가 같은 분수는 분자가 큰
분수가 더 큽니다.

○ 그림을 보고 ◯ 안에 >, =, <를 알맞게 써넣으시오.

1 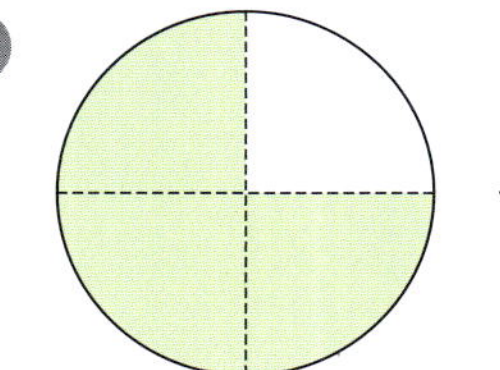 $\dfrac{3}{4}$ ◯ $\dfrac{2}{4}$ 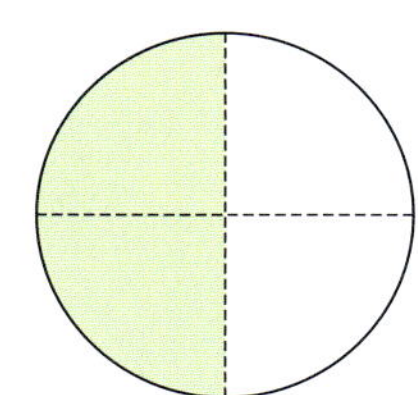

2 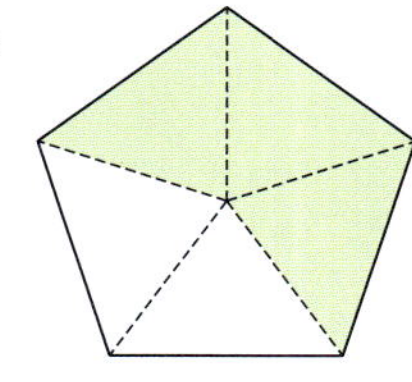 $\dfrac{3}{5}$ ◯ $\dfrac{4}{5}$ 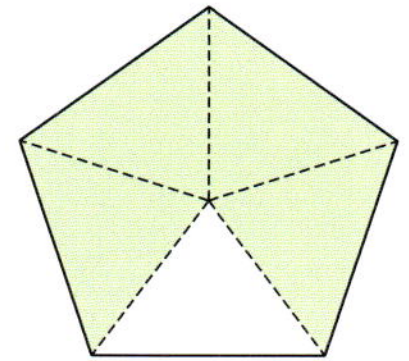

3 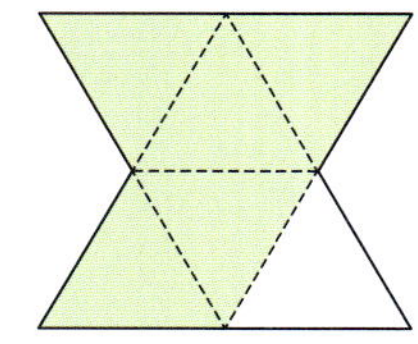 $\dfrac{5}{6}$ ◯ $\dfrac{3}{6}$ 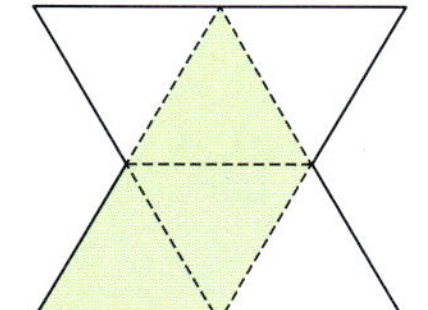

4 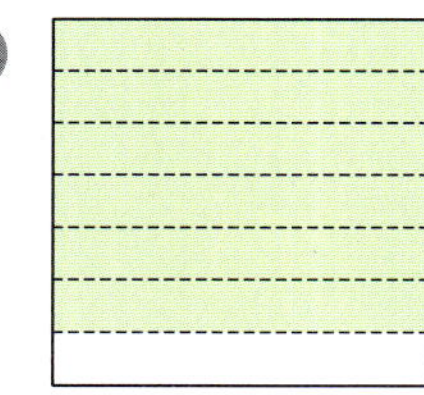 $\dfrac{6}{7}$ ◯ $\dfrac{5}{7}$ 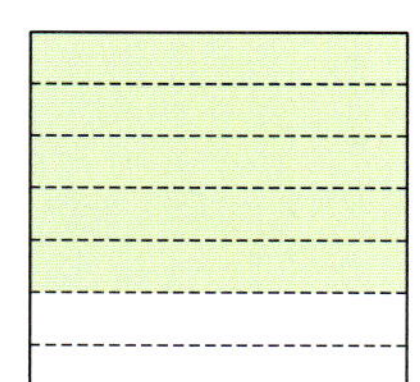

5 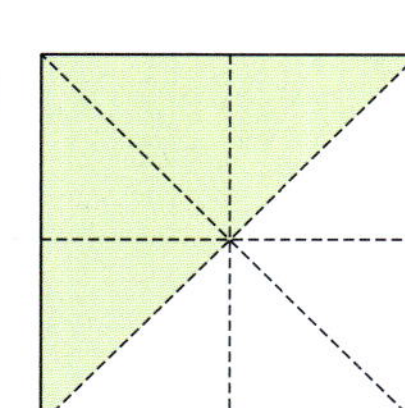 $\dfrac{4}{8}$ ◯ $\dfrac{6}{8}$ 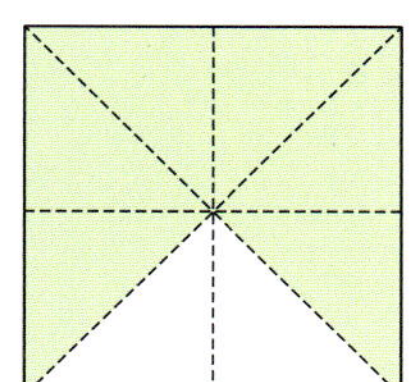

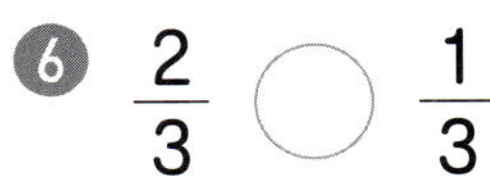

○ 두 분수의 크기를 비교하여 ◯ 안에 >, =, <를 알맞게 써넣으시오.

6 $\dfrac{2}{3}$ ◯ $\dfrac{1}{3}$

7 $\dfrac{1}{4}$ ◯ $\dfrac{3}{4}$

8 $\dfrac{3}{4}$ ◯ $\dfrac{2}{4}$

9 $\dfrac{4}{5}$ ◯ $\dfrac{3}{5}$

10 $\dfrac{2}{5}$ ◯ $\dfrac{4}{5}$

11 $\dfrac{2}{6}$ ◯ $\dfrac{5}{6}$

12 $\dfrac{4}{6}$ ◯ $\dfrac{3}{6}$

13 $\dfrac{5}{7}$ ◯ $\dfrac{3}{7}$

14 $\dfrac{4}{7}$ ◯ $\dfrac{6}{7}$

15 $\dfrac{6}{7}$ ◯ $\dfrac{2}{7}$

16 $\dfrac{1}{8}$ ◯ $\dfrac{4}{8}$

17 $\dfrac{7}{8}$ ◯ $\dfrac{3}{8}$

18 $\dfrac{5}{8}$ ◯ $\dfrac{6}{8}$

19 $\dfrac{3}{9}$ ◯ $\dfrac{4}{9}$

20 $\dfrac{8}{9}$ ◯ $\dfrac{5}{9}$

21 $\dfrac{7}{10}$ ◯ $\dfrac{4}{10}$

22 $\dfrac{9}{10}$ ◯ $\dfrac{6}{10}$

23 $\dfrac{5}{11}$ ◯ $\dfrac{10}{11}$

• 단위분수의 크기 비교

• 단위분수: $\dfrac{1}{2}$, $\dfrac{1}{3}$, $\dfrac{1}{4}$, $\dfrac{1}{5}$ ……과 같이 분자가 1인 분수

• 단위분수의 크기 비교

색칠한 부분을 비교하면 $\dfrac{1}{4}$이 $\dfrac{1}{6}$보다 더 깁니다. ⇨ $\dfrac{1}{4} > \dfrac{1}{6}$

> 단위분수는 분모가 클수록 더 작습니다.
> ■ < ▲ ⇨ $\dfrac{1}{■} > \dfrac{1}{▲}$

○ 그림을 보고 ◯ 안에 >, =, <를 알맞게 써넣으시오.

1 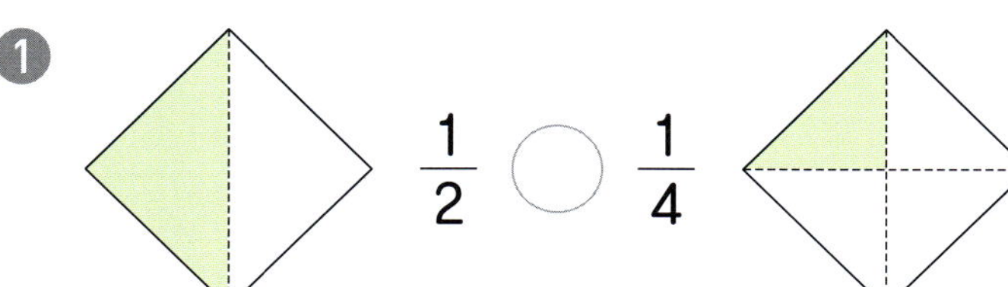
$\dfrac{1}{2}$ ◯ $\dfrac{1}{4}$

2 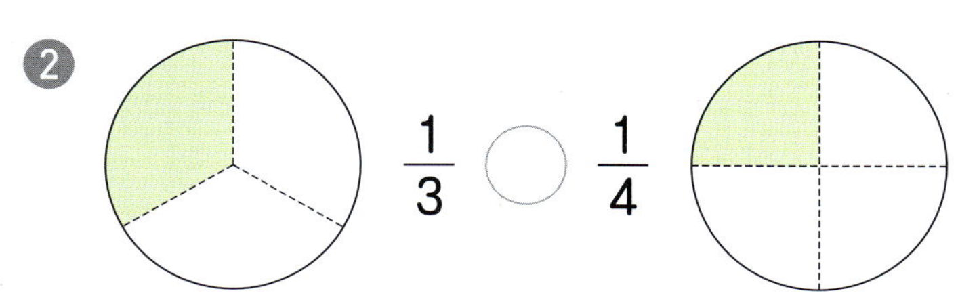
$\dfrac{1}{3}$ ◯ $\dfrac{1}{4}$

3 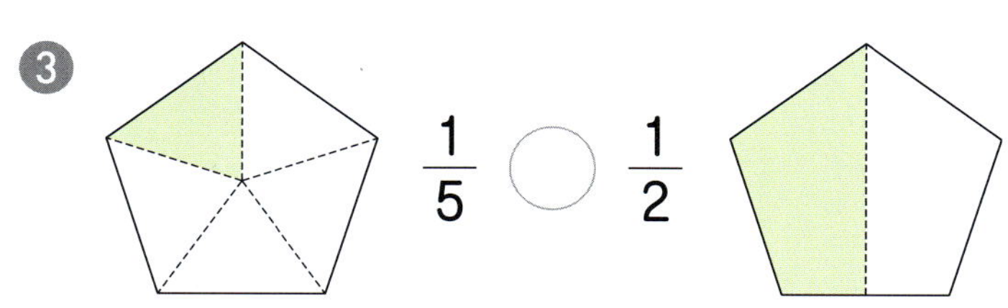
$\dfrac{1}{5}$ ◯ $\dfrac{1}{2}$

4 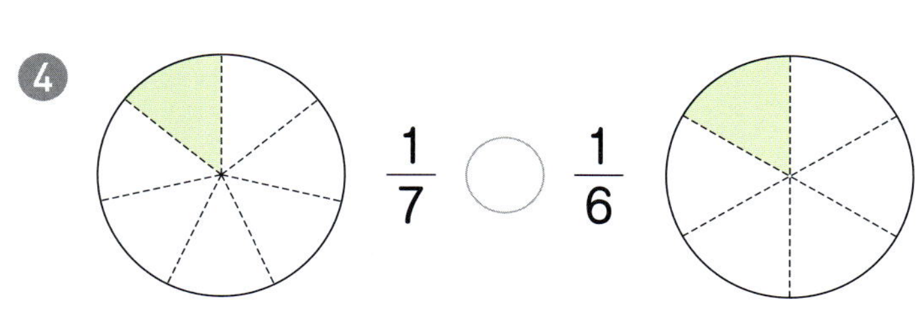
$\dfrac{1}{7}$ ◯ $\dfrac{1}{6}$

5 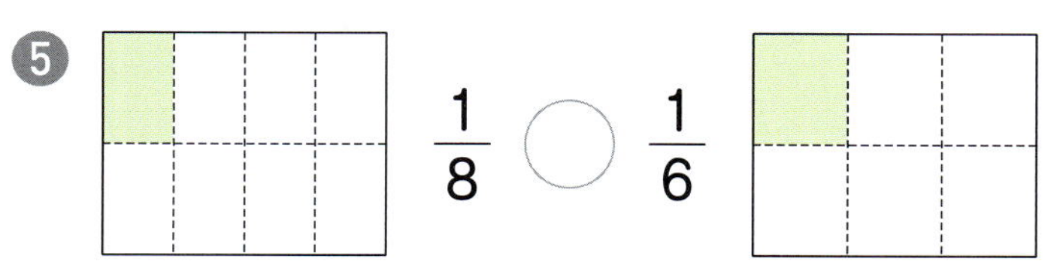
$\dfrac{1}{8}$ ◯ $\dfrac{1}{6}$

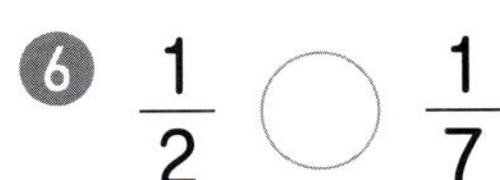 두 분수의 크기를 비교하여 ◯ 안에 >, =, <를 알맞게 써넣으시오.

6 $\dfrac{1}{2}$ ◯ $\dfrac{1}{7}$

7 $\dfrac{1}{2}$ ◯ $\dfrac{1}{9}$

8 $\dfrac{1}{3}$ ◯ $\dfrac{1}{2}$

9 $\dfrac{1}{3}$ ◯ $\dfrac{1}{6}$

10 $\dfrac{1}{4}$ ◯ $\dfrac{1}{2}$

11 $\dfrac{1}{4}$ ◯ $\dfrac{1}{8}$

12 $\dfrac{1}{5}$ ◯ $\dfrac{1}{3}$

13 $\dfrac{1}{5}$ ◯ $\dfrac{1}{7}$

14 $\dfrac{1}{5}$ ◯ $\dfrac{1}{4}$

15 $\dfrac{1}{6}$ ◯ $\dfrac{1}{9}$

16 $\dfrac{1}{6}$ ◯ $\dfrac{1}{4}$

17 $\dfrac{1}{6}$ ◯ $\dfrac{1}{7}$

18 $\dfrac{1}{7}$ ◯ $\dfrac{1}{3}$

19 $\dfrac{1}{7}$ ◯ $\dfrac{1}{4}$

20 $\dfrac{1}{7}$ ◯ $\dfrac{1}{10}$

21 $\dfrac{1}{8}$ ◯ $\dfrac{1}{9}$

22 $\dfrac{1}{9}$ ◯ $\dfrac{1}{6}$

23 $\dfrac{1}{8}$ ◯ $\dfrac{1}{11}$

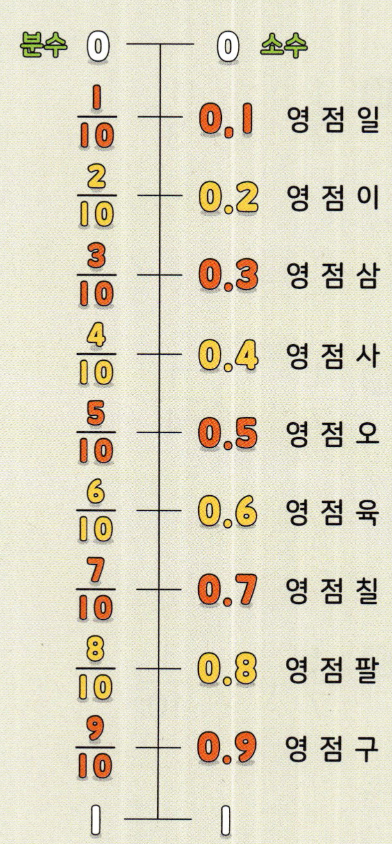

● **소수 알아보기**

소수: 0.1, 0.2, 0.3과 같은 수
　└●소수점

분수	소수	소수 읽기
$\dfrac{1}{10}$	0.1	영 점 일
$\dfrac{3}{10}$	0.3	영 점 삼
$\dfrac{5}{10}$	0.5	영 점 오
$\dfrac{8}{10}$	0.8	영 점 팔

● **1보다 큰 소수**

5와 0.8만큼인 수

⇨ 쓰기 **5.8**　　읽기 **오 점 팔**

○ 분수를 소수로 쓰고 읽어 보시오.

❶ $\dfrac{2}{10}$

쓰기 ＿＿＿＿＿＿＿

읽기 ＿＿＿＿＿＿＿

❷ $\dfrac{4}{10}$

쓰기 ＿＿＿＿＿＿＿

읽기 ＿＿＿＿＿＿＿

❸ $\dfrac{5}{10}$

쓰기 ＿＿＿＿＿＿＿

읽기 ＿＿＿＿＿＿＿

❹ $\dfrac{7}{10}$

쓰기 ＿＿＿＿＿＿＿

읽기 ＿＿＿＿＿＿＿

❺ $\dfrac{3}{10}$

쓰기 ＿＿＿＿＿＿＿

읽기 ＿＿＿＿＿＿＿

❻ $\dfrac{6}{10}$

쓰기 ＿＿＿＿＿＿＿

읽기 ＿＿＿＿＿＿＿

❼ $\dfrac{8}{10}$

쓰기 ＿＿＿＿＿＿＿

읽기 ＿＿＿＿＿＿＿

❽ $\dfrac{9}{10}$

쓰기 ＿＿＿＿＿＿＿

읽기 ＿＿＿＿＿＿＿

정답 • 22쪽

○ ☐ 안에 알맞은 수를 써넣으시오.

9 0.4는 0.1이 ☐ 개입니다.

10 0.8은 0.1이 ☐ 개입니다.

11 2.1은 0.1이 ☐ 개입니다.

12 4.8은 0.1이 ☐ 개입니다.

13 0.6은 ☐ 이 6개입니다.

14 1.5는 ☐ 이 15개입니다.

15 7.3은 ☐ 이 73개입니다.

16 0.1이 3개이면 ☐ 입니다.

17 0.1이 5개이면 ☐ 입니다.

18 0.1이 16개이면 ☐ 입니다.

19 0.1이 29개이면 ☐ 입니다.

20 0.1이 ☐ 개이면 0.7입니다.

21 0.1이 ☐ 개이면 0.9입니다.

22 0.1이 ☐ 개이면 5.7입니다.

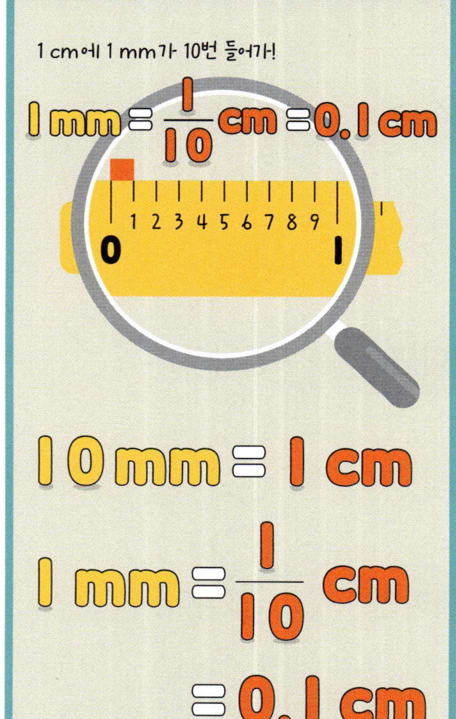

● 길이를 소수로 나타내기

· 1 cm 8 mm를 cm로 나타내기

  1 cm 8 mm

  = 1 cm + 8 mm

  = 1 cm + 0.8 cm

  = 1.8 cm

    1 mm = 0.1 cm 이므로

    8 mm = 0.8 cm

· 36 mm를 cm로 나타내기

  1 mm = 0.1 cm이고 0.1 cm가

  36개이면 3.6 cm가 됩니다.

○ ☐ 안에 알맞은 소수를 써넣으시오.

❶ 13 mm = ☐ cm

❷ 24 mm = ☐ cm

❸ 26 mm = ☐ cm

❹ 31 mm = ☐ cm

❺ 37 mm = ☐ cm

❻ 45 mm = ☐ cm

❼ 54 mm = ☐ cm

❽ 63 mm = ☐ cm

❾ 69 mm = ☐ cm

❿ 72 mm = ☐ cm

⓫ 78 mm = ☐ cm

⓬ 86 mm = ☐ cm

⓭ 91 mm = ☐ cm

⓮ 97 mm = ☐ cm

⑮ 1 cm 5 mm = ☐ cm

⑯ 1 cm 9 mm = ☐ cm

⑰ 2 cm 7 mm = ☐ cm

⑱ 3 cm 5 mm = ☐ cm

⑲ 3 cm 9 mm = ☐ cm

⑳ 4 cm 1 mm = ☐ cm

㉑ 4 cm 6 mm = ☐ cm

㉒ 5 cm 5 mm = ☐ cm

㉓ 5 cm 8 mm = ☐ cm

㉔ 8 cm 3 mm = ☐ cm

㉕ 9 cm 9 mm = ☐ cm

㉖ 10 cm 5 mm = ☐ cm

㉗ 11 cm 3 mm = ☐ cm

㉘ 14 cm 2 mm = ☐ cm

● 소수의 크기 비교

• 소수점 왼쪽에 있는 수가 다를 때,
소수점 왼쪽에 있는 수가 클수록
더 큰 소수입니다.

$$7.1 > 4.3$$
└ 7>4 ┘

• 소수점 왼쪽에 있는 수가 같을 때,
소수점 오른쪽에 있는 수가 클수록
더 큰 소수입니다.

같습니다.
$$5.3 < 5.6$$
└ 3<6 ┘

○ 두 소수의 크기를 비교하여 ◯ 안에 >, =, <를 알맞게 써넣으시오.

❶ 0.1 ◯ 0.3

❷ 0.4 ◯ 0.2

❸ 0.3 ◯ 0.5

❹ 0.4 ◯ 0.6

❺ 0.5 ◯ 0.8

❻ 0.8 ◯ 0.7

❼ 0.9 ◯ 0.7

❽ 1.1 ◯ 0.8

❾ 0.6 ◯ 1.8

❿ 1.9 ◯ 0.4

⓫ 3.2 ◯ 1.7

⓬ 2.4 ◯ 3.1

⓭ 3.9 ◯ 1.7

⓮ 3.8 ◯ 4.5

⑮ 1.5 ◯ 1.9

⑯ 2.1 ◯ 2.2

⑰ 2.6 ◯ 2.5

⑱ 3.1 ◯ 3.4

⑲ 4.2 ◯ 4.4

⑳ 4.9 ◯ 4.5

㉑ 5.6 ◯ 5.7

㉒ 4.9 ◯ 3.2

㉓ 5.1 ◯ 4.6

㉔ 4.7 ◯ 5.9

㉕ 6.4 ◯ 5.1

㉖ 2.8 ◯ 6.2

㉗ 7.2 ◯ 5.3

㉘ 5.8 ◯ 6.9

㉙ 6.1 ◯ 6.2

㉚ 6.7 ◯ 6.9

㉛ 7.7 ◯ 7.3

㉜ 7.4 ◯ 7.8

㉝ 8.5 ◯ 8.6

㉞ 9.8 ◯ 9.2

㉟ 9.9 ◯ 9.7

○ 색칠한 부분은 전체의 얼마인지 알아보려고 합니다. ☐ 안에 알맞은 수를 써넣으시오.

1

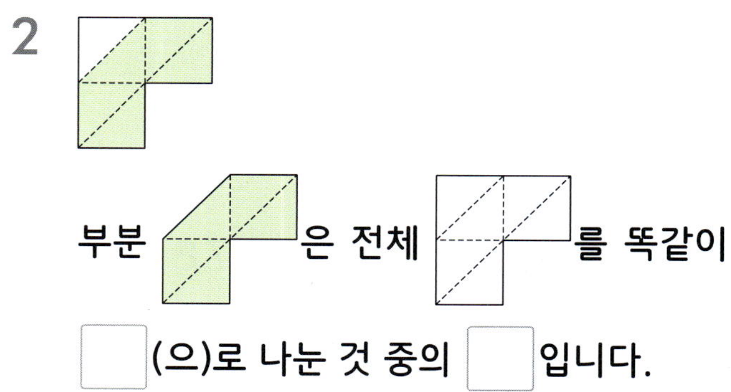

부분 ▷ 은 전체 ◇ 를 똑같이 ☐ (으)로 나눈 것 중의 ☐ 입니다.

2

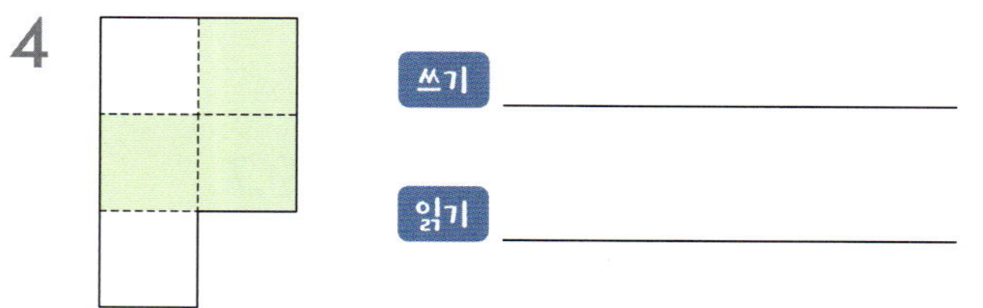

부분 은 전체 를 똑같이 ☐ (으)로 나눈 것 중의 ☐ 입니다.

○ 색칠한 부분을 분수로 쓰고 읽어 보시오.

3

쓰기 _______________

읽기 _______________

4

쓰기 _______________

읽기 _______________

○ 색칠한 부분과 색칠하지 <u>않은</u> 부분을 분수로 써 보시오.

5

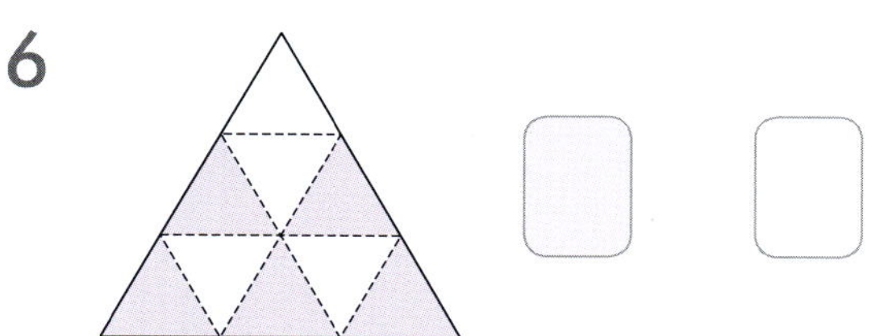

└ 색칠한 부분   └ 색칠하지 않은 부분

6

○ 두 분수의 크기를 비교하여 ◯ 안에 >, =, < 를 알맞게 써넣으시오.

7 $\dfrac{3}{7}$ ◯ $\dfrac{5}{7}$

8 $\dfrac{1}{3}$ ◯ $\dfrac{1}{9}$

9 $\dfrac{1}{6}$ ◯ $\dfrac{1}{8}$

○ 분수를 소수로 나타내고 읽어 보시오.

10 $\dfrac{7}{10}$

쓰기 ____________________

읽기 ____________________

11 $\dfrac{9}{10}$

쓰기 ____________________

읽기 ____________________

○ ☐ 안에 알맞은 수를 써넣으시오.

12 0.6은 0.1이 ☐ 개입니다.

13 0.1이 8개이면 ☐ 입니다.

14 3.2는 ☐ 이 32개입니다.

○ ☐ 안에 알맞은 소수를 써넣으시오.

15 1 cm 7 mm = ☐ cm

16 4 cm 2 mm = ☐ cm

17 71 mm = ☐ cm

○ 두 소수의 크기를 비교하여 ◯ 안에 >, =, < 를 알맞게 써넣으시오.

18 0.9 ◯ 0.6

19 4.3 ◯ 5.2

20 9.2 ◯ 9.1

6단원의 연산 실력을 보충하고 싶다면 **클리닉 북 33~38쪽**을 풀어 보세요.

memo
속삭!
속삭!
속삭!
속삭!

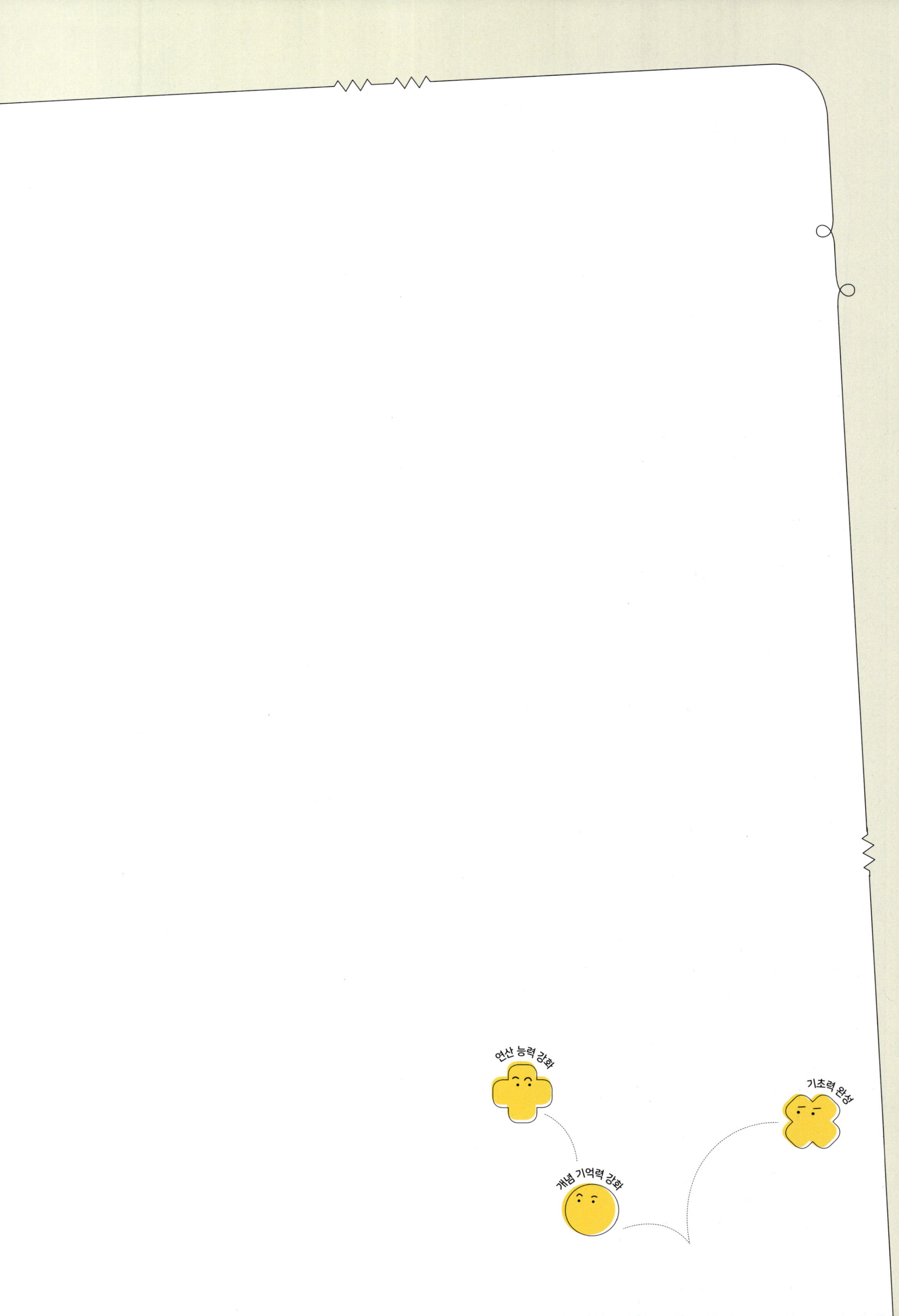

연산 능력 강화
기초력 완성
개념 기억력 강화

memo

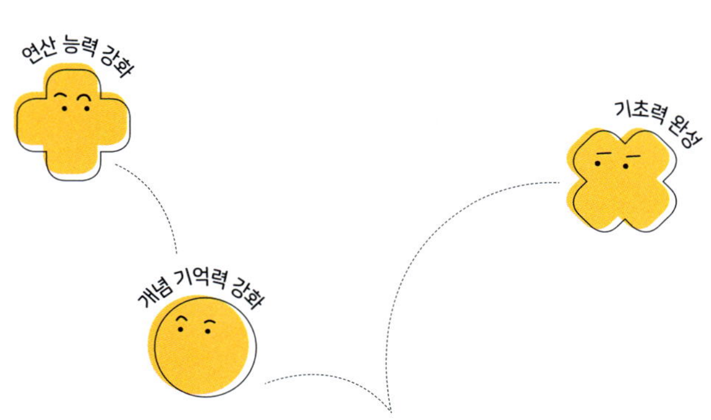

개념 + 연산 라이트

클리닉 북

「메인 북」에서 단원별 평가 후 부족한 연산력은 「클리닉 북」에서 보완합니다.

차례 3-1

ABOVE IMAGINATION

우리는 남다른 상상과 혁신으로
교육 문화의 새로운 전형을 만들어
모든 이의 행복한 경험과 성장에 기여한다

1 받아올림이 없는 (세 자리 수) + (세 자리 수)

정답 · 24쪽

○ 계산해 보시오.

①
```
   1 6 8
 + 2 3 1
```

②
```
   2 4 0
 + 1 5 6
```

③
```
   3 3 2
 + 4 6 2
```

④
```
   3 7 8
 + 6 0 1
```

⑤
```
   4 5 1
 + 2 3 4
```

⑥
```
   5 0 3
 + 2 8 4
```

⑦
```
   6 0 4
 + 3 5 2
```

⑧
```
   7 3 5
 + 2 2 4
```

⑨
```
   8 2 0
 + 1 5 5
```

⑩ 136+432=

⑪ 204+535=

⑫ 246+501=

⑬ 365+624=

⑭ 382+407=

⑮ 545+220=

⑯ 603+295=

⑰ 740+116=

⑱ 819+130=

2 받아올림이 한 번 있는 (세 자리 수)＋(세 자리 수)

정답 • 24쪽

○ 계산해 보시오.

①
```
   2 1 6
 + 1 4 8
```

②
```
   2 5 4
 + 3 1 6
```

③
```
   3 2 5
 + 4 5 7
```

④
```
   4 3 8
 + 1 0 7
```

⑤
```
   4 6 9
 + 4 2 1
```

⑥
```
   5 7 8
 + 3 8 0
```

⑦
```
   5 9 1
 + 2 4 3
```

⑧
```
   6 5 4
 + 2 6 5
```

⑨
```
   7 4 5
 + 1 8 3
```

⑩ 178＋205＝

⑪ 208＋504＝

⑫ 349＋531＝

⑬ 429＋325＝

⑭ 453＋271＝

⑮ 575＋140＝

⑯ 663＋174＝

⑰ 730＋195＝

⑱ 796＋153＝

 3 받아올림이 두 번 있는 (세 자리 수) + (세 자리 수)

정답 · 24쪽

○ 계산해 보시오.

❶
```
   1 3 9
 + 4 8 2
```

❷
```
   1 9 7
 + 5 3 6
```

❸
```
   2 8 5
 + 3 9 5
```

❹
```
   3 7 6
 + 4 5 8
```

❺
```
   4 2 6
 + 3 9 4
```

❻
```
   5 8 7
 + 1 3 5
```

❼
```
   6 0 4
 + 1 9 9
```

❽
```
   7 6 7
 + 1 6 9
```

❾
```
   7 9 5
 + 1 3 7
```

⑩ 172+398=

⑪ 246+356=

⑫ 295+139=

⑬ 364+458=

⑭ 447+257=

⑮ 568+336=

⑯ 593+229=

⑰ 628+192=

⑱ 769+173=

4 받아올림이 세 번 있는 (세 자리 수)＋(세 자리 수)

정답 • 24쪽

● 계산해 보시오.

❶
```
    2 7 6
  + 8 9 5
```

❷
```
    3 5 9
  + 7 4 6
```

❸
```
    4 6 3
  + 5 9 7
```

❹
```
    5 2 8
  + 9 7 5
```

❺
```
    5 6 4
  + 7 7 6
```

❻
```
    6 8 5
  + 4 2 9
```

❼
```
    7 9 9
  + 5 4 7
```

❽
```
    8 3 7
  + 4 9 7
```

❾
```
    9 5 4
  + 6 8 9
```

❿ 155＋879＝

⓫ 294＋807＝

⓬ 374＋698＝

⓭ 452＋589＝

⓮ 538＋979＝

⓯ 655＋497＝

⓰ 738＋676＝

⓱ 897＋438＝

⓲ 952＋359＝

5 받아내림이 없는 (세 자리 수) − (세 자리 수)

정답 · 24쪽

○ 계산해 보시오.

①
$$\begin{array}{r} 1\ 8\ 4 \\ -\ 1\ 3\ 0 \\ \hline \end{array}$$

②
$$\begin{array}{r} 2\ 5\ 9 \\ -\ 1\ 4\ 7 \\ \hline \end{array}$$

③
$$\begin{array}{r} 3\ 9\ 5 \\ -\ 2\ 8\ 1 \\ \hline \end{array}$$

④
$$\begin{array}{r} 4\ 7\ 7 \\ -\ 3\ 6\ 5 \\ \hline \end{array}$$

⑤
$$\begin{array}{r} 5\ 7\ 4 \\ -\ 1\ 2\ 4 \\ \hline \end{array}$$

⑥
$$\begin{array}{r} 6\ 0\ 8 \\ -\ 5\ 0\ 7 \\ \hline \end{array}$$

⑦
$$\begin{array}{r} 7\ 9\ 6 \\ -\ 3\ 7\ 5 \\ \hline \end{array}$$

⑧
$$\begin{array}{r} 8\ 4\ 7 \\ -\ 5\ 3\ 6 \\ \hline \end{array}$$

⑨
$$\begin{array}{r} 9\ 6\ 5 \\ -\ 1\ 6\ 3 \\ \hline \end{array}$$

⑩ $147-126=$

⑪ $265-142=$

⑫ $375-201=$

⑬ $486-252=$

⑭ $567-143=$

⑮ $693-480=$

⑯ $788-364=$

⑰ $845-715=$

⑱ $956-204=$

6　받아내림이 한 번 있는 (세 자리 수) − (세 자리 수)

정답 · 24쪽

○ 계산해 보시오.

①
```
    2 8 4
  − 1 2 6
```

②
```
    3 7 3
  − 1 4 5
```

③
```
    4 8 0
  − 3 2 9
```

④
```
    5 2 5
  − 2 1 8
```

⑤
```
    5 3 7
  − 4 2 9
```

⑥
```
    6 1 3
  − 2 4 3
```

⑦
```
    7 2 9
  − 5 4 8
```

⑧
```
    8 0 7
  − 1 2 6
```

⑨
```
    9 4 1
  − 5 5 1
```

⑩ $294 - 157 =$

⑪ $331 - 202 =$

⑫ $362 - 146 =$

⑬ $490 - 373 =$

⑭ $514 - 290 =$

⑮ $632 - 471 =$

⑯ $741 - 190 =$

⑰ $865 - 492 =$

⑱ $919 - 587 =$

7 받아내림이 두 번 있는 (세 자리 수) − (세 자리 수)

정답 · 25쪽

○ 계산해 보시오.

❶
```
    2 1 0
  − 1 4 5
```

❷
```
    3 0 4
  − 1 9 6
```

❸
```
    4 3 5
  − 2 8 7
```

❹
```
    4 5 7
  − 3 6 8
```

❺
```
    5 0 2
  − 2 2 3
```

❻
```
    6 4 1
  − 3 5 6
```

❼
```
    7 6 3
  − 5 7 4
```

❽
```
    8 3 1
  − 2 6 4
```

❾
```
    9 2 5
  − 7 3 8
```

⑩ 271−192＝

⑪ 305−149＝

⑫ 340−286＝

⑬ 412−175＝

⑭ 564−398＝

⑮ 605−246＝

⑯ 730−265＝

⑰ 814−375＝

⑱ 913−434＝

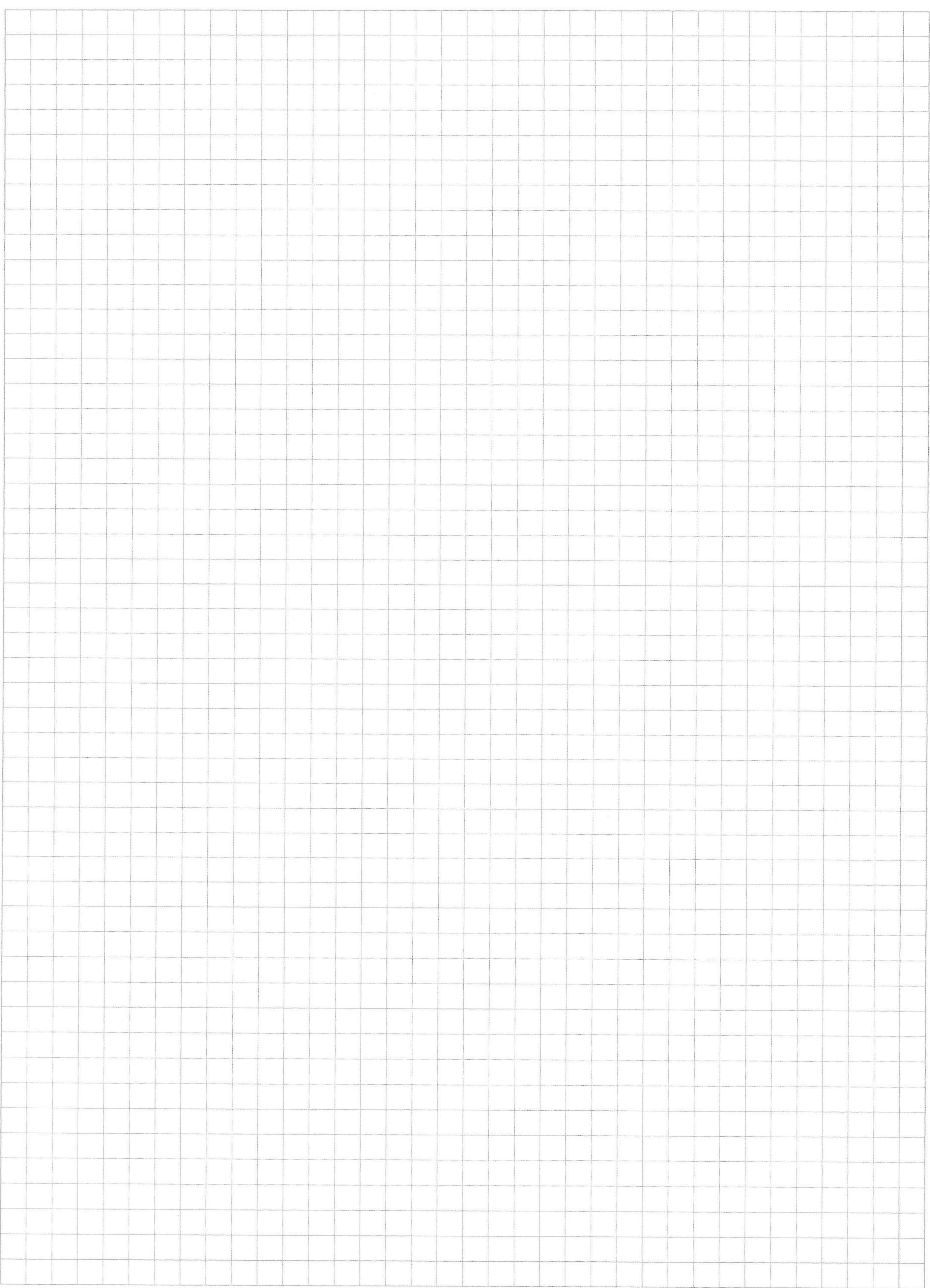

1 선분, 반직선, 직선

정답 • 25쪽

○ 도형의 이름으로 알맞은 것에 ◯표 하시오.

❶ 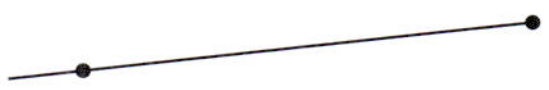

(선분 , 반직선 , 직선)

❷

(선분 , 반직선 , 직선)

❸

(선분 , 반직선 , 직선)

❹ 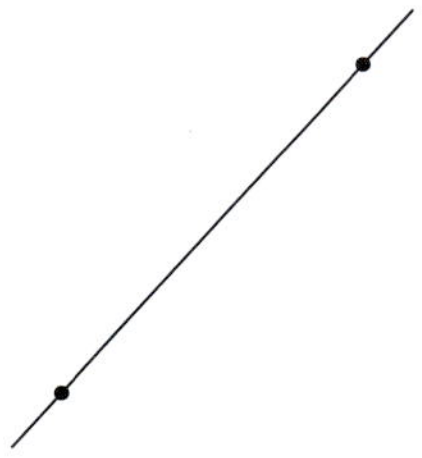

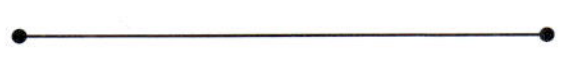

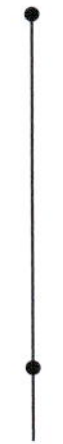

(선분 , 반직선 , 직선)

❺ 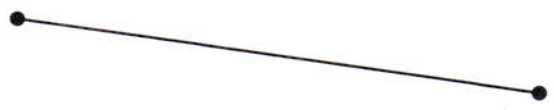

(선분 , 반직선 , 직선)

❻ 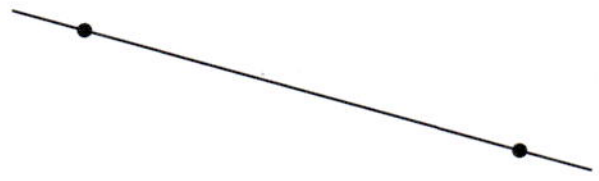

(선분 , 반직선 , 직선)

○ 도형의 이름을 써 보시오.

❼ 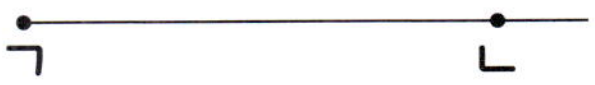

(   )

❽ 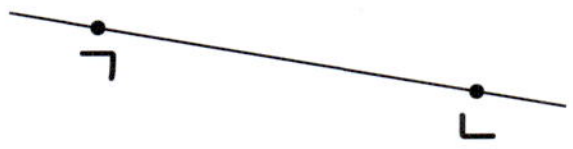

(   )

❾ 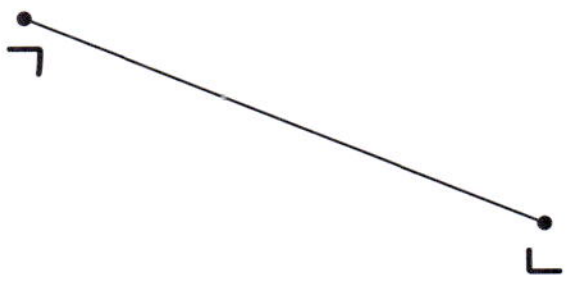

(   )

❿ 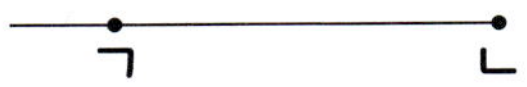

(   )

잘라서 사용할 수 있습니다.

2 각, 직각

○ 각이면 ○표, 각이 아니면 ✕표 하시오.

❶ 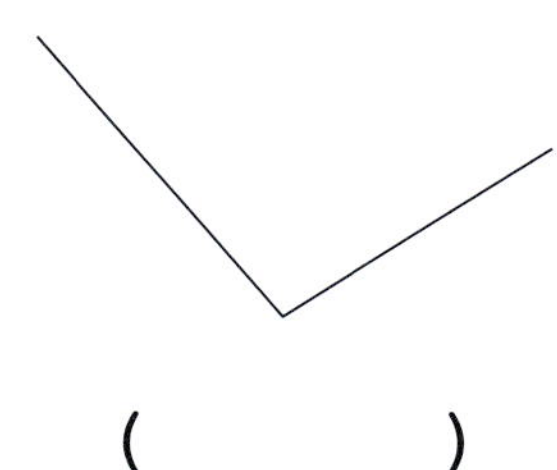

(   )

❷ 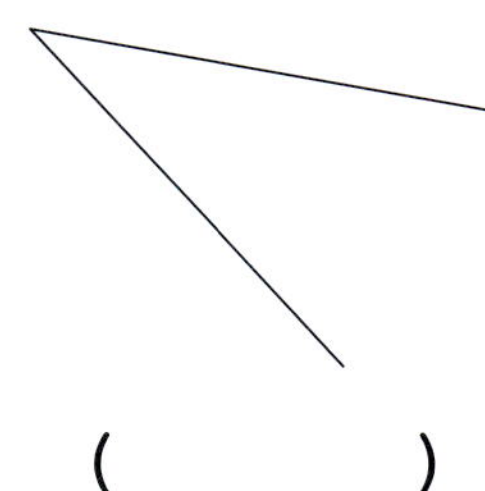

(   )

❸ 

(   )

❹ 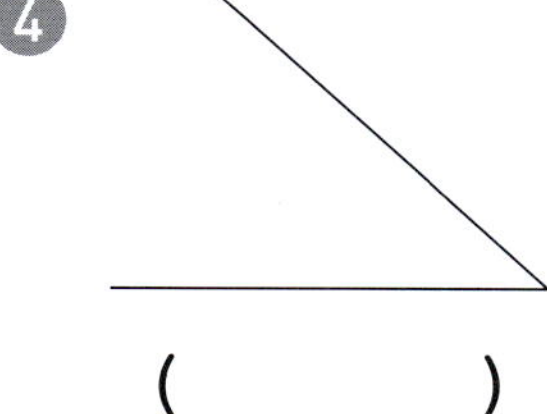

(   )

❺ 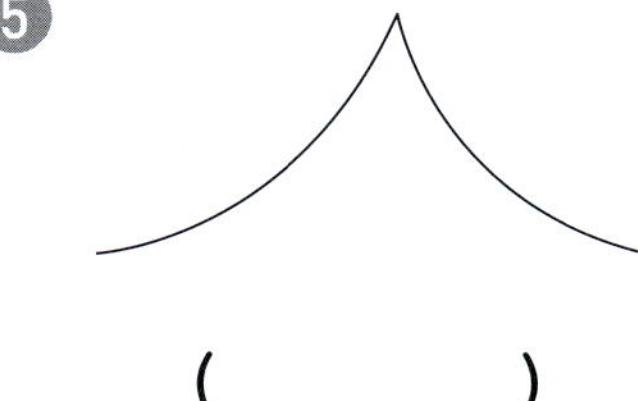

(   )

❻ 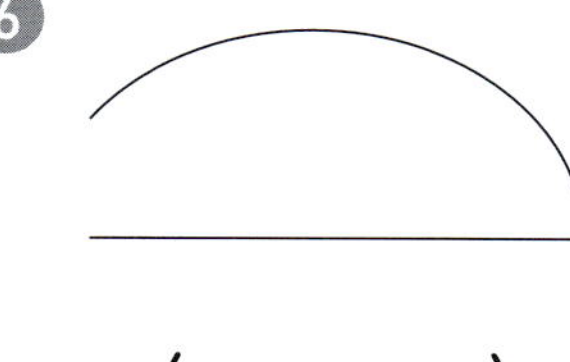

(   )

○ 도형에서 직각을 모두 찾아  로 표시해 보시오.

❼ 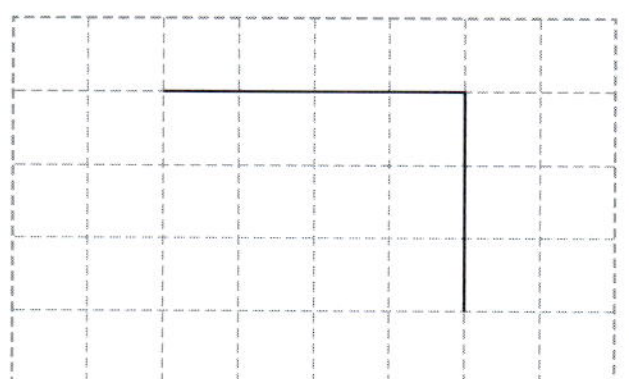

❽ 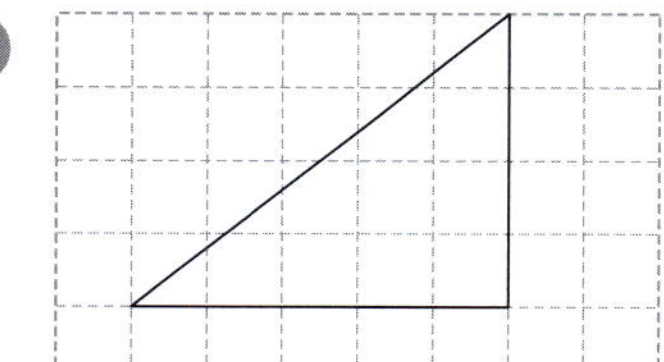

❾ 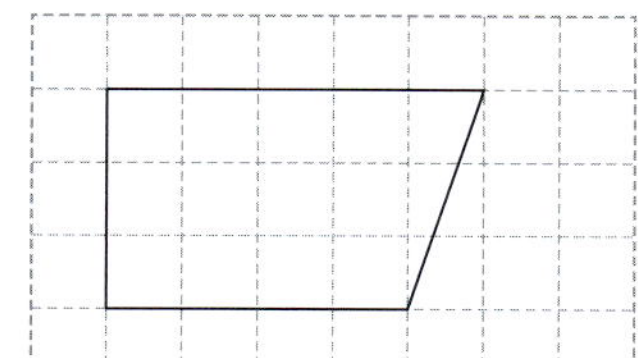

❿ 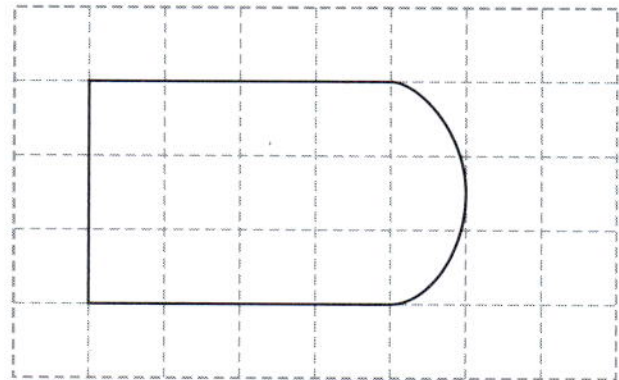

⓫ 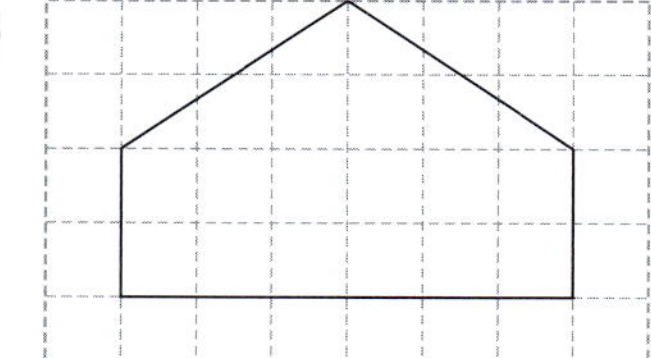

⓬ 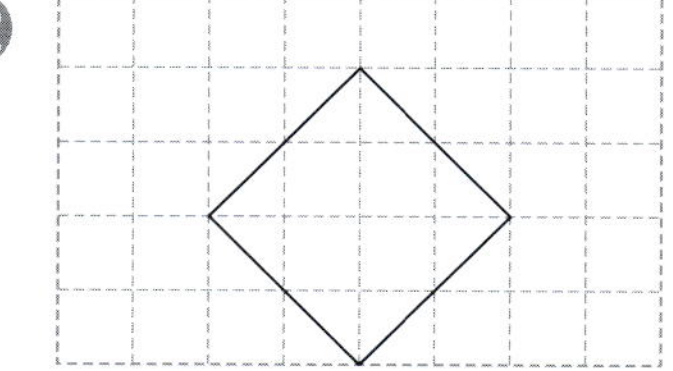

3 직각삼각형

정답 · 25쪽

○ 직각삼각형이면 ○표, 직각삼각형이 <u>아니면</u> ×표 하시오.

① 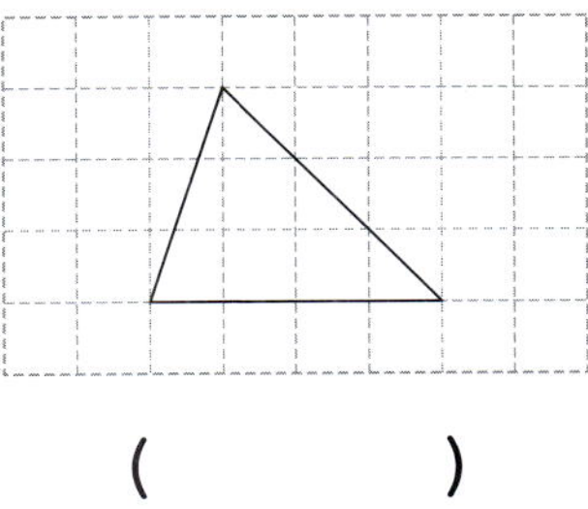

( )

② 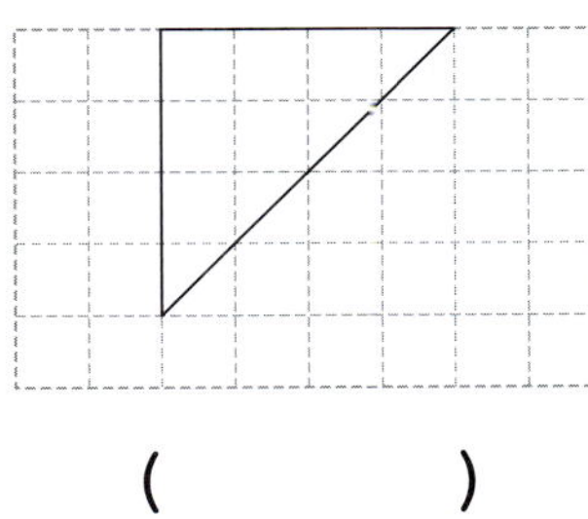

( )

③ 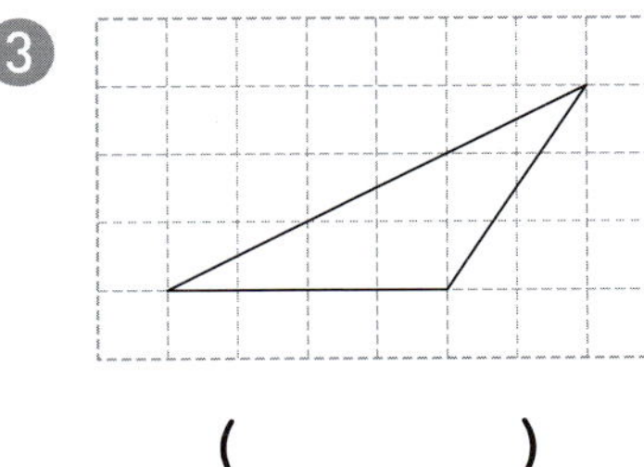

( )

④ 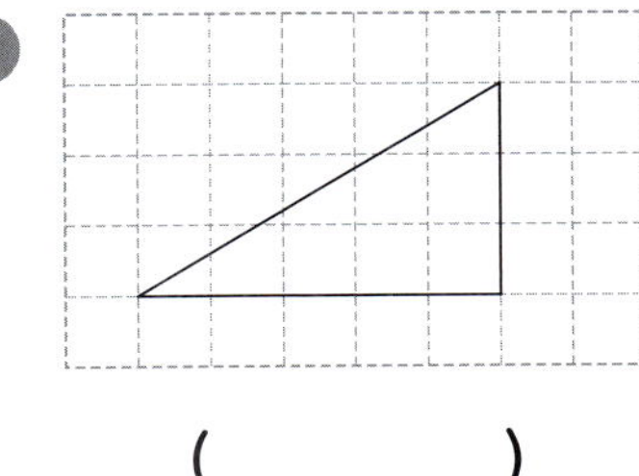

( )

⑤ 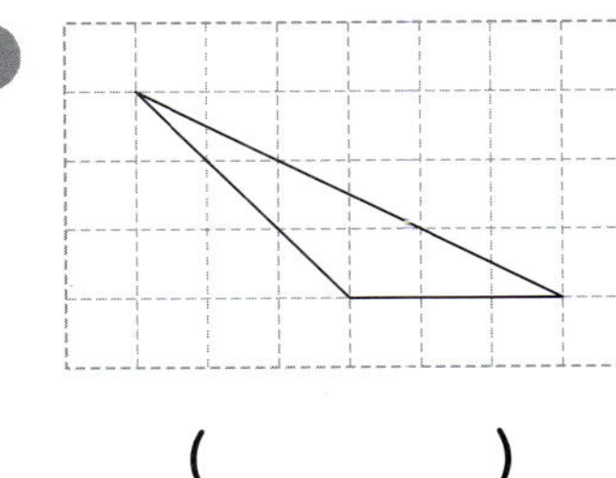

( )

⑥ 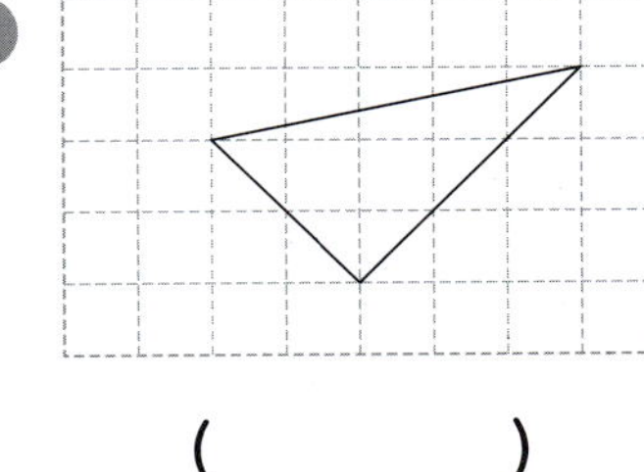

( )

○ 직각삼각형을 모두 찾아보시오.

⑦ 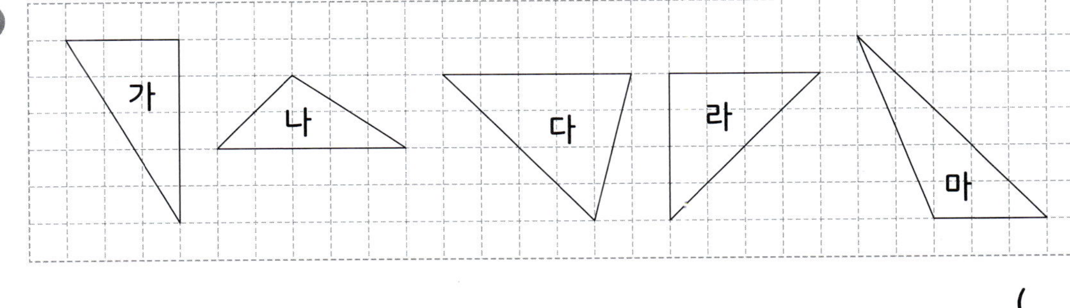

( )

⑧ 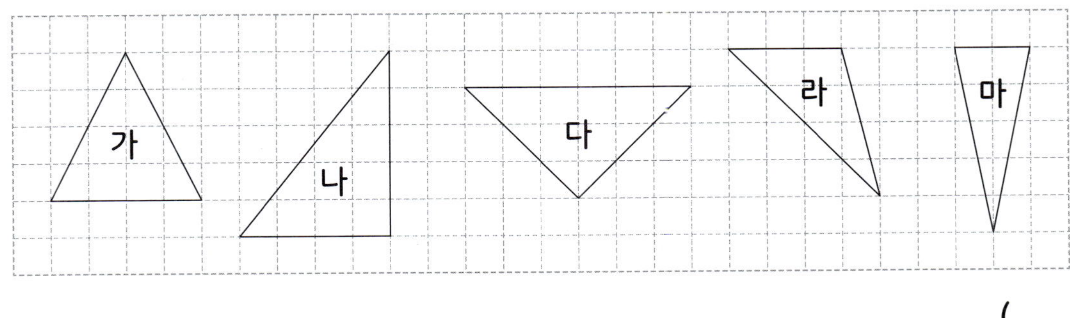

( )

4 직사각형

○ 직사각형이면 ○표, 직사각형이 <u>아니면</u> ×표 하시오.

( )

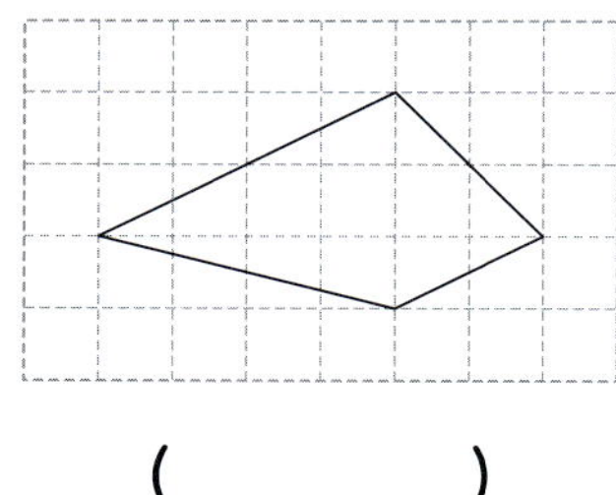

( )

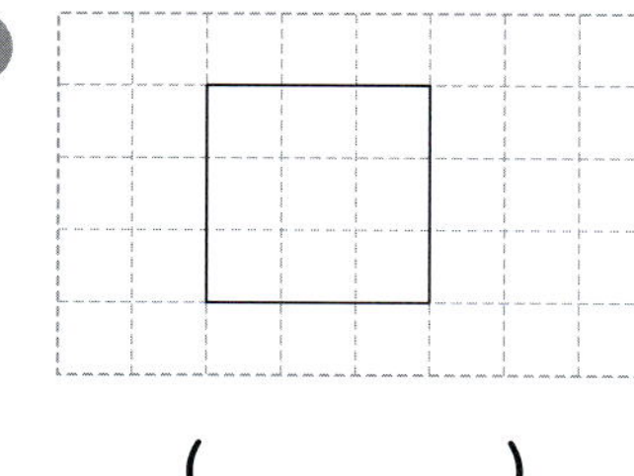

( )

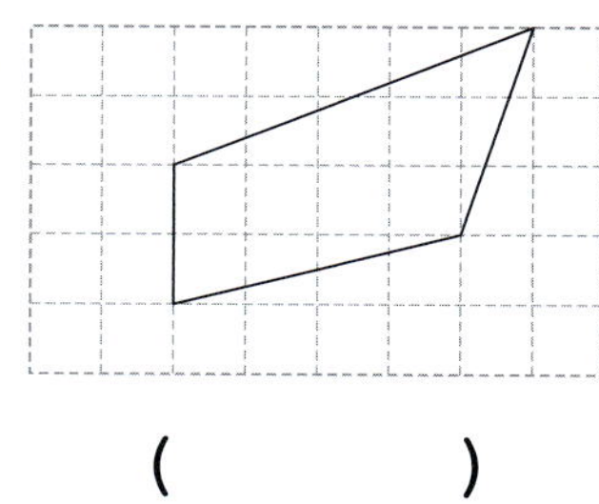

( )

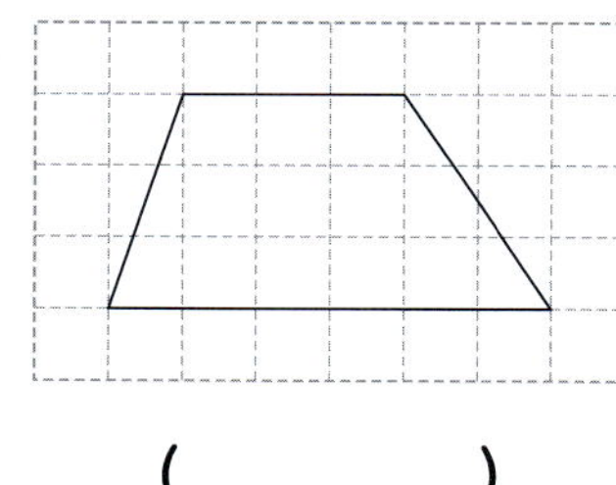

( )

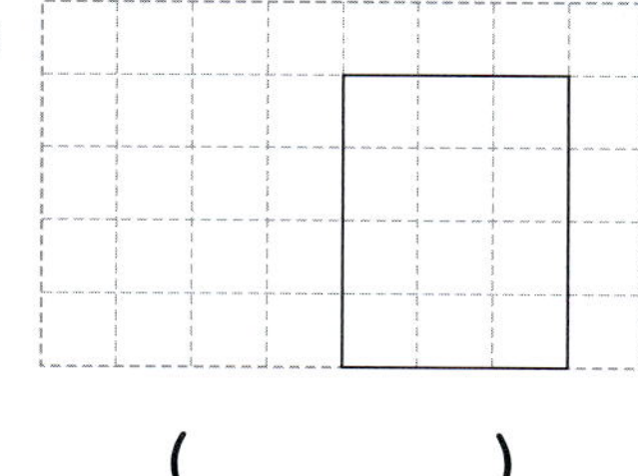

( )

○ 직사각형을 모두 찾아보시오.

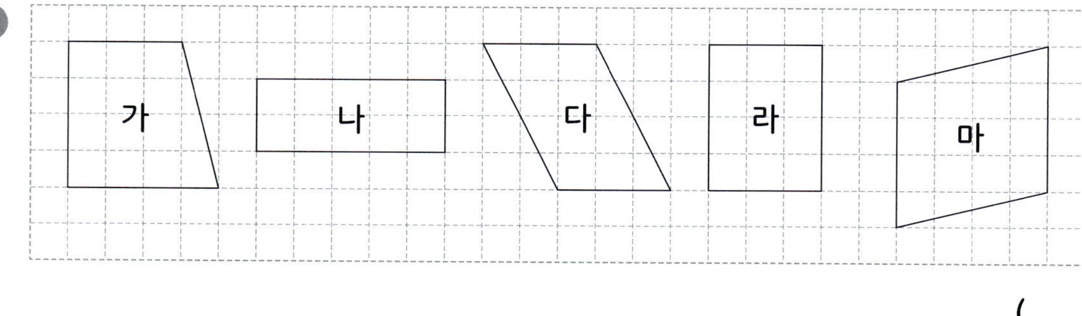

( )

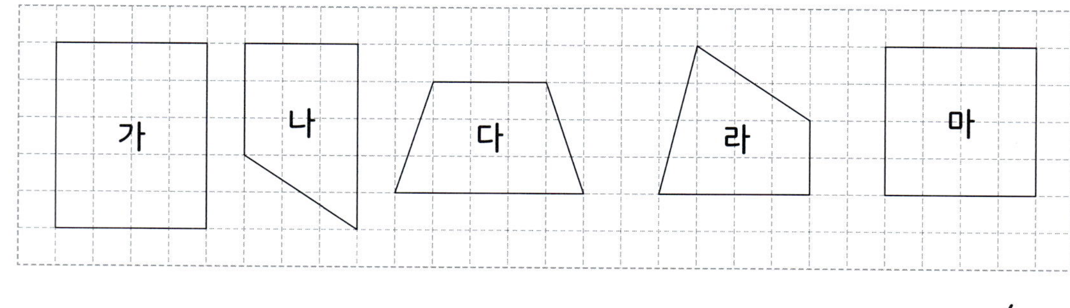

( )

⑤ 정사각형

정답 · 25쪽

○ 정사각형이면 ○표, 정사각형이 <u>아니면</u> ✕표 하시오.

❶ 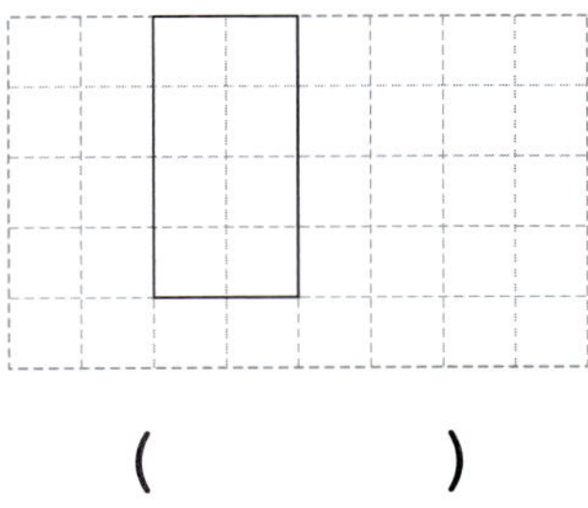

(   )

❷ 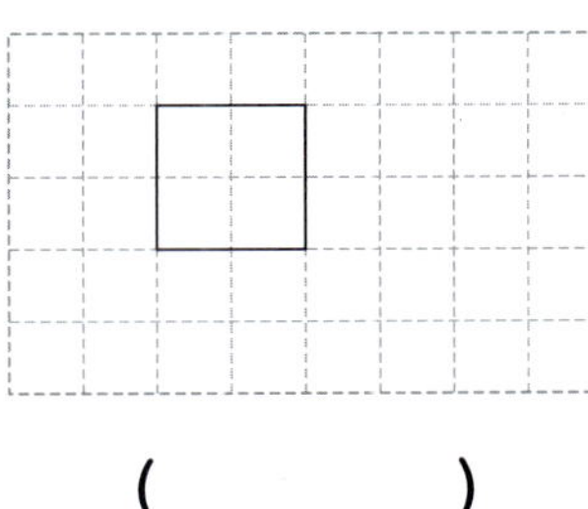

(   )

❸ 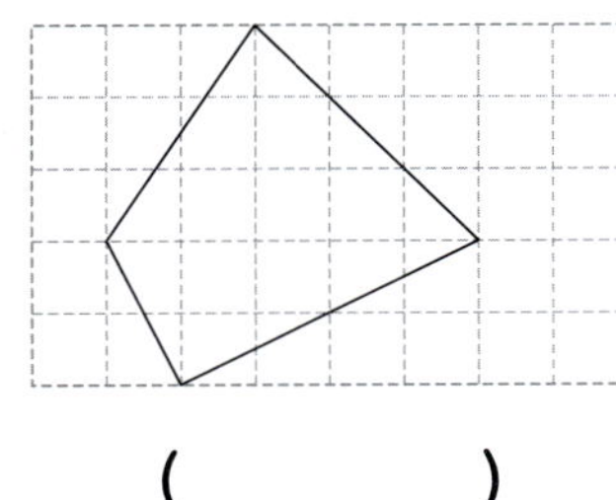

(   )

❹ 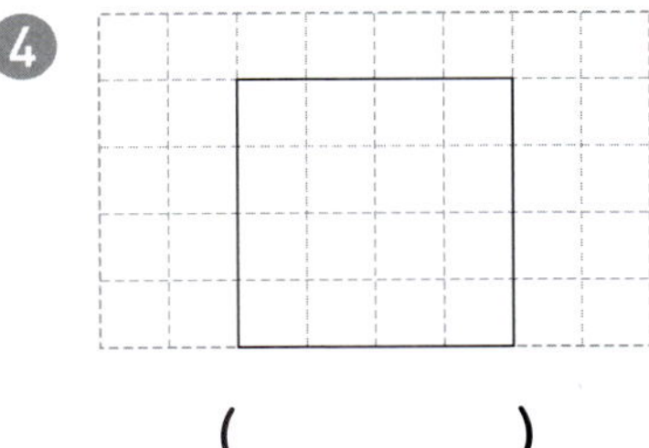

(   )

❺ 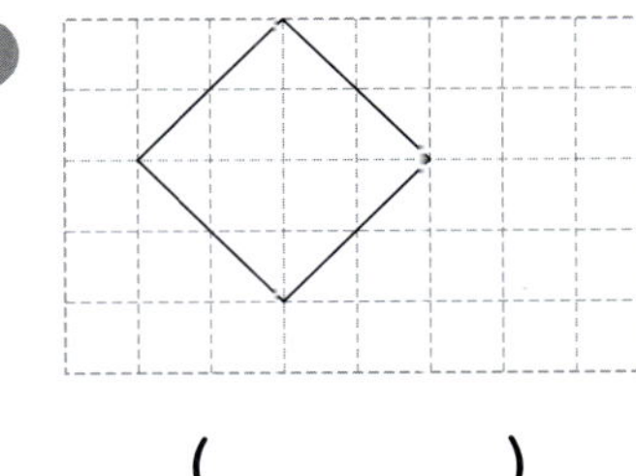

(   )

❻ 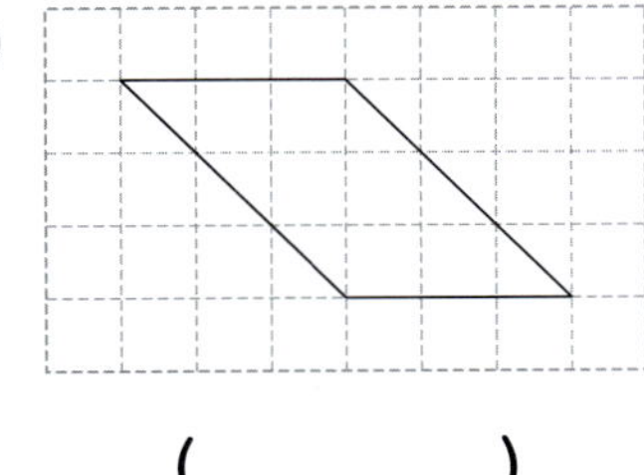

(   )

○ 정사각형을 모두 찾아보시오.

❼ 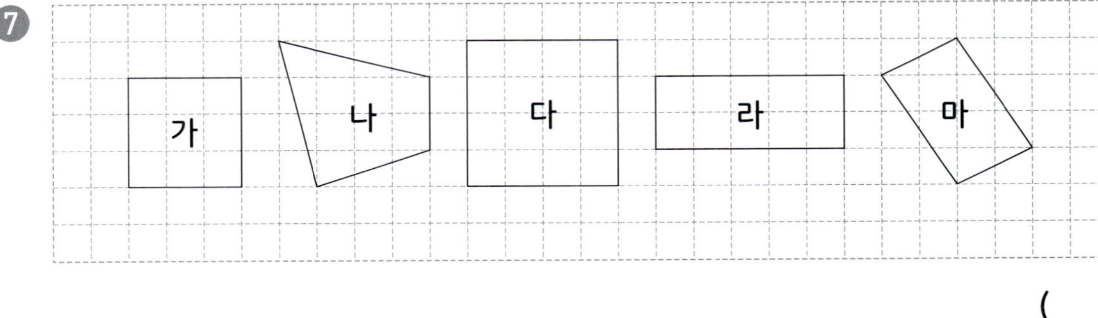

(   )

❽ 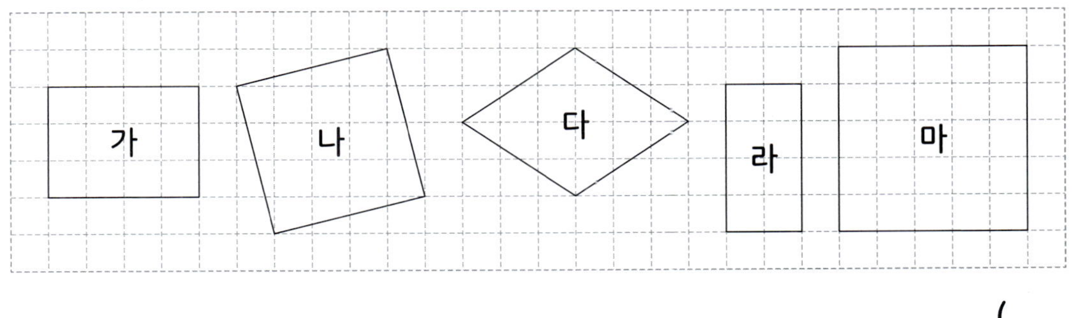

(   )

1 똑같이 나누어 주는 나눗셈

정답 • 25쪽

○ 과일을 접시 3개에 똑같이 나누어 담으려고 합니다. 한 접시에 과일을 몇 개씩 담을 수 있는지 ☐ 안에 알맞은 수를 써넣으시오.

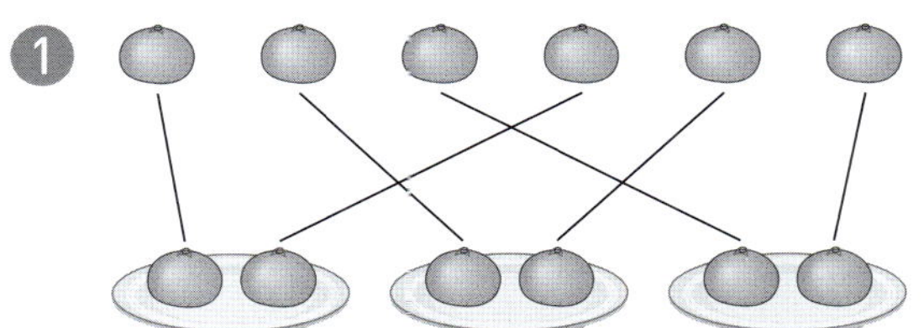

한 접시에 귤을

☐ 개씩 담을 수 있습니다.

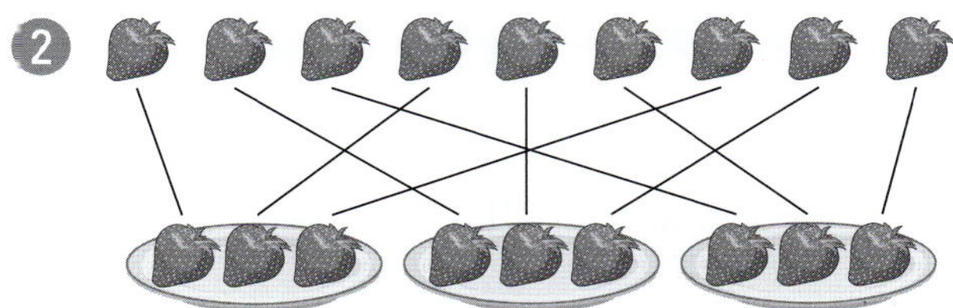

한 접시에 딸기를

☐ 개씩 담을 수 있습니다.

○ 공을 상자 6개에 똑같이 나누어 담으려고 합니다. 한 상자에 공을 몇 개씩 담을 수 있는지 ☐ 안에 알맞은 수를 써넣으시오.

$12 \div 6 = $ ☐ (개)

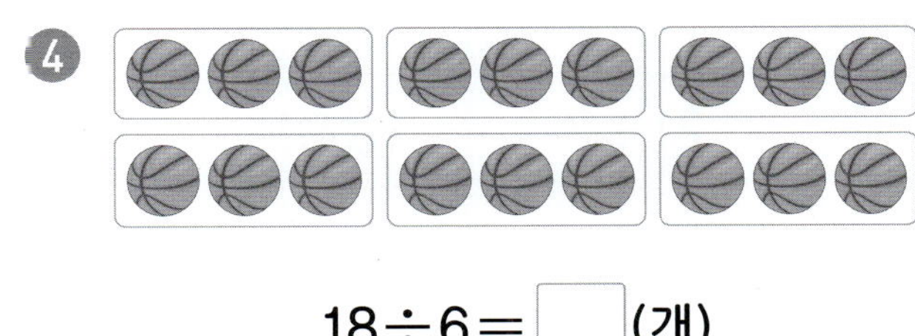

$18 \div 6 = $ ☐ (개)

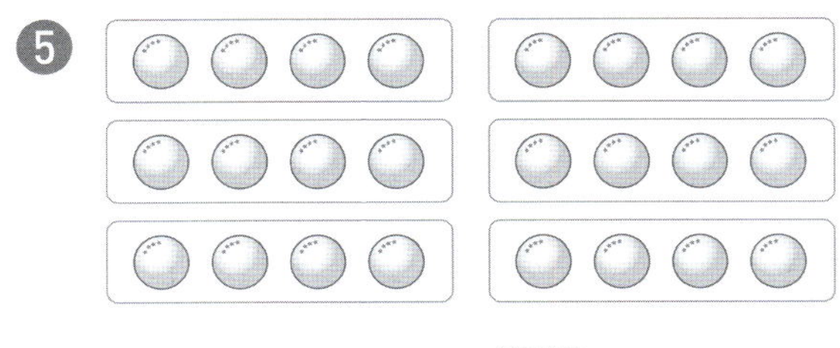

$24 \div 6 = $ ☐ (개)

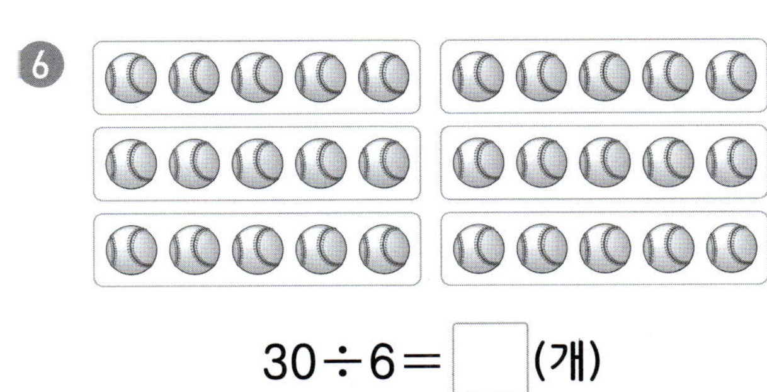

$30 \div 6 = $ ☐ (개)

2 같은 양이 몇 번 들어 있는 나눗셈

정답 · 25쪽

○ 빵을 한 명에게 4개씩 주려고 합니다. 몇 명에게 나누어 줄 수 있는지 ☐ 안에 알맞은 수를 써넣으시오.

❶ 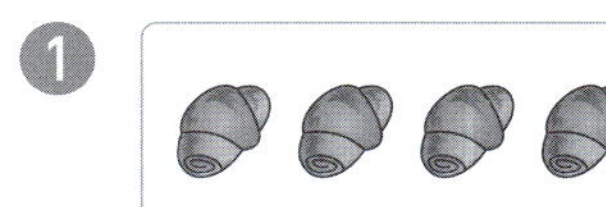

❷ 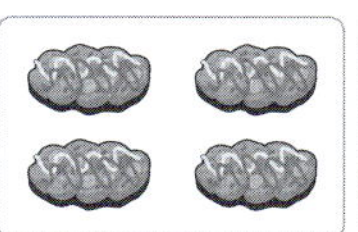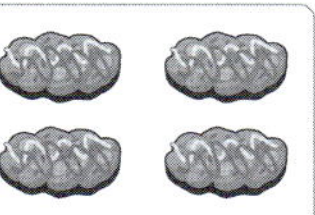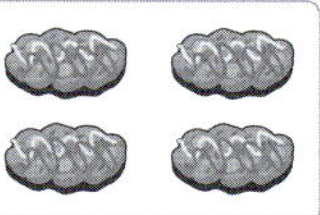

☐ 명에게 나누어 줄 수 있습니다.

☐ 명에게 나누어 줄 수 있습니다.

○ 학용품을 한 상자에 7개씩 담으려고 합니다. 상자는 몇 상자 필요한지 ☐ 안에 알맞은 수를 써넣으시오.

❸ 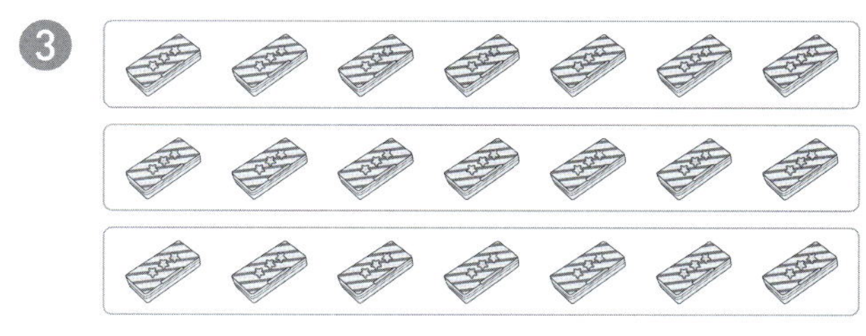

$21 \div 7 =$ ☐ (상자)

❹ 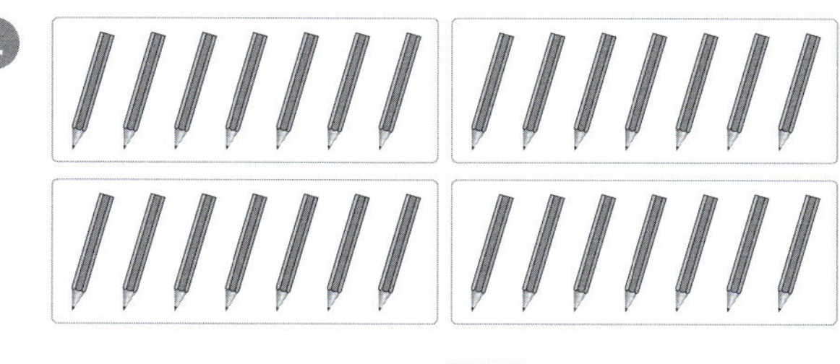

$28 \div 7 =$ ☐ (상자)

❺ 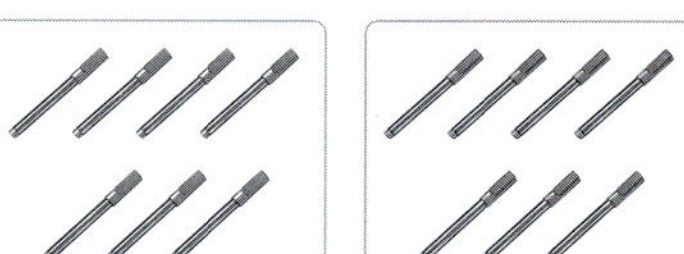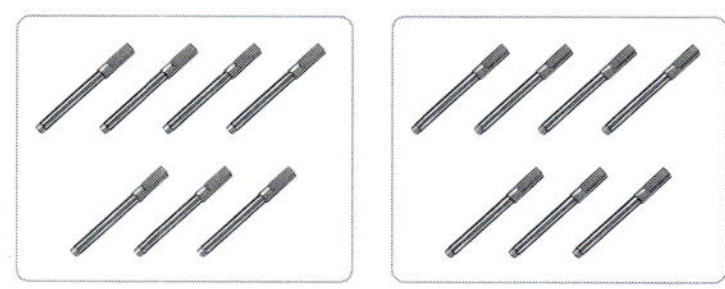

$35 \div 7 =$ ☐ (상자)

❻ 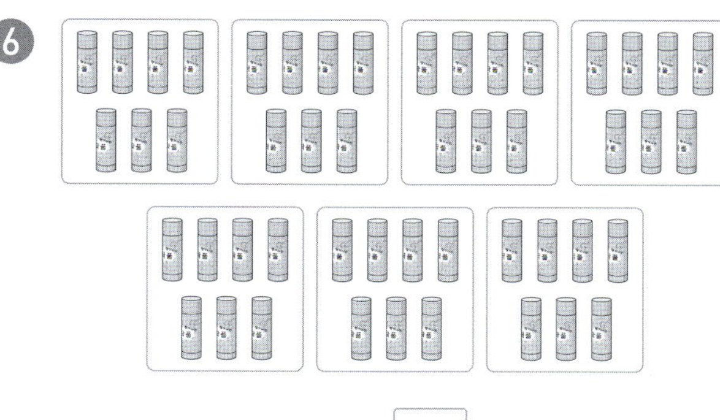

$49 \div 7 =$ ☐ (상자)

3 곱셈과 나눗셈의 관계

정답 • 25쪽

○ 곱셈식을 나눗셈식으로 나타내어 보시오.

① $2 \times 5 = 10$
$10 \div 2 = \boxed{}$
$10 \div \boxed{} = \boxed{}$

② $3 \times 2 = 6$
$6 \div 3 = \boxed{}$
$\boxed{} \div 2 = \boxed{}$

③ $5 \times 3 = 15$
$15 \div \boxed{} = \boxed{}$
$15 \div \boxed{} = \boxed{}$

④ $7 \times 2 = 14$
$\boxed{} \div 7 = \boxed{}$
$14 \div \boxed{} = \boxed{}$

⑤ $8 \times 4 = 32$
$32 \div \boxed{} = \boxed{}$
$\boxed{} \div 4 = \boxed{}$

⑥ $9 \times 6 = 54$
$\boxed{} \div 9 = \boxed{}$
$\boxed{} \div 6 = \boxed{}$

○ 나눗셈식을 곱셈식으로 나타내어 보시오.

⑦ $16 \div 8 = 2$
$8 \times 2 = \boxed{}$
$2 \times \boxed{} = \boxed{}$

⑧ $24 \div 4 = 6$
$4 \times 6 = \boxed{}$
$\boxed{} \times 4 = \boxed{}$

⑨ $30 \div 6 = 5$
$6 \times \boxed{} = \boxed{}$
$5 \times \boxed{} = \boxed{}$

⑩ $45 \div 5 = 9$
$\boxed{} \times 9 = \boxed{}$
$9 \times \boxed{} = \boxed{}$

⑪ $48 \div 6 = 8$
$6 \times \boxed{} = \boxed{}$
$\boxed{} \times 6 = \boxed{}$

⑫ $72 \div 9 = 8$
$\boxed{} \times 8 = \boxed{}$
$\boxed{} \times 9 = \boxed{}$

④ 나눗셈의 몫을 곱셈식으로 구하기

정답 • 26쪽

○ 나눗셈의 몫을 곱셈식으로 구해 보시오.

① $12 \div 3 = \square \Rightarrow 3 \times \square = 12$

② $14 \div 2 = \square \Rightarrow 2 \times \square = 14$

③ $24 \div 6 = \square \Rightarrow 6 \times \square = 24$

④ $25 \div 5 = \square \Rightarrow 5 \times \square = 25$

⑤ $30 \div 6 = \square \Rightarrow 6 \times \square = 30$

⑥ $42 \div 7 = \square \Rightarrow 7 \times \square = 42$

⑦ $48 \div 8 = \square \Rightarrow 8 \times \square = 48$

⑧ $54 \div 6 = \square \Rightarrow 6 \times \square = 54$

⑨ $18 \div 6 = \square \Rightarrow \square \times 6 = 18$

⑩ $24 \div 3 = \square \Rightarrow \square \times 3 = 24$

⑪ $28 \div 7 = \square \Rightarrow \square \times 7 = 28$

⑫ $35 \div 7 = \square \Rightarrow \square \times 7 = 35$

⑬ $42 \div 6 = \square \Rightarrow \square \times 6 = 42$

⑭ $63 \div 9 = \square \Rightarrow \square \times 9 = 63$

 ① (몇십) × (몇)

정답 · 26쪽

○ 계산해 보시오.

①
$$\begin{array}{r} 1\,0 \\ \times\ \ \ 4 \\ \hline \end{array}$$

②
$$\begin{array}{r} 1\,0 \\ \times\ \ \ 9 \\ \hline \end{array}$$

③
$$\begin{array}{r} 2\,0 \\ \times\ \ \ 5 \\ \hline \end{array}$$

④
$$\begin{array}{r} 3\,0 \\ \times\ \ \ 4 \\ \hline \end{array}$$

⑤
$$\begin{array}{r} 3\,0 \\ \times\ \ \ 8 \\ \hline \end{array}$$

⑥
$$\begin{array}{r} 4\,0 \\ \times\ \ \ 7 \\ \hline \end{array}$$

⑦
$$\begin{array}{r} 6\,0 \\ \times\ \ \ 7 \\ \hline \end{array}$$

⑧
$$\begin{array}{r} 7\,0 \\ \times\ \ \ 9 \\ \hline \end{array}$$

⑨
$$\begin{array}{r} 8\,0 \\ \times\ \ \ 7 \\ \hline \end{array}$$

⑩ $20 \times 6 =$

⑪ $30 \times 7 =$

⑫ $40 \times 4 =$

⑬ $50 \times 2 =$

⑭ $60 \times 9 =$

⑮ $70 \times 2 =$

⑯ $80 \times 4 =$

⑰ $80 \times 8 =$

⑱ $90 \times 5 =$

2 올림이 없는 (몇십몇) × (몇)

정답 • 26쪽

○ 계산해 보시오.

①
$$\begin{array}{r} 1\ 1 \\ \times\quad 7 \\ \hline \end{array}$$

②
$$\begin{array}{r} 1\ 2 \\ \times\quad 4 \\ \hline \end{array}$$

③
$$\begin{array}{r} 1\ 3 \\ \times\quad 3 \\ \hline \end{array}$$

④
$$\begin{array}{r} 1\ 4 \\ \times\quad 2 \\ \hline \end{array}$$

⑤
$$\begin{array}{r} 2\ 1 \\ \times\quad 3 \\ \hline \end{array}$$

⑥
$$\begin{array}{r} 2\ 2 \\ \times\quad 4 \\ \hline \end{array}$$

⑦
$$\begin{array}{r} 3\ 2 \\ \times\quad 2 \\ \hline \end{array}$$

⑧
$$\begin{array}{r} 3\ 3 \\ \times\quad 3 \\ \hline \end{array}$$

⑨
$$\begin{array}{r} 4\ 1 \\ \times\quad 2 \\ \hline \end{array}$$

⑩ $11 \times 5 =$

⑪ $12 \times 3 =$

⑫ $13 \times 2 =$

⑬ $21 \times 2 =$

⑭ $22 \times 3 =$

⑮ $23 \times 3 =$

⑯ $24 \times 2 =$

⑰ $31 \times 3 =$

⑱ $43 \times 2 =$

3 십의 자리에서 올림이 있는 (몇십몇) × (몇)

○ 계산해 보시오.

①
```
   2 1
×    5
```

②
```
   3 1
×    9
```

③
```
   3 2
×    4
```

④
```
   4 1
×    6
```

⑤
```
   4 2
×    4
```

⑥
```
   5 1
×    6
```

⑦
```
   6 2
×    2
```

⑧
```
   7 3
×    3
```

⑨
```
   9 1
×    4
```

⑩ 21 × 7 =

⑪ 31 × 8 =

⑫ 41 × 9 =

⑬ 42 × 3 =

⑭ 53 × 3 =

⑮ 62 × 4 =

⑯ 71 × 5 =

⑰ 82 × 4 =

⑱ 93 × 2 =

4 일의 자리에서 올림이 있는 (몇십몇) × (몇)

정답 · 26쪽

○ 계산해 보시오.

①
$$\begin{array}{r} 1\ 4 \\ \times\quad 3 \\ \hline \end{array}$$

②
$$\begin{array}{r} 1\ 5 \\ \times\quad 2 \\ \hline \end{array}$$

③
$$\begin{array}{r} 1\ 6 \\ \times\quad 5 \\ \hline \end{array}$$

④
$$\begin{array}{r} 1\ 9 \\ \times\quad 2 \\ \hline \end{array}$$

⑤
$$\begin{array}{r} 2\ 3 \\ \times\quad 4 \\ \hline \end{array}$$

⑥
$$\begin{array}{r} 2\ 5 \\ \times\quad 2 \\ \hline \end{array}$$

⑦
$$\begin{array}{r} 2\ 7 \\ \times\quad 3 \\ \hline \end{array}$$

⑧
$$\begin{array}{r} 3\ 9 \\ \times\quad 2 \\ \hline \end{array}$$

⑨
$$\begin{array}{r} 4\ 5 \\ \times\quad 2 \\ \hline \end{array}$$

⑩ $17 \times 5 =$

⑪ $18 \times 3 =$

⑫ $19 \times 4 =$

⑬ $24 \times 4 =$

⑭ $25 \times 3 =$

⑮ $27 \times 2 =$

⑯ $28 \times 3 =$

⑰ $36 \times 2 =$

⑱ $48 \times 2 =$

5 십, 일의 자리에서 올림이 있는 (몇십몇) × (몇)

정답 • 26쪽

○ 계산해 보시오.

①
$$\begin{array}{r} 1\ 7 \\ \times\quad 6 \\ \hline \end{array}$$

②
$$\begin{array}{r} 2\ 4 \\ \times\quad 7 \\ \hline \end{array}$$

③
$$\begin{array}{r} 2\ 6 \\ \times\quad 8 \\ \hline \end{array}$$

④
$$\begin{array}{r} 3\ 4 \\ \times\quad 9 \\ \hline \end{array}$$

⑤
$$\begin{array}{r} 4\ 5 \\ \times\quad 7 \\ \hline \end{array}$$

⑥
$$\begin{array}{r} 5\ 2 \\ \times\quad 6 \\ \hline \end{array}$$

⑦
$$\begin{array}{r} 7\ 8 \\ \times\quad 2 \\ \hline \end{array}$$

⑧
$$\begin{array}{r} 8\ 2 \\ \times\quad 5 \\ \hline \end{array}$$

⑨
$$\begin{array}{r} 9\ 4 \\ \times\quad 8 \\ \hline \end{array}$$

⑩ $19 \times 6 =$

⑪ $28 \times 5 =$

⑫ $39 \times 4 =$

⑬ $44 \times 8 =$

⑭ $49 \times 7 =$

⑮ $56 \times 5 =$

⑯ $67 \times 9 =$

⑰ $75 \times 3 =$

⑱ $92 \times 7 =$

 **1 cm와 1 mm의 관계**

정답·26쪽

○ ☐ 안에 알맞은 수를 써넣으시오.

❶ 2 cm = ☐ mm

❷ 5 cm = ☐ mm

❸ 10 cm = ☐ mm

❹ 25 cm = ☐ mm

❺ 40 mm = ☐ cm

❻ 90 mm = ☐ cm

❼ 2 cm 6 mm = ☐ mm

❽ 5 cm 3 mm = ☐ mm

❾ 7 cm 5 mm = ☐ mm

❿ 8 cm 7 mm = ☐ mm

⓫ 31 mm = ☐ cm ☐ mm

⓬ 49 mm = ☐ cm ☐ mm

⓭ 68 mm = ☐ cm ☐ mm

⓮ 94 mm = ☐ cm ☐ mm

2 1 km와 1 m의 관계

정답 • 27쪽

○ ☐ 안에 알맞은 수를 써넣으시오.

❶ 4 km = ☐ m

❷ 7 km = ☐ m

❸ 16 km = ☐ m

❹ 25 km = ☐ m

❺ 3000 m = ☐ km

❻ 8000 m = ☐ km

❼ 17000 m = ☐ km

❽ 42000 m = ☐ km

❾ 2 km 900 m = ☐ m

❿ 9 km 150 m = ☐ m

⓫ 2100 m = ☐ km ☐ m

⓬ 3900 m = ☐ km ☐ m

⓭ 7465 m = ☐ km ☐ m

⓮ 8093 m = ☐ km ☐ m

3 cm와 mm가 있는 길이의 덧셈과 뺄셈

정답 · 27쪽

○ 계산해 보시오.

1
```
    1 cm   3 mm
+   5 cm   1 mm
```

2
```
    4 cm   6 mm
−   3 cm   2 mm
```

3
```
    3 cm   4 mm
+   2 cm   8 mm
```

4
```
    5 cm   3 mm
−   1 cm   9 mm
```

5
```
    5 cm   7 mm
+   4 cm   6 mm
```

6
```
    6 cm   1 mm
−   4 cm   5 mm
```

7 6 cm 5 mm+1 cm 2 mm
=

8 7 cm 8 mm−3 cm 2 mm
=

9 8 cm 7 mm+2 cm 9 mm
=

10 8 cm 6 mm−5 cm 7 mm
=

11 9 cm 3 mm+4 cm 8 mm
=

12 10 cm 3 mm−2 cm 5 mm
=

4 km와 m가 있는 길이의 덧셈과 뺄셈

정답 • 27쪽

○ 계산해 보시오.

①
```
    1 km   500 m
+   4 km   300 m
```

②
```
    2 km   400 m
−   1 km   900 m
```

③
```
    2 km   750 m
+   8 km   400 m
```

④
```
    3 km   500 m
−   1 km   800 m
```

⑤
```
    4 km   500 m
+   6 km   830 m
```

⑥
```
    7 km   140 m
−   4 km   200 m
```

⑦ 5 km 210 m + 4 km 360 m
=

⑧ 8 km 700 m − 3 km 120 m
=

⑨ 6 km 150 m + 3 km 900 m
=

⑩ 9 km 420 m − 2 km 570 m
=

⑪ 8 km 580 m + 6 km 730 m
=

⑫ 13 km 200 m − 8 km 470 m
=

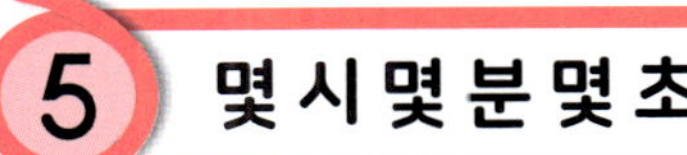 **5** **몇 시 몇 분 몇 초**

정답 · 27쪽

○ 시각을 읽어 보시오.

❶ 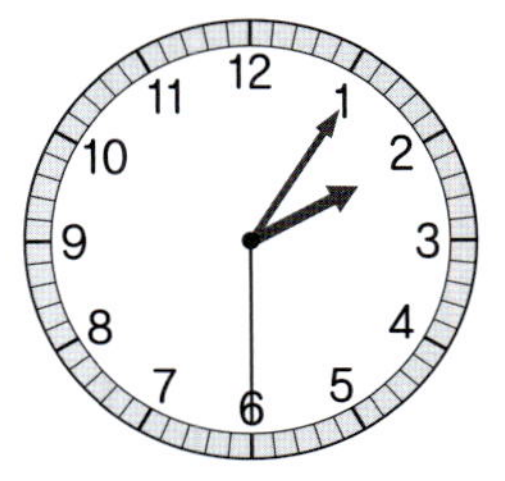

◻ 시 ◻ 분 ◻ 초

❷ 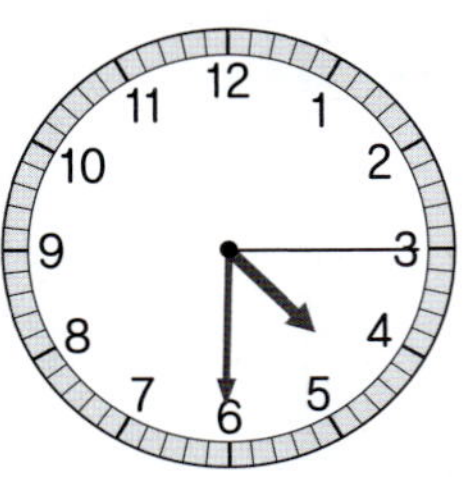

◻ 시 ◻ 분 ◻ 초

❸

◻ 시 ◻ 분 ◻ 초

❹

◻ 시 ◻ 분 ◻ 초

❺ 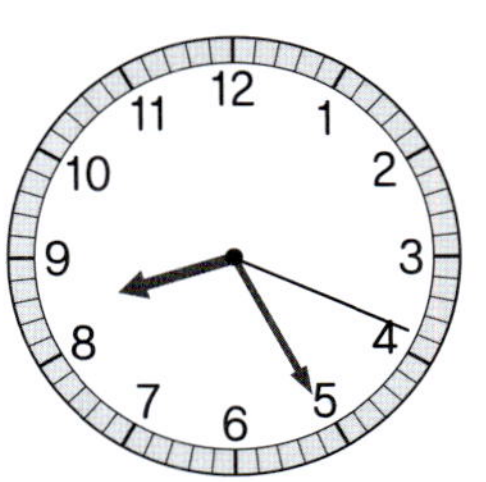

◻ 시 ◻ 분 ◻ 초

❻ 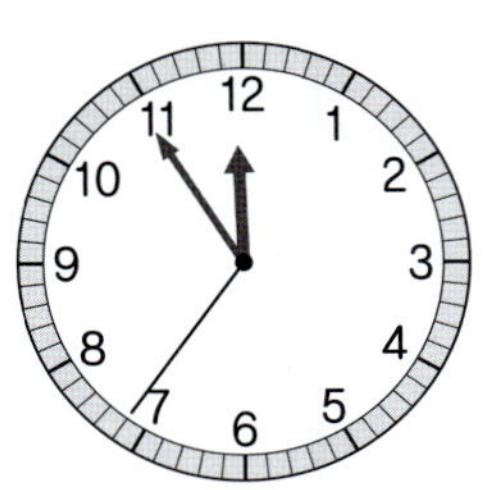

◻ 시 ◻ 분 ◻ 초

❼ 

◻ 시 ◻ 분 ◻ 초

❽ 

◻ 시 ◻ 분 ◻ 초

6 시간을 분과 초로 나타내기

정답 · 27쪽

○ ☐ 안에 알맞은 수를 써넣으시오.

1 1분 = ☐ 초

2 120초 = ☐ 분

3 3분 = ☐ 초

4 240초 = ☐ 분

5 5분 = ☐ 초

6 420초 = ☐ 분

7 1분 10초 = ☐ 초

8 90초 = ☐ 분 ☐ 초

9 2분 30초 = ☐ 초

10 140초 = ☐ 분 ☐ 초

11 3분 5초 = ☐ 초

12 165초 = ☐ 분 ☐ 초

13 4분 45초 = ☐ 초

14 190초 = ☐ 분 ☐ 초

7 시간의 덧셈

정답 · 27쪽

○ 계산해 보시오.

①
```
    1 분   35 초
 +  2 분   15 초
```

②
```
    3 분   42 초
 +  4 분   56 초
```

③
```
    5 시   18 분
 +         30 분
```

④
```
    7 시   40 분
 +         45 분   31 초
```

⑤
```
    4 시간   29 분   55 초
 +  1 시간   48 분   25 초
```

⑥
```
    5 시     32 분   57 초
 +  5 시간   45 분   24 초
```

⑦ 6분 33초＋2분 14초
   =

⑧ 7분 25초＋8분 47초
   =

⑨ 3시 40분＋15분
   =

⑩ 8시 29분＋44분 36초
   =

⑪ 9시간 28분 12초＋54분 49초
   =

⑫ 8시간 51분 29초＋3시간 30분 48초
   =

⑬ 10시 15분 34초＋1시간 48분 50초
   =

⑭ 10시 22분 38초＋1시간 39분 52초
   =

 8 시간의 뺄셈

정답 · 27쪽

○ 계산해 보시오.

① 　　4 분　52 초
　－　3 분　31 초

② 　　6 분　13 초
　－　2 분　25 초

③ 　　7 시간　43 분
　－　5 시간　26 분

④ 　　8 시　10 분　24 초
　－　　　15 분　38 초

⑤ 　　9 시　40 분　17 초
　－　3 시간　52 분　20 초

⑥ 　　11 시　36 분　　5 초
　－　3 시　40 분　58 초

⑦ 3분 12초－2분 6초
　=

⑧ 7분 35초－1분 46초
　=

⑨ 1시간 43분－57분
　=

⑩ 3시 24분－1시간 30분
　=

⑪ 5시 27분 32초－18분 40초
　=

⑫ 6시 44분 36초－3시간 50분 41초
　=

⑬ 8시 19분 20초－4시 21분 35초
　=

⑭ 11시 30분 16초－5시 48분 22초
　=

① 분수

○ **색칠한 부분을 분수로 쓰고 읽어 보시오.**

① 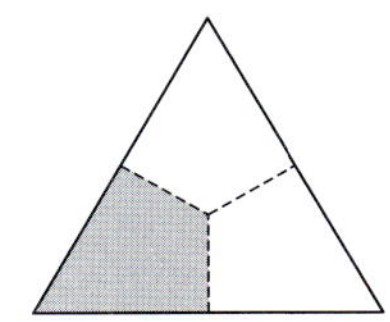

쓰기 __________________________

읽기 __________________________

② 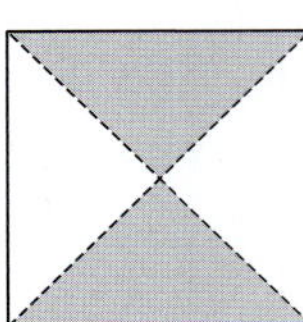

쓰기 __________________________

읽기 __________________________

③ 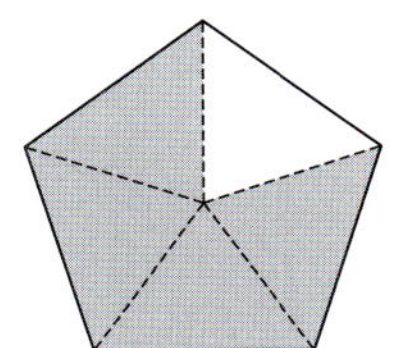

쓰기 __________________________

읽기 __________________________

④ 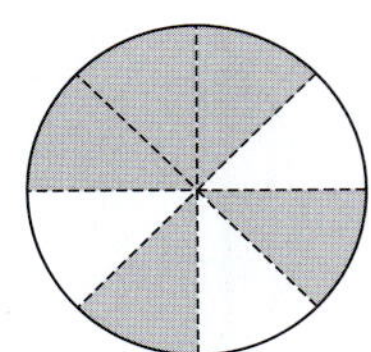

쓰기 __________________________

읽기 __________________________

○ **색칠한 부분과 색칠하지 <u>않은</u> 부분을 분수로 써 보시오.**

⑤ 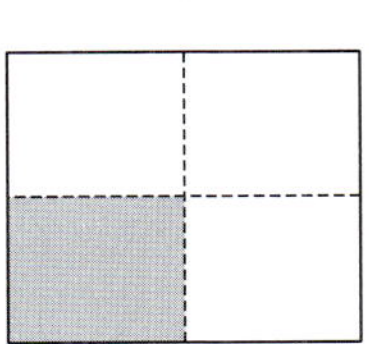

• 색칠한 부분   • 색칠하지 않은 부분

⑥ 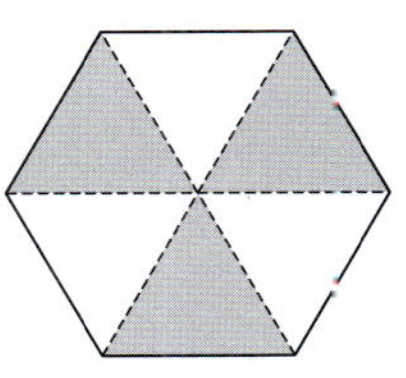

⑦ 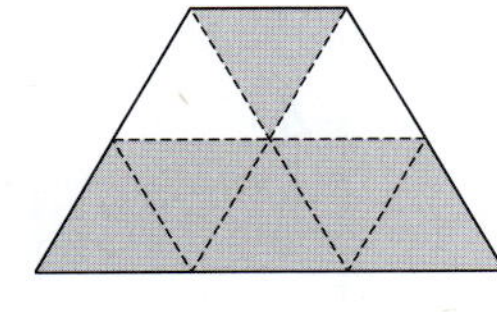

⑧ 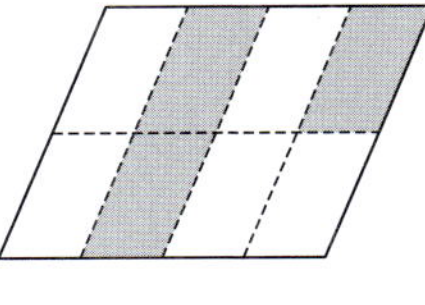

⑨ 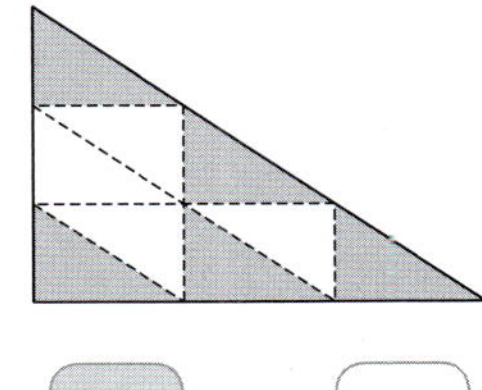

⑩ 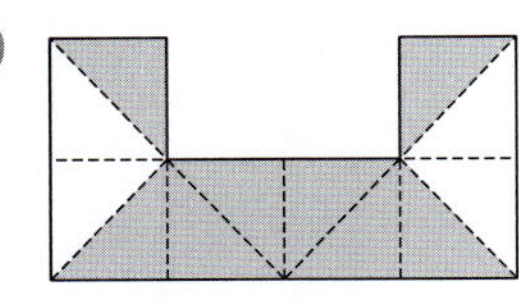

2 분모가 같은 분수의 크기 비교

정답 • 28쪽

○ 그림을 보고 ◯ 안에 >, =, <를 알맞게 써넣으시오.

① 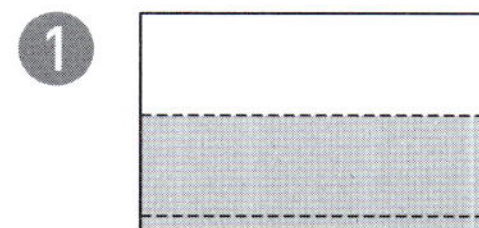

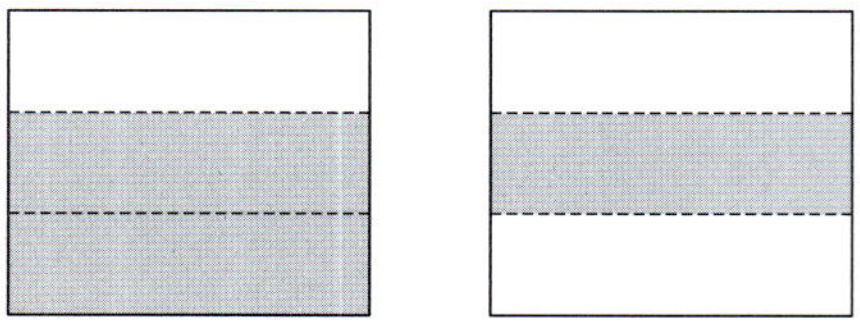

$$\frac{2}{3} \bigcirc \frac{1}{3}$$

② 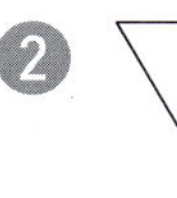

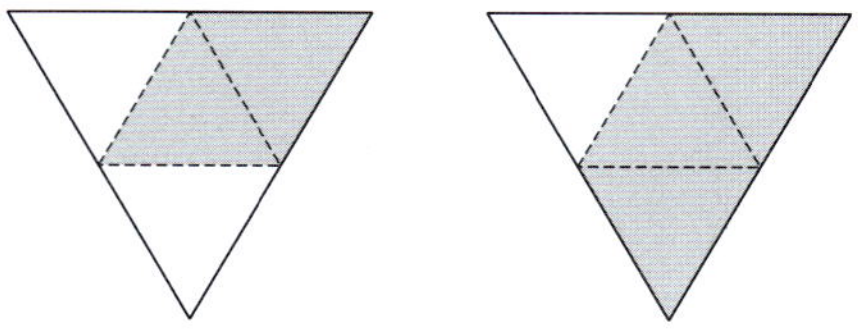

$$\frac{2}{4} \bigcirc \frac{3}{4}$$

③

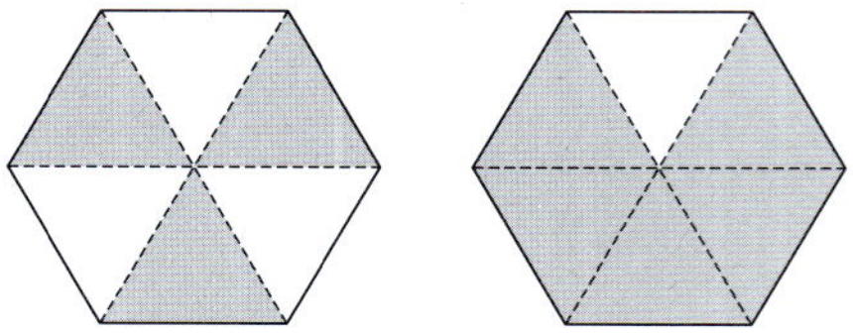

$$\frac{3}{6} \bigcirc \frac{5}{6}$$

④

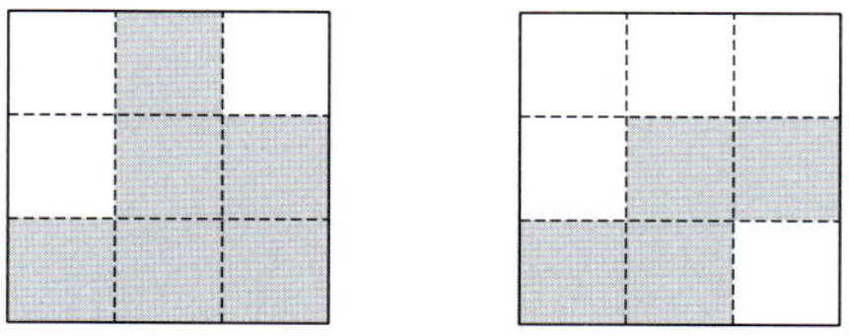

$$\frac{6}{9} \bigcirc \frac{4}{9}$$

○ 두 분수의 크기를 비교하여 ◯ 안에 >, =, <를 알맞게 써넣으시오.

⑤ $\dfrac{1}{4} \bigcirc \dfrac{2}{4}$ **⑥** $\dfrac{4}{5} \bigcirc \dfrac{3}{5}$ **⑦** $\dfrac{2}{6} \bigcirc \dfrac{5}{6}$

⑧ $\dfrac{3}{7} \bigcirc \dfrac{6}{7}$ **⑨** $\dfrac{7}{8} \bigcirc \dfrac{4}{8}$ **⑩** $\dfrac{4}{9} \bigcirc \dfrac{8}{9}$

⑪ $\dfrac{5}{9} \bigcirc \dfrac{3}{9}$ **⑫** $\dfrac{3}{10} \bigcirc \dfrac{7}{10}$ **⑬** $\dfrac{5}{12} \bigcirc \dfrac{9}{12}$

3 단위분수의 크기 비교

○ 그림을 보고 ◯ 안에 >, =, <를 알맞게 써넣으시오.

❶ 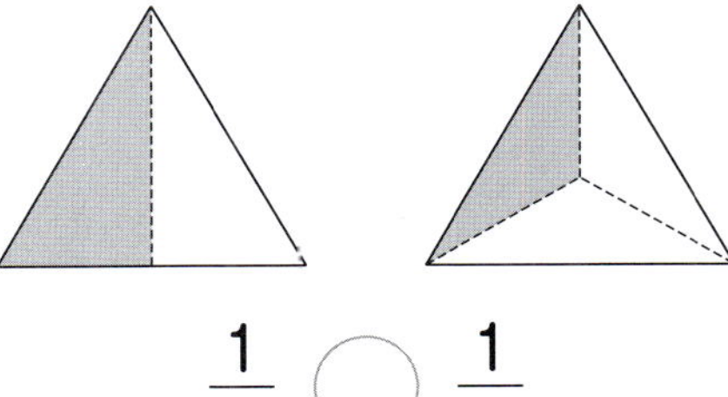

$$\frac{1}{2} \bigcirc \frac{1}{3}$$

❷ 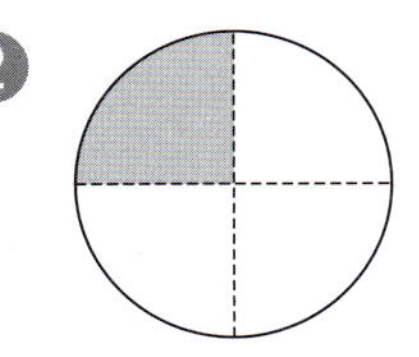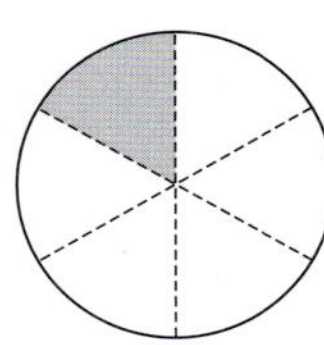

$$\frac{1}{4} \bigcirc \frac{1}{6}$$

❸ 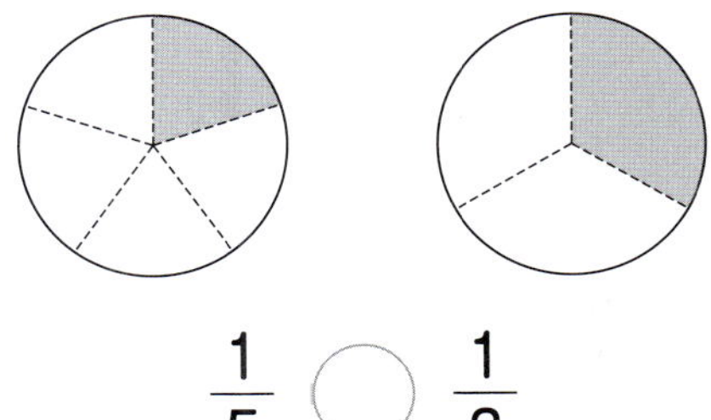

$$\frac{1}{5} \bigcirc \frac{1}{3}$$

❹ 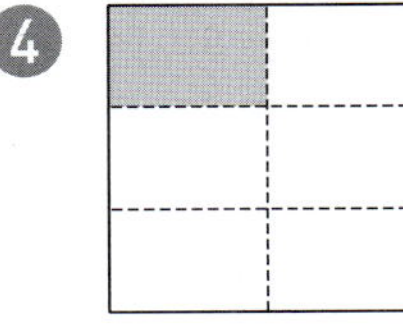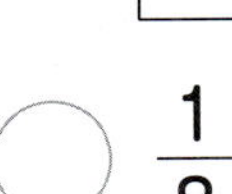

$$\frac{1}{6} \bigcirc \frac{1}{8}$$

○ 두 분수의 크기를 비교하여 ◯ 안에 >, =, <를 알맞게 써넣으시오.

❺ $\dfrac{1}{2} \bigcirc \dfrac{1}{4}$ ❻ $\dfrac{1}{3} \bigcirc \dfrac{1}{5}$ ❼ $\dfrac{1}{4} \bigcirc \dfrac{1}{3}$

❽ $\dfrac{1}{5} \bigcirc \dfrac{1}{2}$ ❾ $\dfrac{1}{5} \bigcirc \dfrac{1}{9}$ ❿ $\dfrac{1}{6} \bigcirc \dfrac{1}{3}$

⓫ $\dfrac{1}{7} \bigcirc \dfrac{1}{8}$ ⓬ $\dfrac{1}{8} \bigcirc \dfrac{1}{6}$ ⓭ $\dfrac{1}{9} \bigcirc \dfrac{1}{10}$

4 소수

정답 • 28쪽

○ 분수를 소수로 쓰고 읽어 보시오.

1 $\dfrac{1}{10}$

쓰기 ___________________

읽기 ___________________

2 $\dfrac{3}{10}$

쓰기 ___________________

읽기 ___________________

3 $\dfrac{6}{10}$

쓰기 ___________________

읽기 ___________________

4 $\dfrac{8}{10}$

쓰기 ___________________

읽기 ___________________

○ ☐ 안에 알맞은 수를 써넣으시오.

5 0.5는 0.1이 ☐ 개입니다.

6 5.6은 0.1이 ☐ 개입니다.

7 0.7은 ☐ 이 7개입니다.

8 6.3은 ☐ 이 63개입니다.

9 0.1이 4개이면 ☐ 입니다.

10 0.1이 27개이면 ☐ 입니다.

11 0.1이 ☐ 개이면 0.9입니다.

12 0.1이 ☐ 개이면 8.2입니다.

5 소수로 나타내기

정답 · 28쪽

○  안에 알맞은 소수를 써넣으시오.

❶ 1 cm 4 mm = ☐ cm

❷ 2 cm 8 mm = ☐ cm

❸ 3 cm 7 mm = ☐ cm

❹ 4 cm 9 mm = ☐ cm

❺ 5 cm 3 mm = ☐ cm

❻ 6 cm 1 mm = ☐ cm

❼ 9 cm 5 mm = ☐ cm

❽ 11 mm = ☐ cm

❾ 35 mm = ☐ cm

❿ 28 mm = ☐ cm

⓫ 52 mm = ☐ cm

⓬ 65 mm = ☐ cm

⓭ 74 mm = ☐ cm

⓮ 92 mm = ☐ cm

 6 소수의 크기 비교

○ 두 소수의 크기를 비교하여 ◯ 안에 >, =, <를 알맞게 써넣으시오.

① 0.2 ◯ 0.5   ② 0.3 ◯ 0.6   ③ 0.4 ◯ 0.3

④ 0.5 ◯ 0.9   ⑤ 0.7 ◯ 0.6   ⑥ 0.8 ◯ 0.4

⑦ 1.4 ◯ 0.7   ⑧ 2.3 ◯ 1.6   ⑨ 2.6 ◯ 3.1

⑩ 5.4 ◯ 1.9   ⑪ 3.9 ◯ 6.8   ⑫ 4.2 ◯ 5.6

⑬ 6.7 ◯ 5.9   ⑭ 8.3 ◯ 5.7   ⑮ 7.1 ◯ 9.2

⑯ 3.8 ◯ 3.4   ⑰ 4.5 ◯ 4.8   ⑱ 7.3 ◯ 7.8

⑲ 8.5 ◯ 8.7   ⑳ 9.6 ◯ 9.5   ㉑ 10.9 ◯ 10.1

개념+연산 라이트

초등 수학

3/1

정답

×

책 속의 가접 별책 (특허 제 0557442호)

'정답'은 본책에서 쉽게 분리할 수 있도록 제작되었으므로
유통 과정에서 분리될 수 있으나 파본이 아닌 정상제품입니다.

visang

우리는 남다른 상상과 혁신으로
교육 문화의 새로운 전형을 만들어
모든 이의 행복한 경험과 성장에 기여한다

ABOVE IMAGINATION

우리는 남다른 상상과 혁신으로
교육 문화의 새로운 전형을 만들어
모든 이의 행복한 경험과 성장에 기여한다

개념+연산

PLUS

정답

초등수학

3·1

1. 덧셈과 뺄셈

① 받아올림이 없는 (세 자리 수) + (세 자리 수)

1일 차

8쪽

1 295
2 649
3 498
4 926
5 569
6 568
7 784
8 768
9 856
10 889
11 887
12 958

9쪽

13 746
14 956
15 584
16 497
17 486
18 479
19 795
20 986
21 598
22 597
23 696
24 678
25 795
26 763
27 893

2일 차

10쪽

1 597
2 357
3 374
4 576
5 585
6 489
7 798
8 827
9 759
10 974
11 698
12 696
13 889
14 958
15 958
16 998
17 872
18 898

11쪽

19 208
20 868
21 399
22 665
23 396
24 388
25 598
26 457
27 876
28 995
29 499
30 568
31 558
32 758
33 669
34 865
35 889
36 965
37 834
38 896
39 993

② 받아올림이 한 번 있는 (세 자리 수) + (세 자리 수)

3일 차

12쪽

1 482
2 286
3 753
4 560
5 572
6 676
7 957
8 903
9 815
10 807
11 922
12 918

13쪽

13 443
14 481
15 590
16 660
17 462
18 732
19 865
20 960
21 635
22 868
23 637
24 826
25 858
26 919
27 809

14쪽

❶ 260
❷ 585
❸ 581
❹ 709
❺ 883
❻ 428
❼ 508
❽ 816
❾ 470
❿ 733
⓫ 673
⓬ 662
⓭ 780
⓮ 856
⓯ 739
⓰ 927
⓱ 909
⓲ 960

15쪽

⓳ 560
⓴ 478
㉑ 421
㉒ 568
㉓ 690
㉔ 773
㉕ 471
㉖ 727
㉗ 564
㉘ 825
㉙ 919
㉚ 656
㉛ 935
㉜ 704
㉝ 709
㉞ 653
㉟ 781
㊱ 949
㊲ 891
㊳ 920
㊴ 915

❶ ~ ❷ 다르게 풀기

16쪽

❶ 790
❷ 875
❸ 428
❹ 556
❺ 587
❻ 698
❼ 494
❽ 793
❾ 614
❿ 617

17쪽

⓫ 958
⓬ 871
⓭ 947
⓮ 720
⓯ 740
⓰ 871
⓱ 877
⓲ 990
⓳ 181, 103, 284

❸ 받아올림이 두 번 있는 (세 자리 수) + (세 자리 수)

18쪽

❶ 634
❷ 421
❸ 602
❹ 551
❺ 710
❻ 832
❼ 727
❽ 841
❾ 921
❿ 716
⓫ 932
⓬ 904

19쪽

⓭ 800
⓮ 781
⓯ 614
⓰ 641
⓱ 533
⓲ 813
⓳ 614
⓴ 881
㉑ 607
㉒ 833
㉓ 713
㉔ 760
㉕ 934
㉖ 920
㉗ 802

20쪽

❶ 371
❷ 503
❸ 701
❹ 452
❺ 763
❻ 500
❼ 646
❽ 823
❾ 620
❿ 822
⓫ 725
⓬ 950
⓭ 911
⓮ 824
⓯ 942
⓰ 803
⓱ 910
⓲ 940

21쪽

⓳ 725
⓴ 870
㉑ 618
㉒ 602
㉓ 906
㉔ 452
㉕ 434
㉖ 703
㉗ 754
㉘ 663
㉙ 752
㉚ 910
㉛ 833
㉜ 764
㉝ 950
㉞ 821
㉟ 741
㊱ 740
㊲ 822
㊳ 901
㊴ 912

8일차

22쪽

❶ 1045
❷ 1120
❸ 1191
❹ 1010
❺ 1054
❻ 1021
❼ 1274
❽ 1033
❾ 1371
❿ 1530
⓫ 1338
⓬ 1270

23쪽

⓭ 1151
⓮ 1124
⓯ 1113
⓰ 1274
⓱ 1420
⓲ 1013
⓳ 1258
⓴ 1323
㉑ 1412
㉒ 1440
㉓ 1430
㉔ 1634
㉕ 1331
㉖ 1205
㉗ 1821

9일차

24쪽

❶ 1131
❷ 1151
❸ 1312
❹ 1180
❺ 1341
❻ 1234
❼ 1011
❽ 1343
❾ 1225
❿ 1622
⓫ 1312
⓬ 1043
⓭ 1410
⓮ 1123
⓯ 1331
⓰ 1802
⓱ 1701
⓲ 1258

25쪽

⓳ 1131
⓴ 1031
㉑ 1020
㉒ 1214
㉓ 1233
㉔ 1350
㉕ 1028
㉖ 1323
㉗ 1028
㉘ 1225
㉙ 1046
㉚ 1401
㉛ 1531
㉜ 1280
㉝ 1321
㉞ 1317
㉟ 1771
㊱ 1800
㊲ 1222
㊳ 1700
㊴ 1352

③ ~ ④ 다르게 풀기

10일차

26쪽

❶ 404
❷ 652
❸ 1101
❹ 820
❺ 682
❻ 1062
❼ 710
❽ 1362
❾ 922
❿ 1411

27쪽

⓫ 930
⓬ 1223
⓭ 920
⓮ 1630
⓯ 1512
⓰ 1012
⓱ 1810
⓲ 1300
⓳ 249, 183, 432

⑤ 받아내림이 없는 (세 자리 수) − (세 자리 수)

11일차

28쪽

❶ 161
❷ 260
❸ 211
❹ 440
❺ 304
❻ 101
❼ 552
❽ 503
❾ 112
❿ 354
⓫ 111
⓬ 743

29쪽

⓭ 121
⓮ 104
⓯ 306
⓰ 247
⓱ 171
⓲ 211
⓳ 441
⓴ 113
㉑ 501
㉒ 326
㉓ 332
㉔ 233
㉕ 812
㉖ 530
㉗ 361

12일 차

30쪽

❶ 111
❷ 212
❸ 210
❹ 145
❺ 54
❻ 106
❼ 415
❽ 331
❾ 313
❿ 437
⓫ 600
⓬ 321
⓭ 710
⓮ 632
⓯ 651
⓰ 243
⓱ 424
⓲ 246

31쪽

⓳ 12
⓴ 118
㉑ 133
㉒ 55
㉓ 341
㉔ 215
㉕ 205
㉖ 110
㉗ 117
㉘ 321
㉙ 220
㉚ 307
㉛ 107
㉜ 406
㉝ 691
㉞ 225
㉟ 520
㊱ 542
㊲ 644
㊳ 811
㊴ 106

❻ 받아내림이 한 번 있는 (세 자리 수) − (세 자리 수)

13일 차

32쪽

❶ 218
❷ 166
❸ 128
❹ 209
❺ 256
❻ 267
❼ 91
❽ 383
❾ 448
❿ 262
⓫ 682
⓬ 171

33쪽

⓭ 117
⓮ 209
⓯ 229
⓰ 349
⓱ 219
⓲ 319
⓳ 434
⓴ 31
㉑ 235
㉒ 154
㉓ 276
㉔ 690
㉕ 592
㉖ 184
㉗ 82

14일 차

34쪽

❶ 128
❷ 181
❸ 85
❹ 242
❺ 267
❻ 108
❼ 92
❽ 56
❾ 270
❿ 437
⓫ 171
⓬ 609
⓭ 133
⓮ 315
⓯ 748
⓰ 461
⓱ 329
⓲ 162

35쪽

⓳ 90
⓴ 321
㉑ 148
㉒ 318
㉓ 371
㉔ 129
㉕ 284
㉖ 216
㉗ 136
㉘ 452
㉙ 81
㉚ 546
㉛ 234
㉜ 119
㉝ 169
㉞ 683
㉟ 543
㊱ 714
㊲ 719
㊳ 163
㊴ 806

❼ 받아내림이 두 번 있는 (세 자리 수) − (세 자리 수)

15일 차

36쪽

❶ 89
❷ 166
❸ 68
❹ 243
❺ 273
❻ 177
❼ 387
❽ 89
❾ 485
❿ 489
⓫ 279
⓬ 186

37쪽

⓭ 86
⓮ 87
⓯ 117
⓰ 298
⓱ 153
⓲ 278
⓳ 477
⓴ 277
㉑ 488
㉒ 175
㉓ 189
㉔ 586
㉕ 357
㉖ 177
㉗ 586

평가 **1. 덧셈과 뺄셈**

20일차

46쪽

1	769	7	136
2	470	8	401
3	816	9	326
4	921	10	571
5	440	11	7
6	1065	12	175

47쪽

13	617	21	819
14	990	22	745
15	760	23	1732
16	1505	24	142
17	121	25	571
18	141		
19	318		
20	163		

틀린 문제는 **클리닉 북**에서 보충할 수 있습니다.

1	1쪽	7	5쪽	13	1쪽	21	2쪽
2	2쪽	8	5쪽	14	2쪽	22	3쪽
3	2쪽	9	6쪽	15	3쪽	23	4쪽
4	3쪽	10	6쪽	16	4쪽	24	5쪽
5	3쪽	11	7쪽	17	5쪽	25	6쪽
6	4쪽	12	7쪽	18	6쪽		
				19	7쪽		
				20	7쪽		

2. 평면도형

① 선분, 반직선, 직선

1일차

50쪽

❶	직선	❻	반직선
❷	선분	❼	선분
❸	반직선	❽	선분
❹	직선	❾	반직선
❺	반직선	❿	직선

51쪽

⑪	선분 ㄱㄴ 또는 선분 ㄴㄱ	⑯	직선 ㄱㄴ 또는 직선 ㄴㄱ
⑫	반직선 ㄴㄱ	⑰	선분 ㄱㄴ 또는 선분 ㄴㄱ
⑬	반직선 ㄱㄴ	⑱	반직선 ㄴㄱ
⑭	직선 ㄱㄴ 또는 직선 ㄴㄱ	⑲	반직선 ㄱㄴ
⑮	선분 ㄱㄴ 또는 선분 ㄴㄱ	⑳	직선 ㄱㄴ 또는 직선 ㄴㄱ

2일 차

52쪽

① ×
② ×
③ ○
④ ×
⑤ ○

⑥ ○
⑦ ○
⑧ ×
⑨ ○
⑩ ×

53쪽

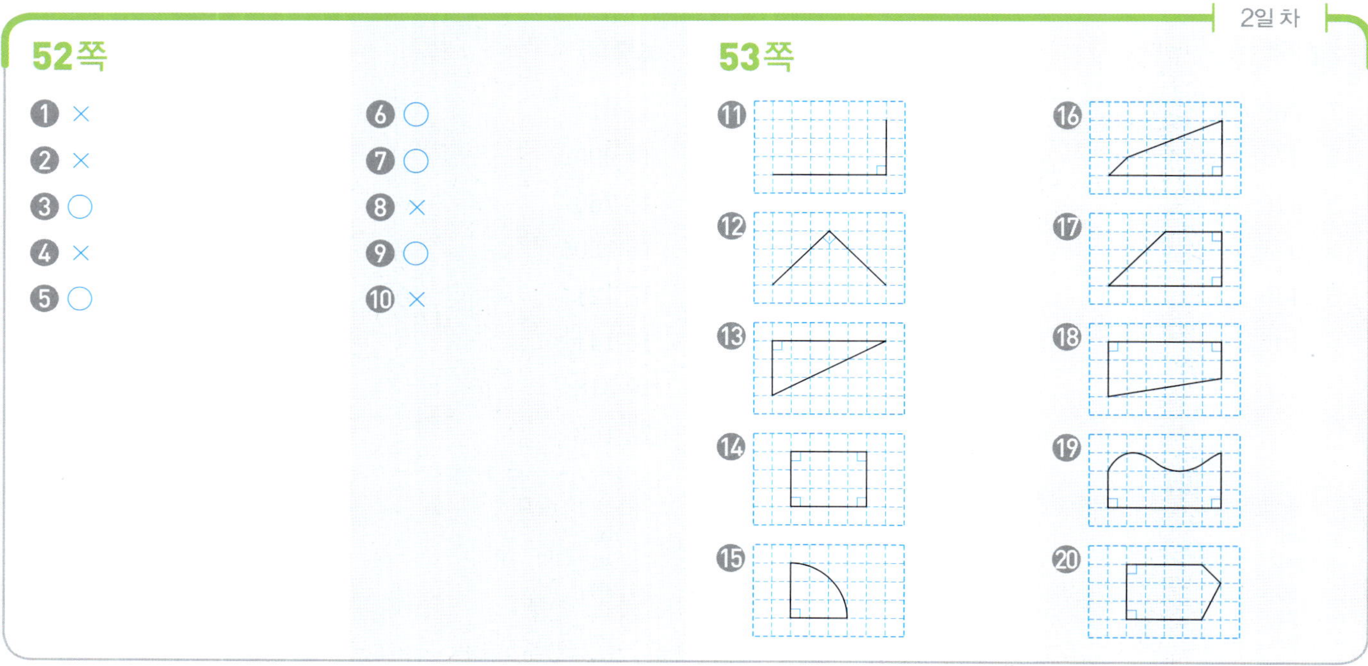

3일 차

54쪽

① ○
② ×
③ ○
④ ○
⑤ ×

⑥ ○
⑦ ×
⑧ ×
⑨ ○
⑩ ×

55쪽

⑪ 나, 마
⑫ 가, 나, 마
⑬ 가, 다, 라
⑭ 다, 라

4일 차

56쪽

① ×
② ○
③ ×
④ ○
⑤ ○

⑥ ×
⑦ ○
⑧ ×
⑨ ○
⑩ ×

57쪽

⑪ 가, 다, 마
⑫ 가, 다
⑬ 다, 라
⑭ 나, 라

⑤ 정사각형

| 5일차 |

58쪽

1 ○ 6 ○
2 × 7 ○
3 ○ 8 ×
4 × 9 ×
5 × 10 ○

59쪽

11 가, 라
12 나, 마
13 가, 다, 라
14 라, 마

평가 2. 평면도형

| 6일차 |

60쪽

1 반직선 6 ○
2 직선 7 ×
3 선분 8 ×
4 직선 ㄱㄴ 또는 직선 ㄴㄱ 9 ○
5 반직선 ㄴㄱ 10 ×

61쪽

11 16 ○
17 ×
12 18 ×
19 ○
13 20 ×
14 ×
15 ○

🔗 틀린 문제는 **클리닉 북**에서 보충할 수 있습니다.

1	9쪽	6	10쪽	11	10쪽	16	12쪽
2	9쪽	7	10쪽	12	10쪽	17	12쪽
3	9쪽	8	10쪽	13	10쪽	18	13쪽
4	9쪽	9	10쪽	14	11쪽	19	13쪽
5	9쪽	10	10쪽	15	11쪽	20	13쪽

3. 나눗셈

① 똑같이 나누어 주는 나눗셈

| 1일차 |

64쪽

1 4
2 5
3 6
4 7

65쪽

5 4
6 5
7 7
8 8

66쪽 | **67**쪽

2일 차

66쪽
❶ 2
❷ 3
❸ 4
❹ 7

67쪽
❺ 2
❻ 4
❼ 5
❽ 8

③ 곱셈과 나눗셈의 관계

3일 차

68쪽
❶ 4 / 3
❷ 3 / 5
❸ 5 / 5, 4
❹ 7 / 7, 5
❺ 6 / 3, 6
❻ 8 / 9, 8

69쪽
❼ 6 / 6
❽ 10 / 10
❾ 2 / 6
❿ 2 / 7
⓫ 15 / 5, 15
⓬ 18 / 2, 18
⓭ 5, 20 / 4, 20
⓮ 9, 27 / 3, 27
⓯ 4, 32 / 4, 32
⓰ 6, 42 / 6, 42
⓱ 9, 45 / 9, 45
⓲ 8, 56 / 8, 56

4일 차

70쪽
❶ 8 / 8, 2
❷ 5 / 5, 3
❸ 9 / 9, 4
❹ 4 / 20, 5
❺ 5 / 30, 6
❻ 7 / 42, 6
❼ 35, 5 / 5, 7
❽ 56, 8 / 8, 7
❾ 8, 4 / 32, 8
❿ 8, 5 / 40, 8
⓫ 27, 3 / 27, 9
⓬ 45, 5 / 45, 9

71쪽
⓭ 10 / 5, 10
⓮ 12 / 2, 12
⓯ 16 / 2, 16
⓰ 20 / 5, 20
⓱ 7, 21 / 3, 21
⓲ 6, 24 / 4, 24
⓳ 4, 28 / 4, 28
⓴ 4, 36 / 4, 36
㉑ 8, 40 / 8, 40
㉒ 6, 48 / 6, 48
㉓ 9, 54 / 6, 54
㉔ 7, 56 / 8, 56

④ 나눗셈의 몫을 곱셈식으로 구하기

5일 차

72쪽
❶ 2 / 2
❷ 2 / 2
❸ 3 / 3
❹ 6 / 6
❺ 6 / 6
❻ 6 / 6
❼ 8 / 8

73쪽
❽ 2 / 2
❾ 3 / 3
❿ 5 / 5
⓫ 8 / 8
⓬ 7 / 7
⓭ 3 / 3
⓮ 5 / 5
⓯ 4 / 4
⓰ 6 / 6
⓱ 9 / 9
⓲ 7 / 7
⓳ 7 / 7
⓴ 8 / 8
㉑ 9 / 9

74쪽

❶ 2 / 2
❷ 5 / 5
❸ 2 / 2
❹ 4 / 4
❺ 2 / 2
❻ 3 / 3
❼ 8 / 8
❽ 4 / 4
❾ 4 / 4
❿ 9 / 9
⓫ 5 / 5
⓬ 9 / 9
⓭ 8 / 8
⓮ 7 / 7

75쪽

⓯ 4 / 4
⓰ 2 / 2
⓱ 9 / 9
⓲ 5 / 5
⓳ 7 / 7
⓴ 4 / 4
㉑ 6 / 6
㉒ 7 / 7
㉓ 4 / 4
㉔ 8 / 8
㉕ 6 / 6
㉖ 9 / 9
㉗ 8 / 8
㉘ 9 / 9

비법 강의 초등에서 푸는 방정식 계산 비법

76쪽

❶ 21, 21
❷ 27, 27
❸ 30, 30
❹ 32, 32
❺ 7, 7
❻ 5, 5
❼ 9, 9
❽ 6, 6

77쪽

❾ 24, 24
❿ 35, 35
⓫ 36, 36
⓬ 48, 48
⓭ 56, 56
⓮ 5, 5
⓯ 9, 9
⓰ 8, 8
⓱ 9, 9
⓲ 8, 8

평가 3. 나눗셈

78쪽

1 3
2 4
3 5
4 6
5 2
6 3
7 4
8 5

79쪽

9 5 / 5, 3
10 54, 9 / 9, 6
11 28, 4 / 28, 7
12 2, 18 / 9, 18
13 7, 35 / 7, 35
14 6, 48 / 8, 48
15 3 / 3
16 4 / 4
17 6 / 6
18 4 / 4
19 4 / 4
20 6 / 6

🔗 틀린 문제는 **클리닉 북**에서 보충할 수 있습니다.

1	15쪽	5	16쪽	9	17쪽	15	18쪽
2	15쪽	6	16쪽	10	17쪽	16	18쪽
3	15쪽	7	16쪽	11	17쪽	17	18쪽
4	15쪽	8	16쪽	12	17쪽	18	18쪽
				13	17쪽	19	18쪽
				14	17쪽	20	18쪽

4. 곱셈

① (몇십) × (몇)

82쪽

❶ 30
❷ 40
❸ 100
❹ 180
❺ 80
❻ 160
❼ 150
❽ 240
❾ 140
❿ 630
⓫ 480
⓬ 720

83쪽

⓭ 50 / 5
⓮ 70 / 7
⓯ 80 / 8
⓰ 140 / 14
⓱ 90 / 9
⓲ 210 / 21
⓳ 120 / 12
⓴ 280 / 28
㉑ 250 / 25
㉒ 450 / 45
㉓ 180 / 18
㉔ 480 / 48
㉕ 350 / 35
㉖ 420 / 42
㉗ 160 / 16
㉘ 400 / 40
㉙ 270 / 27
㉚ 540 / 54

84쪽

❶ 60
❷ 90
❸ 60
❹ 160
❺ 120
❻ 150
❼ 200
❽ 360
❾ 200
❿ 350
⓫ 120
⓬ 360
⓭ 280
⓮ 560
⓯ 240
⓰ 560
⓱ 450
⓲ 630

85쪽

⓳ 20
⓴ 80
㉑ 120
㉒ 180
㉓ 60
㉔ 240
㉕ 270
㉖ 240
㉗ 320
㉘ 100
㉙ 300
㉚ 400
㉛ 420
㉜ 540
㉝ 210
㉞ 490
㉟ 320
㊱ 640
㊲ 720
㊳ 180
㊴ 810

② 올림이 없는 (몇십몇) × (몇)

86쪽

❶ 55
❷ 24
❸ 48
❹ 39
❺ 63
❻ 88
❼ 69
❽ 48
❾ 62
❿ 64
⓫ 99
⓬ 82

87쪽

⓭ 33
⓮ 66
⓯ 88
⓰ 26
⓱ 28
⓲ 42
⓳ 84
⓴ 44
㉑ 66
㉒ 46
㉓ 93
㉔ 96
㉕ 66
㉖ 86
㉗ 88

4일차

88쪽

1 22
2 33
3 66
4 88
5 24
6 26
7 39
8 28
9 63
10 84
11 44
12 69
13 48
14 93
15 96
16 66
17 82
18 86

89쪽

19 44
20 55
21 77
22 99
23 36
24 48
25 39
26 28
27 42
28 63
29 66
30 88
31 46
32 69
33 48
34 62
35 64
36 99
37 82
38 84
39 88

1 ~ 2 다르게 풀기

5일차

90쪽

1 40
2 39
3 28
4 100
5 48
6 66
7 320
8 86
9 250
10 630

91쪽

11 60
12 99
13 26
14 160
15 210
16 96
17 84
18 450
19 22, 4, 88

3 십의 자리에서 올림이 있는 (몇십몇) × (몇)

6일차

92쪽

1 105
2 124
3 126
4 357
5 159
6 122
7 189
8 142
9 324
10 168
11 455
12 188

93쪽

13 168
14 186
15 164
16 369
17 168
18 306
19 104
20 106
21 244
22 186
23 126
24 497
25 288
26 486
27 279

7일차

94쪽

1 147
2 155
3 328
4 102
5 156
6 108
7 488
8 248
9 426
10 216
11 148
12 243
13 567
14 246
15 166
16 728
17 368
18 186

95쪽

19 126
20 189
21 248
22 128
23 205
24 287
25 129
26 153
27 208
28 183
29 366
30 128
31 355
32 144
33 219
34 162
35 164
36 249
37 364
38 637
39 276

④ 일의 자리에서 올림이 있는 (몇십몇) × (몇)

96쪽

❶ 72
❷ 65
❸ 98
❹ 32
❺ 95
❻ 96

❼ 75
❽ 87
❾ 70
❿ 78
⓫ 90
⓬ 96

97쪽

⓭ 60
⓮ 96
⓯ 78
⓰ 42
⓱ 70

⓲ 90
⓳ 48
⓴ 51
㉑ 90
㉒ 72

㉓ 50
㉔ 78
㉕ 54
㉖ 76
㉗ 98

98쪽

❶ 84
❷ 52
❸ 91
❹ 84
❺ 75
❻ 64

❼ 80
❽ 96
❾ 34
❿ 36
⓫ 57
⓬ 52

⓭ 56
⓮ 58
⓯ 72
⓰ 74
⓱ 92
⓲ 94

99쪽

⓳ 60
⓴ 65
㉑ 56
㉒ 70
㉓ 98
㉔ 30
㉕ 45

㉖ 60
㉗ 68
㉘ 85
㉙ 54
㉚ 72
㉛ 38
㉜ 76

㉝ 78
㉞ 54
㉟ 81
㊱ 84
㊲ 70
㊳ 78
㊴ 98

⑤ 십, 일의 자리에서 올림이 있는 (몇십몇) × (몇)

100쪽

❶ 112
❷ 105
❸ 108
❹ 115
❺ 162
❻ 170

❼ 132
❽ 118
❾ 260
❿ 365
⓫ 756
⓬ 198

101쪽

⓭ 102
⓮ 192
⓯ 231
⓰ 315
⓱ 210

⓲ 162
⓳ 285
⓴ 448
㉑ 134
㉒ 138

㉓ 584
㉔ 304
㉕ 510
㉖ 264
㉗ 356

102쪽

❶ 135
❷ 133
❸ 110
❹ 104
❺ 210
❻ 273

❼ 135
❽ 368
❾ 165
❿ 342
⓫ 567
⓬ 204

⓭ 576
⓮ 380
⓯ 410
⓰ 172
⓱ 465
⓲ 686

103쪽

⓳ 104
⓴ 153
㉑ 182
㉒ 116
㉓ 245
㉔ 288
㉕ 225

㉖ 141
㉗ 294
㉘ 312
㉙ 216
㉚ 232
㉛ 434
㉜ 504

㉝ 594
㉞ 292
㉟ 592
㊱ 156
㊲ 252
㊳ 430
㊴ 291

③ ~ ⑤ 다르게 풀기

12일 차

104쪽

❶ 91
❷ 105
❸ 72
❹ 128
❺ 70
❻ 378
❼ 189
❽ 138
❾ 296
❿ 774

105쪽

⑪ 70
⑫ 72
⑬ 189
⑭ 72
⑮ 186
⑯ 438
⑰ 255
⑱ 736
⑲ 36, 9, 324

비법 강의 | 수 감각을 키우면 빨라지는 계산 비법

13일 차

106쪽

❶ 168, 168
❷ 261, 261
❸ 333, 333
❹ 266, 266
❺ 195, 195
❻ 376, 376
❼ 288, 288
❽ 343, 343

107쪽

❾ 456, 456
❿ 522, 522
⑪ 531, 531
⑫ 469, 469
⑬ 340, 340
⑭ 546, 546
⑮ 237, 237
⑯ 344, 344
⑰ 522, 522
⑱ 440, 440

평가 | 4. 곱셈

14일 차

108쪽

1　80
2　210
3　540
4　36
5　96
6　86
7　126
8　159
9　68
10　98
11　342
12　228

109쪽

13　150
14　88
15　189
16　164
17　75
18　76
19　282
20　480
21　250
22　82
23　368
24　84
25　448

🔗 틀린 문제는 **클리닉 북**에서 보충할 수 있습니다.

1	19쪽	7	21쪽	13	19쪽	21	19쪽
2	19쪽	8	21쪽	14	20쪽	22	20쪽
3	19쪽	9	22쪽	15	21쪽	23	21쪽
4	20쪽	10	22쪽	16	21쪽	24	22쪽
5	20쪽	11	23쪽	17	22쪽	25	23쪽
6	20쪽	12	23쪽	18	22쪽		
				19	23쪽		
				20	23쪽		

5. 길이와 시간

1일차

112쪽

❶ 10
❷ 40
❸ 70
❹ 100
❺ 150
❻ 210
❼ 500

❽ 3
❾ 6
❿ 9
⓫ 14
⓬ 20
⓭ 38
⓮ 62

113쪽

⓯ 12
⓰ 25
⓱ 34
⓲ 151
⓳ 285
⓴ 396
㉑ 542

㉒ 1, 6
㉓ 4, 9
㉔ 8, 1
㉕ 21, 6
㉖ 37, 5
㉗ 65, 3
㉘ 82, 9

2일차

114쪽

❶ 20
❷ 80
❸ 120
❹ 170
❺ 330
❻ 400
❼ 750

❽ 19
❾ 23
❿ 95
⓫ 154
⓬ 207
⓭ 441
⓮ 689

115쪽

⓯ 5
⓰ 7
⓱ 18
⓲ 25
⓳ 43
⓴ 56
㉑ 84

㉒ 3, 1
㉓ 5, 8
㉔ 6, 4
㉕ 38, 4
㉖ 51, 7
㉗ 77, 2
㉘ 90, 5

3일차

116쪽

❶ 2000
❷ 4000
❸ 6000
❹ 7000
❺ 9000
❻ 11000
❼ 14000

❽ 1
❾ 3
❿ 5
⓫ 8
⓬ 16
⓭ 20
⓮ 53

117쪽

⓯ 1300
⓰ 5400
⓱ 8260
⓲ 9070
⓳ 15800
⓴ 46593
㉑ 74067

㉒ 1, 700
㉓ 2, 400
㉔ 3, 970
㉕ 6, 325
㉖ 10, 427
㉗ 29, 85
㉘ 65, 190

118쪽

❶ 1000
❷ 3000
❸ 6000
❹ 8000
❺ 19000
❻ 45000
❼ 63000
❽ 1400
❾ 2300
❿ 4500
⓫ 5640
⓬ 10405
⓭ 21072
⓮ 30080

119쪽

⓯ 2
⓰ 4
⓱ 7
⓲ 9
⓳ 33
⓴ 69
㉑ 81
㉒ 1, 500
㉓ 2, 710
㉔ 5, 763
㉕ 9, 54
㉖ 13, 782
㉗ 20, 309
㉘ 56, 370

❸ cm와 mm가 있는 길이의 덧셈과 뺄셈

120쪽

❶ 4, 6
❷ 3, 7
❸ 6, 8
❹ 8, 4
❺ 7, 9
❻ 7, 8
❼ 9, 6
❽ 7, 4
❾ 9, 1
❿ 8, 4
⓫ 9, 2
⓬ 9, 3

121쪽

⓭ 1, 4
⓮ 1, 6
⓯ 1, 1
⓰ 3, 5
⓱ 3, 8
⓲ 2, 1
⓳ 2, 7
⓴ 4, 9
㉑ 5, 4
㉒ 3, 8
㉓ 2, 9
㉔ 5, 8

122쪽

❶ 5 cm 9 mm
❷ 7 cm 9 mm
❸ 9 cm 2 mm
❹ 16 cm 2 mm
❺ 16 cm 3 mm
❻ 39 cm 3 mm
❼ 1 cm 7 mm
❽ 3 cm 5 mm
❾ 5 cm 5 mm
❿ 7 cm 7 mm
⓫ 5 cm 6 mm
⓬ 5 cm 2 mm

123쪽

⓭ 6 cm 8 mm
⓮ 9 cm 9 mm
⓯ 14 cm 8 mm
⓰ 21 cm 3 mm
⓱ 23 cm 5 mm
⓲ 30 cm 2 mm
⓳ 47 cm
⓴ 1 cm 2 mm
㉑ 1 cm 8 mm
㉒ 1 cm 3 mm
㉓ 1 cm 9 mm
㉔ 8 cm 3 mm
㉕ 6 cm 8 mm
㉖ 13 cm 7 mm

❹ km와 m가 있는 길이의 덧셈과 뺄셈

124쪽

❶ 7, 800
❷ 3, 500
❸ 8, 800
❹ 7, 900
❺ 5, 900
❻ 8, 750
❼ 8, 300
❽ 9, 160
❾ 9, 350
❿ 12, 200
⓫ 15, 540
⓬ 22, 370

125쪽

⓭ 1, 600
⓮ 2, 100
⓯ 1, 200
⓰ 1, 200
⓱ 4, 700
⓲ 4, 100
⓳ 2, 800
⓴ 2, 850
㉑ 2, 730
㉒ 1, 800
㉓ 3, 150
㉔ 7, 920

126쪽

❶ 6 km 800 m
❷ 6 km 900 m
❸ 10 km 540 m
❹ 10 km 100 m
❺ 9 km 100 m
❻ 26 km 500 m
❼ 1 km 400 m
❽ 1 km 700 m
❾ 2 km 500 m
❿ 5 km 500 m
⓫ 5 km 610 m
⓬ 1 km 820 m

127쪽

⓭ 7 km 400 m
⓮ 7 km 900 m
⓯ 11 km 700 m
⓰ 22 km 200 m
⓱ 22 km 50 m
⓲ 27 km 350 m
⓳ 42 km 150 m
⓴ 1 km 400 m
㉑ 1 km 400 m
㉒ 1 km 200 m
㉓ 5 km 400 m
㉔ 1 km 800 m
㉕ 10 km 520 m
㉖ 9 km 690 m

❸ ~ ❹ 다르게 풀기

128쪽

❶ 5 cm 7 mm
❷ 5 cm 9 mm
❸ 8 cm 1 mm
❹ 11 cm 2 mm
❺ 16 cm 2 mm
❻ 3 cm 5 mm
❼ 1 cm 5 mm
❽ 3 cm 9 mm
❾ 8 mm
❿ 5 cm 8 mm

129쪽

⓫ 6 km 800 m
⓬ 6 km 600 m
⓭ 32 km
⓮ 2 km 100 m
⓯ 3 km 300 m
⓰ 13 km 640 m
⓱ 1, 250 / 1, 320 / 2, 570

❺ 몇 시 몇 분 몇 초

130쪽

❶ 1, 40, 5
❷ 2, 25, 50
❸ 2, 30, 45
❹ 3, 10, 30
❺ 5, 43, 26

131쪽

❻ 5, 45, 22
❼ 6, 8, 14
❽ 7, 15, 42
❾ 10, 25, 34
❿ 2, 10, 50
⓫ 8, 5, 35
⓬ 10, 31, 17
⓭ 11, 26, 58

❻ 시간을 분과 초로 나타내기

132쪽

❶ 60
❷ 180
❸ 300
❹ 420
❺ 540
❻ 600
❼ 840
❽ 90
❾ 140
❿ 165
⓫ 194
⓬ 267
⓭ 350
⓮ 395

133쪽

⓯ 1
⓰ 2
⓱ 4
⓲ 6
⓳ 8
⓴ 11
㉑ 13
㉒ 1, 10
㉓ 1, 40
㉔ 2, 26
㉕ 3, 20
㉖ 4, 50
㉗ 5, 46
㉘ 6, 45

12일 차

134쪽

❶ 120
❷ 240
❸ 360
❹ 480
❺ 80
❻ 110
❼ 130
❽ 160
❾ 195
❿ 256
⓫ 330
⓬ 371
⓭ 425
⓮ 494

135쪽

⓯ 3
⓰ 5
⓱ 7
⓲ 9
⓳ 1, 29
⓴ 1, 50
㉑ 2, 32
㉒ 2, 40
㉓ 3, 5
㉔ 3, 15
㉕ 3, 30
㉖ 3, 45
㉗ 5, 57
㉘ 8, 22

❼ 시간의 덧셈

13일 차

136쪽

❶ 4, 40
❷ 7, 37
❸ 5, 40
❹ 13, 39
❺ 13, 50
❻ 12, 49

137쪽

❼ 3, 6
❽ 8, 17
❾ 8, 8
❿ 7, 15, 52
⓫ 8, 13, 16
⓬ 9, 29, 51
⓭ 3, 54, 40
⓮ 7, 48, 26
⓯ 9, 49, 39
⓰ 10, 38, 23
⓱ 10, 31, 16
⓲ 12, 14, 23

14일 차

138쪽

❶ 9분 38초
❷ 7분 40초
❸ 10분 57초
❹ 10분 14초
❺ 20분 20초
❻ 31분 17초
❼ 3시 22분 41초
❽ 4시 19분 59초
❾ 5시간 55분 13초
❿ 10시간 47분 19초
⓫ 9시 26분 1초
⓬ 12시 22분 18초

139쪽

⓭ 7분 36초
⓮ 6분 49초
⓯ 5분 30초
⓰ 9분 12초
⓱ 9분
⓲ 12분 29초
⓳ 15분 19초
⓴ 3시 29분 16초
㉑ 4시 15분 42초
㉒ 5시 22분 40초
㉓ 7시간 55분 8초
㉔ 7시간 28분 12초
㉕ 12시 10분 48초
㉖ 10시 46분 20초

❽ 시간의 뺄셈

15일 차

140쪽

❶ 1, 30
❷ 1, 25
❸ 3, 29
❹ 35
❺ 1, 39
❻ 2, 47

141쪽

❼ 2, 49
❽ 2, 16
❾ 1, 47
❿ 5, 5, 41
⓫ 5, 40, 21
⓬ 8, 1, 52
⓭ 4, 10, 44
⓮ 1, 51, 29
⓯ 4, 36, 5
⓰ 6, 5, 42
⓱ 8, 7, 58
⓲ 2, 48, 53

142쪽

❶ 1분 18초
❷ 3분 9초
❸ 2분 19초
❹ 2분 44초
❺ 8분 32초
❻ 3분 43초
❼ 3시간 36분 21초
❽ 4시간 13분 33초
❾ 1시 23분 7초
❿ 4시 7분 54초
⓫ 6시간 33분 45초
⓬ 6시간 37분 21초

143쪽

⓭ 2분 18초
⓮ 5분 6초
⓯ 1분 12초
⓰ 4분 52초
⓱ 44초
⓲ 4분 47초
⓳ 8분 33초
⓴ 1시 48분 5초
㉑ 1시간 17분 24초
㉒ 1시간 48분 4초
㉓ 2시 31분 49초
㉔ 4시 48분 13초
㉕ 6시간 53분 32초
㉖ 8시간 14분 57초

❼ ~ ❽ 다르게 풀기

144쪽

❶ 4분 52초
❷ 8분 16초
❸ 7시 42분
❹ 14시간 2분
❺ 11시 3분
❻ 1분 24초
❼ 48초
❽ 6시간 25분
❾ 5시간 49분
❿ 3시간 53분

145쪽

⓫ 5시간 16분 49초
⓬ 8시 10분 7초
⓭ 11시 27분 13초
⓮ 50분 55초
⓯ 1시 49분 8초
⓰ 2시간 53분 43초
⓱ 6, 15 / 5, 20 / 55

평가 5. 길이와 시간

146쪽

1 60
2 57
3 4
4 81, 4
5 11000
6 3915
7 62
8 9 cm 7 mm
9 5 km 100 m
10 12 cm 1 mm
11 3 cm 6 mm
12 9 km 200 m
13 2 km 350 m

147쪽

14 4, 25, 48
15 11, 9, 36
16 420
17 365
18 4
19 6, 10
20 6분 11초
21 5시 45분
22 2시 10분 34초
23 1시간 5분 51초
24 6시 14분 15초
25 6시간 50분 32초

틀린 문제는 클리닉 북에서 보충할 수 있습니다.

1 25쪽
2 25쪽
3 25쪽
4 25쪽
5 26쪽
6 26쪽
7 26쪽
8 27쪽
9 28쪽
10 27쪽
11 27쪽
12 28쪽
13 28쪽
14 29쪽
15 29쪽
16 30쪽
17 30쪽
18 30쪽
19 30쪽
20 31쪽
21 32쪽
22 31쪽
23 32쪽
24 31쪽
25 32쪽

6. 분수와 소수

① 분수

150쪽

1 2, 1
2 3, 2
3 4, 2
4 5, 3

151쪽

5 3, 1, $\frac{1}{3}$, 3분의 1

6 4, 3, $\frac{3}{4}$, 4분의 3

7 5, 3, $\frac{3}{5}$, 5분의 3

8 6, 4, $\frac{4}{6}$, 6분의 4

9 8, 5, $\frac{5}{8}$, 8분의 5

152쪽

1 $\frac{1}{4}$ / 4분의 1

2 $\frac{2}{5}$ / 5분의 2

3 $\frac{3}{6}$ / 6분의 3

4 $\frac{1}{8}$ / 8분의 1

5 $\frac{5}{8}$ / 8분의 5

6 $\frac{6}{9}$ / 9분의 6

153쪽

7 $\frac{1}{3}$, $\frac{2}{3}$

8 $\frac{2}{3}$, $\frac{1}{3}$

9 $\frac{2}{4}$, $\frac{2}{4}$

10 $\frac{3}{5}$, $\frac{2}{5}$

11 $\frac{4}{5}$, $\frac{1}{5}$

12 $\frac{4}{6}$, $\frac{2}{6}$

13 $\frac{5}{6}$, $\frac{1}{6}$

14 $\frac{1}{6}$, $\frac{5}{6}$

15 $\frac{3}{7}$, $\frac{4}{7}$

16 $\frac{6}{7}$, $\frac{1}{7}$

17 $\frac{3}{8}$, $\frac{5}{8}$

18 $\frac{5}{10}$, $\frac{5}{10}$

② 분모가 같은 분수의 크기 비교

154쪽

1 >
2 <
3 >
4 >
5 <

155쪽

6 >
7 <
8 >
9 >
10 <
11 <

12 >
13 >
14 <
15 >
16 <
17 >

18 <
19 <
20 >
21 >
22 >
23 <

3 단위분수의 크기 비교

156쪽

❶ >
❷ >
❸ <
❹ <
❺ <

157쪽

❻ >
❼ >
❽ <
❾ >
❿ <
⓫ >

⓬ <
⓭ >
⓮ <
⓯ >
⓰ <
⓱ >

⓲ <
⓳ <
⓴ >
㉑ >
㉒ <
㉓ >

4 소수

158쪽

❶ 0.2 / 영점이
❷ 0.4 / 영점사
❸ 0.5 / 영점오
❹ 0.7 / 영점칠

❺ 0.3 / 영점삼
❻ 0.6 / 영점육
❼ 0.8 / 영점팔
❽ 0.9 / 영점구

159쪽

❾ 4
❿ 8
⓫ 21
⓬ 48
⓭ 0.1
⓮ 0.1
⓯ 0.1

⓰ 0.3
⓱ 0.5
⓲ 1.6
⓳ 2.9
⓴ 7
㉑ 9
㉒ 57

5 소수로 나타내기

160쪽

❶ 1.3
❷ 2.4
❸ 2.6
❹ 3.1
❺ 3.7
❻ 4.5
❼ 5.4

❽ 6.3
❾ 6.9
❿ 7.2
⓫ 7.8
⓬ 8.6
⓭ 9.1
⓮ 9.7

161쪽

⓯ 1.5
⓰ 1.9
⓱ 2.7
⓲ 3.5
⓳ 3.9
⓴ 4.1
㉑ 4.6

㉒ 5.5
㉓ 5.8
㉔ 8.3
㉕ 9.9
㉖ 10.5
㉗ 11.3
㉘ 14.2

⑥ 소수의 크기 비교

162쪽

❶ <	❽ >		
❷ >	❾ <		
❸ <	❿ >		
❹ <	⓫ >		
❺ <	⓬ <		
❻ >	⓭ >		
❼ >	⓮ <		

163쪽

⓯ <	㉒ >	㉙ <
⓰ <	㉓ >	㉚ <
⓱ >	㉔ <	㉛ <
⓲ <	㉕ >	㉜ <
⓳ <	㉖ <	㉝ <
⓴ >	㉗ >	㉞ >
㉑ <	㉘ <	㉟ >

평가 6. 분수와 소수

164쪽

1 2, 1

2 6, 5

3 $\dfrac{1}{4}$ / 4분의 1

4 $\dfrac{3}{5}$ / 5분의 3

5 $\dfrac{6}{8}$, $\dfrac{2}{8}$

6 $\dfrac{5}{9}$, $\dfrac{4}{9}$

7 <

8 >

9 >

165쪽

10 0.7 / 영 점 칠

11 0.9 / 영 점 구

12 6

13 0.8

14 0.1

15 1.7

16 4.2

17 7.1

18 >

19 <

20 >

🔗 틀린 문제는 **클리닉 북**에서 보충할 수 있습니다.

1 33쪽	5 33쪽	10 36쪽	15 37쪽
2 33쪽	6 33쪽	11 36쪽	16 37쪽
3 33쪽	7 34쪽	12 36쪽	17 37쪽
4 33쪽	8 35쪽	13 36쪽	18 38쪽
	9 35쪽	14 36쪽	19 38쪽
			20 38쪽

1. 덧셈과 뺄셈

1쪽 1 받아올림이 없는 (세 자리 수) + (세 자리 수)

① 399　② 396　③ 794
④ 979　⑤ 685　⑥ 787
⑦ 956　⑧ 959　⑨ 975
⑩ 568　⑪ 739　⑫ 747
⑬ 989　⑭ 789　⑮ 765
⑯ 898　⑰ 856　⑱ 949

2쪽 2 받아올림이 한 번 있는 (세 자리 수) + (세 자리 수)

① 364　② 570　③ 782
④ 545　⑤ 890　⑥ 958
⑦ 834　⑧ 919　⑨ 928
⑩ 383　⑪ 712　⑫ 880
⑬ 754　⑭ 724　⑮ 715
⑯ 837　⑰ 925　⑱ 949

3쪽 3 받아올림이 두 번 있는 (세 자리 수) + (세 자리 수)

① 621　② 733　③ 680
④ 834　⑤ 820　⑥ 722
⑦ 803　⑧ 936　⑨ 932
⑩ 570　⑪ 602　⑫ 434
⑬ 822　⑭ 704　⑮ 904
⑯ 822　⑰ 820　⑱ 942

4쪽 4 받아올림이 세 번 있는 (세 자리 수) + (세 자리 수)

① 1171　② 1105　③ 1060
④ 1503　⑤ 1340　⑥ 1114
⑦ 1346　⑧ 1334　⑨ 1643
⑩ 1034　⑪ 1101　⑫ 1072
⑬ 1041　⑭ 1517　⑮ 1152
⑯ 1414　⑰ 1335　⑱ 1311

5쪽 5 받아내림이 없는 (세 자리 수) − (세 자리 수)

① 54　② 112　③ 114
④ 112　⑤ 450　⑥ 101
⑦ 421　⑧ 311　⑨ 802
⑩ 21　⑪ 123　⑫ 174
⑬ 234　⑭ 424　⑮ 213
⑯ 424　⑰ 130　⑱ 752

6쪽 6 받아내림이 한 번 있는 (세 자리 수) − (세 자리 수)

① 158　② 228　③ 151
④ 307　⑤ 108　⑥ 370
⑦ 181　⑧ 681　⑨ 390
⑩ 137　⑪ 129　⑫ 216
⑬ 117　⑭ 224　⑮ 161
⑯ 551　⑰ 373　⑱ 332

7쪽 7 받아내림이 두 번 있는 (세 자리 수) − (세 자리 수)

❶ 65 ❷ 108 ❸ 148
❹ 89 ❺ 279 ❻ 285
❼ 189 ❽ 567 ❾ 187
❿ 79 ⓫ 156 ⓬ 54
⓭ 237 ⓮ 166 ⓯ 359
⓰ 465 ⓱ 439 ⓲ 479

2. 평면도형

9쪽 1 선분, 반직선, 직선

❶ 반직선 ❷ 선분
❸ 반직선 ❹ 직선
❺ 선분 ❻ 직선
❼ 반직선 ㄱㄴ ❽ 직선 ㄱㄴ 또는 직선 ㄴㄱ
❾ 선분 ㄱㄴ 또는 선분 ㄴㄱ ❿ 반직선 ㄴㄱ

10쪽 2 각, 직각

❶ ○ ❷ ○ ❸ ×
❹ ○ ❺ × ❻ ×
❼ ❽ ❾
❿ ⓫ ⓬

11쪽 3 직각삼각형

❶ × ❷ ○ ❸ ×
❹ ○ ❺ × ❻ ○
❼ 가, 라
❽ 나, 다

12쪽 4 직사각형

❶ ○ ❷ × ❸ ○
❹ × ❺ × ❻ ○
❼ 나, 라
❽ 가, 마

13쪽 5 정사각형

❶ × ❷ ○ ❸ ×
❹ ○ ❺ ○ ❻ ×
❼ 가, 다
❽ 나, 마

3. 나눗셈

15쪽 1 똑같이 나누어 주는 나눗셈

❶ 2 ❷ 3
❸ 2 ❹ 3
❺ 4 ❻ 5

16쪽 2 같은 양이 몇 번 들어 있는 나눗셈

❶ 2 ❷ 3
❸ 3 ❹ 4
❺ 5 ❻ 7

17쪽 3 곱셈과 나눗셈의 관계

❶ 5 / 5, 2 ❷ 2 / 6, 3
❸ 5, 3 / 3, 5 ❹ 14, 2 / 2, 7
❺ 8, 4 / 32, 8 ❻ 54, 6 / 54, 9
❼ 16 / 8, 16 ❽ 24 / 6, 24
❾ 5, 30 / 6, 30 ❿ 5, 45 / 5, 45
⓫ 8, 48 / 8, 48 ⓬ 9, 72 / 8, 72

❶ 4, 4　　❷ 7, 7
❸ 4, 4　　❹ 5, 5
❺ 5, 5　　❻ 6, 6
❼ 6, 6　　❽ 9, 9
❾ 3, 3　　❿ 8, 8
⓫ 4, 4　　⓬ 5, 5
⓭ 7, 7　　⓮ 7, 7

4. 곱셈

19쪽 ① (몇십) × (몇)

❶ 40　　❷ 90　　❸ 100
❹ 120　　❺ 240　　❻ 280
❼ 420　　❽ 630　　❾ 560
❿ 120　　⓫ 210　　⓬ 160
⓭ 100　　⓮ 540　　⓯ 140
⓰ 320　　⓱ 640　　⓲ 450

20쪽 ② 올림이 없는 (몇십몇) × (몇)

❶ 77　　❷ 48　　❸ 39
❹ 28　　❺ 63　　❻ 88
❼ 64　　❽ 99　　❾ 82
❿ 55　　⓫ 36　　⓬ 26
⓭ 42　　⓮ 66　　⓯ 69
⓰ 48　　⓱ 93　　⓲ 86

21쪽 ③ 십의 자리에서 올림이 있는 (몇십몇) × (몇)

❶ 105　　❷ 279　　❸ 128
❹ 246　　❺ 168　　❻ 306
❼ 124　　❽ 219　　❾ 364
❿ 147　　⓫ 248　　⓬ 369
⓭ 126　　⓮ 159　　⓯ 248
⓰ 355　　⓱ 328　　⓲ 186

22쪽 ④ 일의 자리에서 올림이 있는 (몇십몇) × (몇)

❶ 42　　❷ 30　　❸ 80
❹ 38　　❺ 92　　❻ 50
❼ 81　　❽ 78　　❾ 90
❿ 85　　⓫ 54　　⓬ 76
⓭ 96　　⓮ 75　　⓯ 54
⓰ 84　　⓱ 72　　⓲ 96

23쪽 ⑤ 십, 일의 자리에서 올림이 있는 (몇십몇) × (몇)

❶ 102　　❷ 168　　❸ 208
❹ 306　　❺ 315　　❻ 312
❼ 156　　❽ 410　　❾ 752
❿ 114　　⓫ 140　　⓬ 156
⓭ 352　　⓮ 343　　⓯ 280
⓰ 603　　⓱ 225　　⓲ 644

5. 길이와 시간

25쪽 ① 1 cm와 1 mm의 관계

❶ 20　　❷ 50
❸ 100　　❹ 250
❺ 4　　❻ 9
❼ 26　　❽ 53
❾ 75　　❿ 87
⓫ 3, 1　　⓬ 4, 9
⓭ 6, 8　　⓮ 9, 4

26쪽 2 1 km와 1 m의 관계

1. 4000
2. 7000
3. 16000
4. 25000
5. 3
6. 8
7. 17
8. 42
9. 2900
10. 9150
11. 2, 100
12. 3, 900
13. 7, 465
14. 8, 93

27쪽 3 cm와 mm가 있는 길이의 덧셈과 뺄셈

1. 6 cm 4 mm
2. 1 cm 4 mm
3. 6 cm 2 mm
4. 3 cm 4 mm
5. 10 cm 3 mm
6. 1 cm 6 mm
7. 7 cm 7 mm
8. 4 cm 6 mm
9. 11 cm 6 mm
10. 2 cm 9 mm
11. 14 cm 1 mm
12. 7 cm 8 mm

28쪽 4 km와 m가 있는 길이의 덧셈과 뺄셈

1. 5 km 800 m
2. 500 m
3. 11 km 150 m
4. 1 km 700 m
5. 11 km 330 m
6. 2 km 940 m
7. 9 km 570 m
8. 5 km 580 m
9. 10 km 50 m
10. 6 km 850 m
11. 15 km 310 m
12. 4 km 730 m

29쪽 5 몇 시 몇 분 몇 초

1. 2, 5, 30
2. 4, 30, 15
3. 8, 25, 19
4. 11, 54, 36
5. 2, 40, 55
6. 3, 24, 9
7. 6, 38, 15
8. 12, 16, 42

30쪽 6 시간을 분과 초로 나타내기

1. 60
2. 2
3. 180
4. 4
5. 300
6. 7
7. 70
8. 1, 30
9. 150
10. 2, 20
11. 185
12. 2, 45
13. 285
14. 3, 10

31쪽 7 시간의 덧셈

1. 3분 50초
2. 8분 38초
3. 5시 48분
4. 8시 25분 31초
5. 6시간 18분 20초
6. 11시 18분 21초
7. 8분 47초
8. 16분 12초
9. 3시 55분
10. 9시 13분 36초
11. 10시간 23분 1초
12. 12시간 22분 17초
13. 12시 4분 24초
14. 12시 2분 30초

32쪽 8 시간의 뺄셈

1. 1분 21초
2. 3분 48초
3. 2시간 17분
4. 7시 54분 46초
5. 5시 47분 57초
6. 7시간 55분 7초
7. 1분 6초
8. 5분 49초
9. 46분
10. 1시 54분
11. 5시 8분 52초
12. 2시 53분 55초
13. 3시간 57분 45초
14. 5시간 41분 54초

6. 분수와 소수

1 $\frac{1}{3}$ / 3분의 1　　2 $\frac{2}{4}$ / 4분의 2

3 $\frac{4}{5}$ / 5분의 4　　4 $\frac{5}{8}$ / 8분의 5

5 $\frac{1}{4}$, $\frac{3}{4}$　　6 $\frac{3}{6}$, $\frac{3}{6}$　　7 $\frac{6}{8}$, $\frac{2}{8}$

8 $\frac{3}{8}$, $\frac{5}{8}$　　9 $\frac{5}{9}$, $\frac{4}{9}$　　10 $\frac{8}{12}$, $\frac{4}{12}$

1 >　　2 <
3 <　　4 >
5 <　6 >　7 <
8 <　9 >　10 <
11 >　12 <　13 <

1 >　　2 >
3 <　　4 >
5 >　6 >　7 <
8 <　9 >　10 <
11 >　12 <　13 >

1 0.1 / 영 점 일　　2 0.3 / 영 점 삼
3 0.6 / 영 점 육　　4 0.8 / 영 점 팔
5 5　　6 56
7 0.1　　8 0.1
9 0.4　　10 2.7
11 9　　12 82

1 1.4　　2 2.8
3 3.7　　4 4.9
5 5.3　　6 6.1
7 9.5　　8 1.1
9 3.5　　10 2.8
11 5.2　　12 6.5
13 7.4　　14 9.2

1 <　　2 <　　3 >
4 <　　5 >　　6 >
7 >　　8 >　　9 <
10 >　　11 <　　12 <
13 >　　14 >　　15 <
16 >　　17 <　　18 <
19 <　　20 >　　21 >